SCHÄFFER
POESCHEL

MARTIN J. EPPLER
FRIEDERIKE HOFFMANN
ROLAND A. PFISTER

CREABILITY

GEMEINSAM KREATIV – INNOVATIVE METHODEN FÜR DIE IDEENENTWICKLUNG IN TEAMS

2014
Schäffer-Poeschel Verlag Stuttgart

CREABILITY: GEMEINSAM KREATIV

Prof. Dr. Martin J. Eppler, Ordinarius für Medien-
und Kommunikationsmanagement, Geschäftsführender
Direktor des MCM Instituts für Medien- und
Kommunikationsmanagement, Universität St. Gallen;
Dr. Friederike Hoffmann, Programmleiterin;
Dr. Roland A. Pfister, Unternehmer und Managementcoach.

Gedruckt auf chlorfrei gebleichtem, säurefreiem und alterungsbe-
ständigem Papier.

Bibliografische Information der Deutschen Nationalbibliothek:
Die Deutsche Nationalbibliothek verzeichnet diese Publikation in
der Deutschen Nationalbibliografie; detaillierte bibliografische
Daten sind im Internet über http://dnb.d-nb.de abrufbar.

ISBN 978-3-7910-3297-9

© 2014 Schäffer-Poeschel Verlag für Wirtschaft • Steuern • Recht GmbH
www.schaeffer-poeschel.de
info@schaeffer-poeschel.de

Einbandgestaltung: Malte Belau
Gestaltung und Satz: Malte Belau / Roland A. Pfister
Druck und Bindung: Kösel, Krugzell • www.koeselbuch.de

Printed in Germany
Januar 2014

Schäffer-Poeschel Verlag Stuttgart
Ein Tochterunternehmen der Haufe Gruppe

INHALTSVERZEICHNIS

EINS

KREATIVITÄT ALS TEAMKOMPETENZ

In diesem Einführungskapitel möchten wir Ihnen zeigen, dass Creability kein gewöhnliches Buch über Kreativität ist. Wir stellen Ihnen darin die Besonderheiten und den Nutzen des Creability Ansatzes vor. Anhand vier konkreter Beispiele möchten wir Sie dazu motivieren, Kreativität in Gruppen auszuprobieren und so Innovation eine Chance zu geben. Zum Schluss des Kapitels finden Sie einen Schnelldurchlauf durch das gesamte Buch.

Vor gut fünf Jahren hat sich einer von uns drei Autoren im Rahmen eines Kurses den Spaß gemacht, einen schriftlichen Kreativitätstest zu absolvieren (so was gibt es wirklich), den sogenannten Torrance-Test. Dieser psychologische Test ist eine Art Zwang zur Idee, denn man überprüft damit, wie schnell und flexibel jemand unter Zeitdruck Ideen entwickeln und variieren kann.

Die Resultate dieses recht schwierigen Tests waren eigentlich sehr erfreulich: Die Prüfungsauswertung bescheinigte ihm eine weit überdurchschnittliche Kreativität im obersten Segment aller Teilnehmer der Klasse. Doch statt Freude herrschte Konsternation, denn das überraschende

Resultat brachte ihn (und später alle drei Autoren) zu folgender problematischen Frage:

„Wenn ich wirklich so kreativ bin, warum gelingt es mir dann selten, mich und mein Team zu kreativen Höchstleistungen zu bringen?"

Oder anders formuliert: „Warum schaffen wir es nicht jeden Tag, neue und passende Lösungsideen für unsere Herausforderungen zu entwickeln? Warum greifen wir so oft zu altbekannten, konservativen Lösungen, wenn es bessere und innovativere Lösungen geben könnte? Liegt dies vielleicht an der Art und Weise, wie wir kommunizieren und zusammenarbeiten?"

PRÄMISSEN DES BUCHS

Genau diese Fragen bilden den Ausgangspunkt dieses Buchs. Es basiert auf drei zentralen Annahmen, die sich in den Jahren seit diesem Test immer klarer für uns herauskristallisiert haben:

Erstens: Jeder von uns kann – auch unter Zeitdruck – kreativ sein und tolle Ideen haben, wenn er oder sie es richtig angeht.

Zweitens: Wenn Kreativität eine Ressource für das Lösen echter, alltäglicher Probleme sein soll, dann muss sie in der Gruppe funktionieren. Wir können viele Probleme nur dann wirkungsvoll lösen, wenn wir dafür das Wissen und die Phantasie verschiedener Menschen gemeinsam aktivieren. Klassisches Brainstorming ist dafür erwiesenermaßen kein optimaler Ansatz.

Drittens: Ein Buch über Kreativität sollte nicht einfach zum Nachdenken anregen oder altbekannte Prinzipien und Kreativitätstechniken wiederholen. Es muss neue, aktive Impulse geben, um bestehende Praxisroutinen wirkungsvoll zu verändern.

Deshalb handelt dieses Buch vor allem davon, wie Sie Kommunikation in Gruppen organisieren können, sodass gute Ideen entstehen. Diese Fähigkeit, Kreativität in Gruppen dauerhaft zu ermöglichen, scheint uns heute mehr denn je von entscheidender Bedeutung zu sein, gerade auch um in einem globalen Innovationswettbewerb bestehen zu können. Sie können diese Fähigkeit nicht aufbauen, indem Sie sich in einen Sessel setzen und ein Buch über Kreativität studieren. Deshalb stellt dieser praktische und kompakte Leitfaden für das tägliche kreative Arbeiten in Gruppen auch einige Grundannahmen in Bezug auf das Lesen von Büchern in Frage. Diese Grundannahmen, die wir mit dem vorliegenden Werk bewusst relativieren, sind:

1. Ein (gutes) Buch wird gelesen.
2. Ein Buch wird jeweils nur von einer Person (gleichzeitig) genutzt.
3. Ein Buch wird dadurch, dass es gelesen wird, nicht verändert.

Warum entspricht dieses Buch nicht diesen Annahmen?

Es kann nicht nur gelesen werden, sondern auch individuell oder gemeinsam genutzt (z. B. ausgefüllt, gedreht, bemalt oder zerschnitten) und ergänzt werden. Es dient als visuelle Brücke zwischen Menschen (die es zwischen sich legen) und verändert sich dadurch bei der Lektüre und Nutzung. Es ist gleichzeitig Fachbuch, Methodenbrevier, Interaktionsplattform und visuelles Notizbuch. Nachdem Sie es gelesen haben, wird es (hoffentlich) nicht mehr gleich aussehen wie zu Beginn. Durch diese Interaktion mit dem Buch und mit anderen, glauben wir, können Sie eine Kompetenz aufbauen, die wir Creability nennen.

DIE CREABILITY-KOMPETENZ

Wir nennen die Fähigkeit, als Gruppe unter Zeitdruck kreativ zu sein, Creability. Creability ist die Kompetenz einer Gruppe, aus dem Stegreif heraus kreativ zu sein und Probleme mit neuen Ideen und Perspektiven gemeinschaftlich zu lösen. Creability besteht aus der Motivation, Einstellung und dem Vermögen eines Teams, anstehende Probleme kreativ zu lösen, neue Möglichkeiten und Perspektiven systematisch zu erschließen und so auch langfristig innovativ zu bleiben. Im gleichnamigen Buch versuchen wir Ihnen konkrete Wege aufzuzeigen, wie Sie diese Ad-hoc-Kreativität in Ihren Teams zum Tragen bringen können. Sie lernen darin auf abwechslungsreiche Weise, wie Sie gemeinsam kreativ sein können und im Hier und Jetzt neue, passende Lösungen für drängende Probleme entwickeln können. Daraus entsteht mit der Zeit fast automatisch eine kreative Teamkompetenz.

Im Buch zeigen wir Ihnen anhand zahlreicher Beispiele aus Organisationen von Zürich bis Hollywood, wie Sie im Alltag durch interaktive, visuelle oder spielerische Elemente innovativer sein können, neue Perspektiven entwickeln und festgefahrene Denkweisen in Ihrem Team aufbrechen können.

Wir tun dies anhand eines einfachen Bezugsrahmens (der Creability-Diamant), durch vier bewährte Prinzipien und mittels rund dreißig erprobter Methoden. Diese befähigen Sie alleine, zu zweit und vor allem in Gruppen rasch, d. h. unter Zeitdruck und quasi auf Abruf, originelle und passende Ideen zu entwickeln.

Es geht in diesem Buch also nicht um die seltenen Momente grandioser, epochaler Ideen oder um die geniale Kreativität von Künstlern, Visionären oder Forschern, sondern um die tägliche Dosis Innovation bei der Zusammenarbeit in Organisationen.

Viele der Methoden können dabei sowohl physisch vor Ort (z. B. während einer Sitzung) oder virtuell übers Internet zum Einsatz gelangen. Die meisten erfordern weder eine große Infrastruktur noch langwierige Vorbereitungen.

DIE METHODEN UND IHRE UMSETZUNG

Ein großer Teil der hier dokumentierten Methoden sind neu und werden im vorliegenden Buch zum ersten Mal publiziert. Sie finden gerade einige der besonders innovativen Methoden in keinem anderen Buch und auch auf keiner Webseite im Internet. Einen großen Teil dieser neuen Kreativitätstechniken haben wir selbst entwickelt, in zahlreichen Praxisprojekten und Teams getestet und verfeinert und hier erstmalig dokumentiert. Dabei sind uns vor allem zwei Aspekte wichtig: Die direkte Umsetzbarkeit und die Illustration der Methoden anhand konkreter Beispiele.

Für die einfache Umsetzbarkeit haben wir uns bemüht, die Methoden möglichst kompakt und anschaulich zu dokumentieren und auch ihre Risiken und Erfolgsfaktoren

beim Einsatz offenzulegen. Zudem haben wir für jede Methode Einsatzvarianten beschrieben, sodass die Methode leicht an verschiedene Kontexte angepasst werden kann.

Als Beispiele haben wir Praxiserfahrungen aus eigenen Projekten sowie (zum Teil anonymisierte) Fälle anderer Organisationen zusammengestellt. Diese Anekdoten zeigen, was es braucht, damit eine Methode die Gruppe effektiv unterstützt. Uns ist dabei bewusst, dass die Methode nur ein Puzzleteil eines größeren Ganzen ist und allein den Erfolg nicht garantiert. Deshalb haben wir in diesen Beispielen oft weitere Kontextfaktoren (wie etwa Freiraum, Mut für Neues oder Fehlerfreundlichkeit) für kollektive Kreativität beschrieben.

Warum sind Methoden dennoch ein guter Zugang zu den kreativen Ressourcen in Gruppen? Nun, gerade in wirtschaftlich rauen Zeiten kann es sein, dass sich Ihre Kolleginnen und Mitarbeiter nicht getrauen, mutige, originelle oder verrückte Ideen in ein Team einzubringen. Hier können leicht formalisierte Methoden helfen, diese schädliche Art von Selbstzensur zu umgehen. Sie legitimieren quasi schräge Ideen und geben ihnen Raum und Zeit. Wie Kreativmethoden dies tun, möchten wir mit den zahlreichen Beispielen dieses Buches illustrieren.

„EIN MANN, DER RECHT ZU WIRKEN DENKT, MUSS AUF DAS BESTE WERKZEUG HALTEN."

JOHANN WOLFGANG VON GOETHE

BEISPIELHAFTE KREATIVITÄT

Lassen Sie uns denn auch mit konkreten Beispielen beginnen, die Ihnen aufzeigen, was ein wenig Kreativität alles bewirken kann – wenn man ihr eine Chance gibt; und dies notabene auch dort, wo man normalerweise keinen Ansatzpunkt für originelle Ideen vermuten würde. Oder finden Sie, dass die Nachtschicht in einem IT-Center, die Stromversorgung in städtischen Slums, das Guerillaproblem einer Armee oder die Statussitzungen eines mittelständischen Betriebes etwas mit Kreativität zu tun haben?

Stellen Sie sich kurz die vier folgenden, gänzlich unterschiedlichen Herausforderungen vor und überlegen Sie sich, wie man das jeweils geschilderte Problem lösen könnte. Lesen Sie weiter, wenn Sie eine mögliche Lösungsidee gefunden haben:

SITUATION 1: AUSSICHT AUF NACHTSCHICHT

Sie sind im Managementteam einer großen IT-Sicherheitsfirma mit Sitz in Zürich, die viele internationale Kunden durch ein zentrales Betriebscenter betreut. Niemand in Ihrem IT-Betrieb möchte jedoch die wichtige (aber mühsame) Nachtschicht im Betriebscenter übernehmen. Da es sich bei Ihren Mitarbeitern um junge, aktive und hochqualifizierte (und damit umworbene) Profis handelt, wollen Sie nicht einfach jeden Monat eine Gruppe von Mitarbeitern zur Nachtschicht verdonnern und damit demotivieren. Es

gibt jedoch auch keine Freiwilligen für diesen anspruchsvollen Schichtbetrieb.

Wie machen Sie aus diesem Problem mit ein wenig Kreativität (und Ressourcen) eine Chance? Wie konnte die Firma Open Systems mit der Lösung dieses Problems zu einem der attraktivsten Arbeitgeber in ihrem Segment werden?

SITUATION 2: ES WERDE LICHT

Sie sind Teil eines Entwicklungshilfeteams und haben das gravierende Problem erkannt, dass viele Familien, die in Entwicklungsländern in Slums leben, kein Licht in ihren Häusern haben, da Strom meist teuer oder nicht zugänglich ist. Da die Familien dicht aneinander gepfercht in selbst gebauten Hütten aus Stellwänden und Wellblechdächern leben, gibt es auch keine Möglichkeit, Fenster einzubauen. So können die Kinder in den Hütten kaum Hausaufgaben machen oder lesen. Zudem hat sich gezeigt, dass es in Hütten mit wenig Licht öfter zu gewalttätigen Übergriffen kommt als in hellen.

Wie verbessern Sie die Lebensqualität dieser Familien mit einem möglichst kleinen Budget? Wie konnten ein armer brasilianischer Mechaniker sowie Studenten des MIT in Boston oder der HSG in St. Gallen mit einer Dosis Kreativität Tausenden von Familien Gratislicht ins Zimmer bringen?

SITUATION 3: DESERTIEREN MOTIVIEREN

Sie sind Berater eines Kommunikationstrupps der Armee im bürgerkriegsgeplagten Kolumbien und haben den Auftrag, die Quote an Deserteuren bei den feindlichen Guerillas im Dschungel zu erhöhen, sodass deren Truppen (gegenwärtig 6.000 Mann) weiter reduziert werden. Dabei handelt es sich aber um die älteste Guerillatruppe der Welt, mit einer starken Kultur und hoher Loyalität unter ihren Anhängern.

Wie bringen Sie die feindlichen Überzeugungstäter dazu, ihre Kollegen zu verlassen und das Guerillaleben (und damit den Kampf gegen die Regierung) für immer aufzugeben? Wie hat es ein kleines Team der kolumbianischen Armee geschafft, durch ihre Demobilisierungskampagne sofort mehr als 330 Soldaten zum Verlassen der Guerillabewegung FARC zu bewegen?

SITUATION 4: SITZUNGEN AUSSITZEN?

Sie sind Projektleiter in einem mittelständischen Betrieb. Mit rund 30 Kolleginnen und Kollegen betreuen und beraten Sie Firmenkunden bei der Entwicklung und Umsetzung von E-Learning Lösungen. Das Geschäft läuft eigentlich gut und ohne übermäßige Bürokratie, doch Sie regen sich über die wöchentlichen Statussitzungen auf. Ihrer Meinung nach wird viel wertvolle Zeit damit vertrödelt, sich in langwierigen Gesprächen und Präsentationen einen Überblick über die Akquise- und Projektlage zu verschaffen. Zusammen mit Ihren Kollegen möchten Sie eine neue Möglichkeit schaffen, wie man sich rasch und effektiv einen Gesamtblick über die momentane Lage verschaffen kann. Dabei ist Ihnen aber auch wichtig, dass gute Gespräche weiterhin möglich sind.

Wie können Sie mühsame Statussitzungen abschaffen und durch etwas Besseres ersetzen? Wie können Sie eine alte Haushaltsidee für ein effizientes Multiprojektmanagement neu erfinden, wie dies die Oberhausener Firma reflact seit einigen Jahren tut?

Überlegen Sie kurz, mit welchen Ideen diese vier Probleme gelöst bzw. reduziert werden könnten.

Nun betrachten wir diejenigen Ideen, mit denen die Informatiker, Entwicklungshelfer, Soldaten und Projektmitarbeiter jeweils zur – nicht ganz offensichtlichen Lösung – für ihr Problem gelangt sind.

LÖSUNG 1: AUSSICHT STATT NACHTSCHICHT

Statt Mitarbeiter zur Nachtschicht zu verdonnern und sich zu überlegen, wie man diese Nachtarbeit „versüßen" oder weniger schlimm gestalten könnte, hat Open Systems die Nachtschicht einfach überflüssig gemacht; und zwar dadurch, dass Sie eine Wohnung in Sydney mietet und es ihren Ingenieuren ermöglicht, sechsmonatige Aufenthalte in dieser tollen Stadt zu verbringen. So entfällt die Notwendigkeit einer Nachtschicht in Zürich. Während in Zürich die Mitarbeiter schlafen, betreut das Sydneyteam die Kunden auf der ganzen Welt, die dann Hilfe benötigen. Zusätzlich ist es für sehr viele junge IT-Spezialisten

Abbildung 1: Das Mission Control Center von Open Systems in Zürich (Bild mit freundlicher Genehmigung der Open Systems AG)

interessant, einmal ein halbes Jahr in Sydney zu verbringen. Mit dieser Möglichkeit eines Auslandaufenthaltes wurde Open System zu einer der beliebtesten IT-Firmen im Großraum Zürich. Durch die Veränderung der Fragestellung (ein Faktor, der uns in einigen Methoden begegnen wird) hat es diese Firma geschafft, aus einem Problem einen wichtigen Differenzierungsfaktor auf dem Arbeitsmarkt zu machen. Dazu war es aber nötig, über die erste Lösungsidee hinauszugehen und radikal anders zu denken. Viele der Methoden in diesem Buch helfen Ihnen genau dabei.

LÖSUNG 2: EIN LITER LICHT

Um eine Gratisbeleuchtung in Hunderte von Hütten zu bringen, hat der Verein „Liter of Light" ein einfaches System entwickelt und tausendfach in den Philippinen, Kolumbien und weiteren Ländern installiert, um mit einem kleinen Loch in der Decke und einer alten PET-Flasche mit etwas Chlorwasser, einer kleinen Folie sowie mit etwas Leim ein ganzes Zimmer (tagsüber) zu beleuchten. Durch den Streuungseffekt des Wassers in der Flasche kann so fast eine ganze Hütte ausgeleuchtet werden und es einer Familie ermöglichen, wenigstens tagsüber ein helles Zimmer zu haben. Das Chlor im Wasser verhindert über Jahre, dass sich das Wasser trübt und damit an Leuchtkraft einbüßt. Gemäß der BBC erfand Alfredo Moser, ein armer brasilianischer Mechaniker, im Jahr 2002 diese Beleuchtungsmethode aufgrund eines Gespräches mit seinem damaligen Chef, indem er eine Flasche mit Wasser und Chlorwasser füllte und sie einfach von unten durch seine Decke stieß. Für etwas eigentlich so offensichtliches brauchte es eine gehörige Portion Kreativität, und zwar nicht nur, um auf die Idee mit der Flasche zu kommen (die hatte in ähnlicher Weise auch schon der österreichische Architekt Friedensreich Hundertwasser), sondern auch um anschließend Freiwillige (z. B. Studenten) zu mobilisieren und die Installationen der Flaschenlampen in den Slums effizient vorzunehmen. Es brauchte ebenso viel Kreativität, um Sponsoren wie etwa Pepsi zu finden, welche die Organisation finanziell unterstützen. Zu Beginn musste man vor allem

Abbildung 2: Die Funktionsweise der Liter Licht Lampe (Bild mit freundlicher Genehmigung von LitrodeLuzColombia)

die Barriere der sogenannten funktionalen Fixiertheit, die Sie im nächsten Kapitel kennenlernen werden, überwinden und Flaschen nicht nur als Wasserbehälter sehen, sondern auch als potenzielle Lichtspender. Ein solches ‚Reframing' kann man durch verschiedene Methoden bewusst herbei führen – etwa durch die Matrix mit demselben Namen, die Sie in der Methodensektion kennenlernen.

LÖSUNG 3: WEIHNACHTEN (NICHT) IM DSCHUNGEL

Um Hunderte von Guerillakämpfern zum Verlassen ihrer Terrorgruppen zu veranlassen, griff die kolumbianische Armee zu einer kreativen und friedvollen Idee. Kurz vor Weihnachten schmückte sie zehn hohe Bäume mitten im kolumbianischen Dschungel (und nahe der Guerillapfade) mit je 2.000 Weihnachtslampen. Diese Lichtergirlanden versahen sie mit Bewegungsmeldern, so dass die Weihnachtsdekoration automatisch und sofort angeschaltet wurde, wenn immer Guerillatrupps an dem Baum vorbeizogen. Dabei wurde ein großes Poster beleuchtet auf dem stand:

„Wenn Weihnachten bis in den Dschungel kommt, dann könnt auch Ihr zu Euren Familien kommen. Demobilisiert Euch. An Weihnachten ist alles möglich."

Auf diesem Poster war als Symbol ein Herz mit einer Weißen Flagge angebracht. Die Kampagne ist übrigens auch auf YouTube effektvoll dokumentiert (leider nur auf Spanisch). Um diese äußerst wirksame Idee zu finden, mussten sich die Erfinder der Kampagne in die Psyche der Guerillas versetzen und deren Schwachpunkt finden. Die Nostalgie nach der Familie vor Weihnachten war dabei ein sehr starker Ansatzpunkt. Nur durch ein hohes Maß an Empathie können Innovationen wie diese bei der Zielgruppe Resonanz auslösen. Deshalb schlagen wir Ihnen in diesem Buch auch einige Methoden vor, mit denen Sie die Ideenentwicklung aus Sicht der späteren

Nutzer vorantreiben können, so etwa die *Empathiekarte*, *Bodystorming* oder die *Skizzenzeichen*.

LÖSUNG 4: EIN MAGNET FÜR DIE PROJEKTAUFMERKSAMKEIT

Haben Sie auch eine Reihe von kleinen Magneten an Ihrem Kühlschrank angebracht und halten damit wichtige Informationen oder Erinnerungszettel im Blick? Falls ja, dann können Sie die originelle Lösung des Statusmeeting-Problems gut nachvollziehen. Um jedem der dreißig Mitarbeiter der Firma reflact einen raschen, aktuellen und dennoch differenzierten Überblick über die Projektsituation im Unternehmen zu geben, hat eine Gruppe von Mitarbeitern eine große Magnetwand in einem zentralen Bürokorridor an die Wand gehängt und mit einem Poster bespannt. Darauf werden mittels Dutzenden von kleinen Magneten sämtliche Akquisevorhaben, Projekte und Dienstleistungsaufträge festgehalten. Als Struktur wird dafür die Metapher einer Insel verwendet. Akquisitionsvorhaben zur Gewinnung von Neukunden werden auf dem Meer der Möglichkeiten vor dieser Insel platziert. Die Prozentzahlen bzw. Meerzonen geben dabei die Wahrscheinlichkeit an, mit der das Projekt gewonnen werden kann. Gewonnene bzw. begonnene Projekte werden als Zeltmagnete positioniert, welche entlang eines Zeitflusses von links nach rechts wandern bzw. vom Verantwortlichen jeweils verschoben werden. Kleine Schlösser-Magnete stehen für permanente Dienstleistungsaufträge der Firma bzw. permanente Kunden.

Jeder Magnet enthält dabei den Kundennamen, sowie die verantwortliche Person und, falls sinnvoll, den Starttermin. Ganz rechts auf der Insel werden mit kleinen Schatzkasten-Magneten kürzlich vollendete Projekte dokumentiert. Manchmal ist auf der Wand bzw. Insel auch ein Godzilla-magnet neben einem Zelt oder Palast zu entdecken. Dieser symbolisiert Projektrisiken oder Krisensituationen und signalisiert somit für alle erhöhte Aufmerksamkeit oder Hilfeleistung für dieses Projekt. Die nachfolgende Abbildung gibt dieses Statusbild leicht anonymisiert wieder.

Durch dieses Bild ist es nun möglich, dass sich jeder Mitarbeiter sofort, quasi im Vorbeilaufen, einen Überblick über die Projektlandschaft der Firma verschafft. Er sieht, welche Projekte kommen könnten, welche am Laufen sind und mit wem er darüber reden kann. Oft geschieht es dabei, dass zwei oder drei Personen zusammen vor der Wand stehen bleiben und über anstehende oder laufende Projekte reden. Diese Wandidee wird Ihnen in ähnlicher Form auch im Methodenkapitel begegnen, so z. B. bei der Methode der *Ideenwand*.

Diese einfache, wirksame und lockere Lösung war nur durch eine mehrfache Übertragung möglich: Erstens durch die Übertragung der Kühlschrankwandidee auf den Bürokontext und zweitens durch die Übertragung des Reise- bzw. Inselsujets auf das Projektmanagementfeld. Analogien und Metaphern sind denn auch wirksame Vehikel für kreative Gedanken und kommen deshalb in mehreren Methoden in diesem Buch zum Tragen, so etwa in der *Erfolgs-*

Abbildung 3: Die Magnetwand für die Projektlage (anonymisiert)

pfadmethode, dem *Reizwortbanditen*, der *Bildmappe*, der Methode *Aufeinander aufbauen* oder beim *Kreativroulette*.

Wir haben diese vier Einstiegsbeispiele ausgewählt, weil sie für uns das große, oft vernachlässigte Potenzial kollektiver Kreativität illustrieren. Sie zeigen aber auch, dass wir Kreativität bewusst eine Chance geben müssen und eine Situation zuerst einmal als Möglichkeit für neue, kreative Lösungen erkennen sollten.

Die vier Beispiele geben Ihnen einen Vorgeschmack auf die Prinzipien und Methoden, aber auch auf die Barrieren kollektiver Kreativität. Sie zeigen: Mit Kreativität geht nicht alles leichter, aber vieles besser.

Die vier Beispiele haben noch etwas Weiteres gemeinsam: Wenn wir uns nicht mit der erstbesten Idee zufrieden geben, können wirklich elegante Lösungen entstehen. Dazu müssen wir uns aber bemühen, das ursprüngliche Problem anders zu sehen. Wir müssen unsere Sichtweise wechseln und mit Hilfe von Gesprächen, Empathie, Visualisierung oder Analogien neue Optionen erschließen. Gelingt dies, so können wir mit weniger Ressourcen mehr erreichen.

DAS BUCH IM SCHNELLDURCHLAUF

Mit einem Beispiel geht es auch im nächsten Kapitel weiter. Die Minifallstudie in Kapitel 2 soll Ihnen aufzeigen, wie Sitzungen im Kreativmodus ablaufen und worin sie sich von ‚normalen‘ Sitzungen oder Workshops unterscheiden. In dieser Fallstudie lernen Sie auch bereits einige nützliche Kreativitätstechniken kennen, so etwa die *Empathiekarte* oder die *Ideenblaupause*.

In Kapitel 3 schlagen wir Ihnen dann einen einfachen Bezugsrahmen vor, mit dem Sie Kreativität in Teams besser verstehen und nutzen können – den Creability-Diamanten. Das Diamantmodell strukturiert kreative Teamleistungen in drei Phasen, die durch fünf Prinzipien unterstützt werden können.

Die Phasen des Modells ordnen auch die Methoden, die wir Ihnen im darauffolgenden Kapitel vorstellen. Denn im Kapitel 4 öffnen wir die Werkzeugkiste komplett und präsentieren Ihnen rund dreißig interaktive Kreativitätstechniken für Gruppen.

In Kapitel 5 fassen wir die wichtigsten Punkte noch einmal kompakt zusammen und entwerfen einen möglichen Fahrplan für mehr Kreativität in der Gruppenarbeit. Das Kapitel schließt mit einem Ausblick in die Zukunft der Teamkreativität.

Ganz zum Schluss finden Sie noch ein informatives Literaturverzeichnis, das die Literaturverweise der einzelnen Kapitel bündelt. Wir schließen das Buch mit unseren Danksagungen und einigen Angaben zu den Autoren.

Auf der Webseite **www.creability.ch** können Sie als Leser dieses Buchs übrigens die digitalen Versionen aller grafischen Kreativvorlagen als PDF-Dateien herunterladen. So ersparen Sie sich das Herauskopieren der entsprechenden Seiten und können jetzt auch direkt mit dem Buch arbeiten, ohne sich zu sorgen, dass Sie dabei eine Vorlage zerstören oder bloß einmal nutzen können.

WEITERFÜHRENDE LITERATUR UND LINKS:

Pfister, R., Eppler, M.J. (2011): Making the Invisible Visible: Knowledge Visualization at Open Systems Inc. University of St. Gallen Case Study, European Case Clearing House, Case Nr. 912-027-1.

Beispiel Open Systems:
Open Systems Magazin 360º Nr. 11/2013, S. 35.
www.open.ch/de/#!/3-3

Beispiel Liter of Light:
www.aliteroflight.org
www.bbc.co.uk/news/magazine-23536914
www.literoflightswitzerland.org/index.php

Kampagne des kolumbianischen Heeres:
www.youtube.com/watch?v=HKtpVFpbOJA

Beispiel reflact:
www.reflact.com

Die Softwareversion der Magnetwand mit zwei verschiedenen Inselvorlagen:
www.lets-focus.com

ZWEI

EINE SITZUNG IM KREATIVMODUS

Wie sieht eine Sitzung aus, wenn die Beteiligten Kreativität konsequent als Teamressource nutzen? Welche Vorteile können wir erzielen, wenn wir Kreativität in unsere Sitzungslogik mit einbauen und gezielt zulassen und fördern? Und welche konkreten Verhaltens- und Infrastrukturveränderungen erfordert dies in der täglichen Umsetzung?

Diesen drei Fragen möchten wir anhand eines einfachen und realistischen Einführungsszenarios auf den folgenden Seiten nachgehen. Unser Einführungsbeispiel wird Ihnen aufzeigen, dass bereits kleine Verhaltens- und Infrastrukturveränderungen zu viel innovativeren und ergiebigeren Sitzungen und Workshops führen können. Zudem illustriert das Szenario den Einsatz verschiedener Kreativitätsmethoden, die wir Ihnen in diesem Buch vorstellen – vom magischen Koffer bis zur Ideenblaupause. Schließlich zeigt das Beispiel auch die drei zentralen Phasen von Kreativität am Arbeitsplatz auf.

AUSGANGSLAGE

Stellen Sie sich folgende Situation vor:

Timo Wagner ist Projektleiter für ein Qualitätsmanagementprojekt, bei dem es darum geht, die Dienstleistungsqualität in seinem IT-Betrieb gegenüber Kunden stark zu verbessern. Nach zahlreichen Reklamationen, schlechten Umfragewerten und peinlichen Fehlern in diesem Bereich soll er mit einem Projektteam aus den Abteilungen Außendienst/Service, Call-Center und IT-Consulting ein entsprechendes Konzept erarbeiten. Um das Projekt in die Gänge zu bringen, hat er einen Startworkshop mit den sieben Teammitgliedern eingeplant. Als Vorbereitung hat er sämtliche Kundenumfragen analysiert und verdichtet und diese mit wichtigen Aussagen aus Kunden- und Mitarbeiterinterviews ergänzt. Er hat auch bereits recherchiert, was in Sachen Dienstleistungsqualität die maßgebenden Managementansätze sind.

VORGEHEN

Wie würden Sie diese erste Teamsitzung strukturieren? Timo Wagner wagt Kreativität:

Er erkennt, dass dieses Treffen eine Chance für kreative Lösungen bietet. Statt seine sorgfältig recherchierte Folienpräsentation über „Probleme und Lösungsansätze der Dienstleistungsqualität" zu halten, entscheidet er sich dazu, der gemeinsamen Kreativität Raum und Zeit zu geben. Er möchte mit seinen Kollegen bewusst in den Kreativmodus schalten, um ein hoch wirksames Konzept der Dienstleistungsqualität zu entwickeln, welches die momentanen Probleme der IT-Firma auch wirklich effizient adressiert.

Als um 10 Uhr seine Kollegen im Sitzungszimmer eintreffen, sieht dieses bereits nicht mehr wie gewohnt aus: Timo hat die Sitzordnung verändert, indem er die Stühle in einem Halbkreis um eine große Stellwand arrangiert hat. Neben der Stellwand und in den Ecken stehen Flipcharts und eine weitere mit Papier und Postern bezogene Wand bereit. In der Mitte des Halbkreises liegt ein offener Aktenkoffer, in welchem Spielzeug, Büromaterialien und Küchenutensilien liegen. Daneben liegen farbige Post-it®-Zettel und Filzstifte. Ein wenig irritiert, aber neugierig setzen sich Timos Kollegen und harren der Dinge, die da kommen werden. Claudia aus dem Call-Center meint: „Zumindest gibt es frische Früchte, ist gelüftet, riecht gut und bringt Farbe in unser Sitzungsleben." Ihr Kollege Klaus meint: „Und das Poster hier hinten zeigt die wichtigsten Reklamationspunkte unserer Kunden, das hilft schon mal sehr."

Da sich alle Teammitglieder bereits aus anderen Projekten kennen, startet Timo direkt mit einer Aufwärmübung. Er bedankt sich bei seinen Kollegen für die Pünktlichkeit und bittet jeden, einen Gegenstand aus dem offenen Koffer zu nehmen und sich zu überlegen, warum dieser ein Sym-

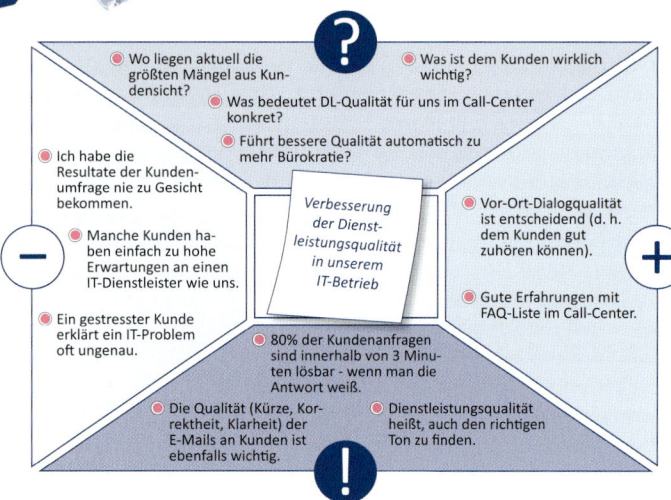

Abbildung 4: Die ausgefüllte Perspektivenwand als Grundlage für die Verbesserungsideen

bol für Dienstleistungsqualität sein könnte bzw. was einem das Objekt über Dienstleistungsqualität zeigen kann. Claudia beginnt spontan, indem sie einen Jonglierball aus dem Koffer nimmt und meint: „Dienstleistungsqualität bedeutet oft, mehrere Bälle in der Luft zu halten, ohne dass einer zu Boden fällt. Für uns im Call-Center bedeutet dies, niemanden zu lange in der Warteschlange zu halten und Rückrufe bei schwierigeren Anfragen nicht zu vergessen." Klaus nimmt darauf eine Superman-Puppe aus dem Koffer

und bemerkt dazu: „Ich finde es wichtig, Erwartungsmanagement zu betreiben und den Kunden früh zu erklären, dass wir keine Supermänner sind, die für jedes IT-Problem sofort die beste Lösung bereit haben. Manchmal braucht das eben Zeit." Ein weiterer Kollege nimmt nun ein Spielzeugpolizeiauto und kommentiert dies so: „Ich habe das Polizeiauto gewählt, denn um dem Kunden immer einen guten Service bieten zu können, brauchen wir gewisse verbindliche Standards und Regeln, sonst schaffen wir das nicht durchgehend; nicht dass wir eine Qualitätspolizei bräuchten, aber es muss uns allen klar sein, was erlaubt ist und was nicht." Die Kollegin neben ihm wählt ein gelbes Messband aus: „Es klingt komisch, aber ich finde wir müssen auch bei Dienstleistungsqualität mit gleichen Ellen messen, sprich genau Maß nehmen. Dafür braucht's wahrscheinlich gewisse Messindikatoren und Richtgrößen. Regeln allein reichen vielleicht nicht."

Timo ist überrascht, denn Dank der Kreativität seiner Teammitglieder sind viele der Folien aus seiner ursprünglichen Präsentation nun hinfällig geworden. Seine Kollegen haben nämlich die wichtigsten Erfolgsfaktoren bereits anhand der Objekte eingängig auf den Punkt gebracht. Durch die Erfahrung bestätigt, fährt Timo unkonventionell und visuell fort.

Als zweite Aufgabe zeigt Timo seinen Teamkollegen eine einfache grafische Vorlage, die er mit ihnen in ungefähr zehn Minuten ausfüllen möchte. Jedes Teammitglied soll zunächst für sich notieren, was es an wichtigen Infor-

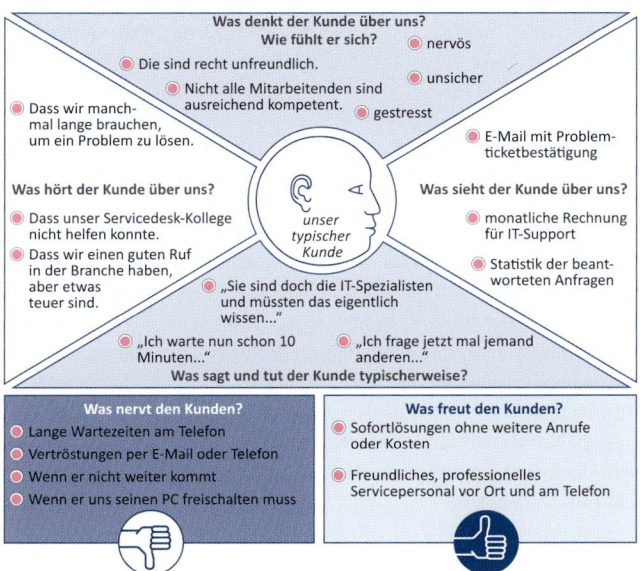

Abbildung 5: Die gemeinsam komplettierte Empathiekarte
ermöglicht einen Perspektivenwechsel

fahrungen und Informationen und nimmt diese (mit den Post-it®-Haftnotizen) direkt auf der Vorlage auf. Ähnliche Punkte platziert er dabei nebeneinander. Auf diese Weise kommen rasch viele wichtige Punkte zusammen, die für die Lösungsentwicklung relevant sind. Zudem kann jedes Teammitglied frisch heraus sagen, was ihm oder ihr zum Thema unter den Nägeln brennt – eine wichtige Voraussetzung für wirkliche Offenheit und Teamkreativität. Dieses sogenannte *Perspektivendiagr*amm *(siehe Abbildung 4)* ist nun eine wichtige Basis für die weitere Diskussion.

Weil in dieser Diskussion mehrmals die Kundensicht angesprochen wurde, entscheidet sich Timo jetzt dafür, gemeinsam eine sogenannte *Empathiekarte* zu entwickeln. Diese Technik hilft der Gruppe dabei, die Perspektive zu wechseln und so ihre Herausforderung neu zu begreifen. Dazu bringt er eine grafische Vorlage auf seinen Laptop und via Beamer an die Wand und füllt sie durch die Angaben seiner Kollegen zügig aus *(siehe Abbildung 5)*. Nach zehn Minuten versteht das Team besser, wie der Kunde die Dienstleistungsqualität des IT-Betriebes wahrnimmt und wo aus seiner Sicht die kritischen Punkte liegen. Die Mitarbeiter verstehen, dass die Kommunikationsqualität ein wichtiger Faktor beim Servicedesk ist, und dass es wichtig ist, dem Kunden aufzuzeigen, dass erstaunlich viele der IT-Probleme sofort durch den Betrieb gelöst werden.

mationen zum Thema Dienstleistungsqualität hat, welche wichtigen Fragen dazu offen sind bzw. besprochen werden sollten oder welche positiven und negativen Erfahrungen dazu im Betrieb bestehen. Nach drei Minuten frägt Timo dann im Plenum nach den notierten Fragen, Er-

Soweit so gut, doch wo bleiben die neuen Ideen, fragen Sie sich nun vielleicht.

Um Lösungen geht es im nächsten Schritt von Timos Treffen. Doch da die Sitzung nun schon fast vierzig Minuten läuft, schlägt Timo dem Team eine kurze Kaffeepause vor. Er bittet aber alle Teilnehmer, dabei auch kurz auf die Statistik-Grafik im hinteren Teil des Raumes zu schauen. Darauf sind die wichtigsten Reklamationsgründe der Kunden in absteigender Reihenfolge visualisiert (von zu langer Wartedauer, bis ein Spezialist vor Ort ist, bis zu überfragten oder unfreundlichen Service-Call-Center-Telefonisten). Eine Kaffeetasse in der Hand diskutieren einige Teammitglieder diese Resultate im kleinen Kreis und vergleichen sie mit der eben ausgefüllten *Empathiekarte*.

Nach der Pause bittet Timo nun jeden Teilnehmer für sich fünf konkrete Ideen zu notieren, wie man die Dienstleistungsqualität ab jetzt massiv senken bzw. verschlechtern könnte *(siehe Seite 98 für diese Methode)*. Sichtlich amüsiert (und erstaunlich motiviert) machen sich alle sofort ans Werk und ersinnen während fünf Minuten fünf verschiedene Eigensabotagestrategien. Manche überlegen etwas länger, andere haben schnell fünf Zettel gefüllt. Danach bittet Timo jeden, seine besten (d.h. schlimmsten oder schädlichsten) Ideen vorzustellen. Diese Ideen reichen von „Öffnungszeiten des Servicedesks auf die Mittagszeit beschränken" bis zur Idee, die Warteschlange am Telefon mit Iron Maiden Heavy-Metal-Musik zu ‚versüßen'. Timo bittet die Teilnehmer sodann, diese Ideen in ihr Gegenteil

umzudrehen und so echte Verbesserungsmaßnahmen für die Dienstleistungsqualität im IT-Betrieb zu entwickeln. Bei dieser Flip-Flop- oder Probleminvertierungsmethode merken die Teilnehmer auch, was sie im Moment selbst praktizieren und sofort aufhören sollten (z. B. unangenehme Wartemusik in der Warteschlaufe sowie zu kurze Öffnungszeiten des Servicedesks).

Aus dieser Übung ergeben sich auch folgende Ideen:

- Eine schnellere Triage der Kundenproblematik zum Beginn einer Anfrage.
- Die Schaffung eines Eskalationsmechanismus für schwierige Anfragen im Call-Center und ein effizienter Weiterreichungsmechanismus an die IT-Berater.
- Eine Preisprämie für Kunden, welche extrem wenige Anfragen an den IT-Betrieb stellen.
- Ein einfaches Cockpit zur Messung der Dienstleistungsqualität im Call-Center.

Danach bittet Timo jeweils zwei oder drei Personen zusammen eine ihrer bisherigen Lieblingsideen weiterzuentwickeln und zwar mit der *Ideenblaupause (siehe Abbildung 6)*. Er gibt ihnen hierfür rund 15 Minuten Zeit.

Eine Zweiergruppe nimmt sich dabei des Messcockpits für die Dienstleistungsqualität an und entwirft folgende Ideenblaupause zur weiteren Ausformulierung der ursprünglich vagen Idee.

Jede Gruppe präsentiert nun die jeweiligen Ideenblaupausen und nimmt Verbesserungspunkte entgegen. Kritik ist also ausdrücklich erlaubt (im Gegensatz zu Brainstor-

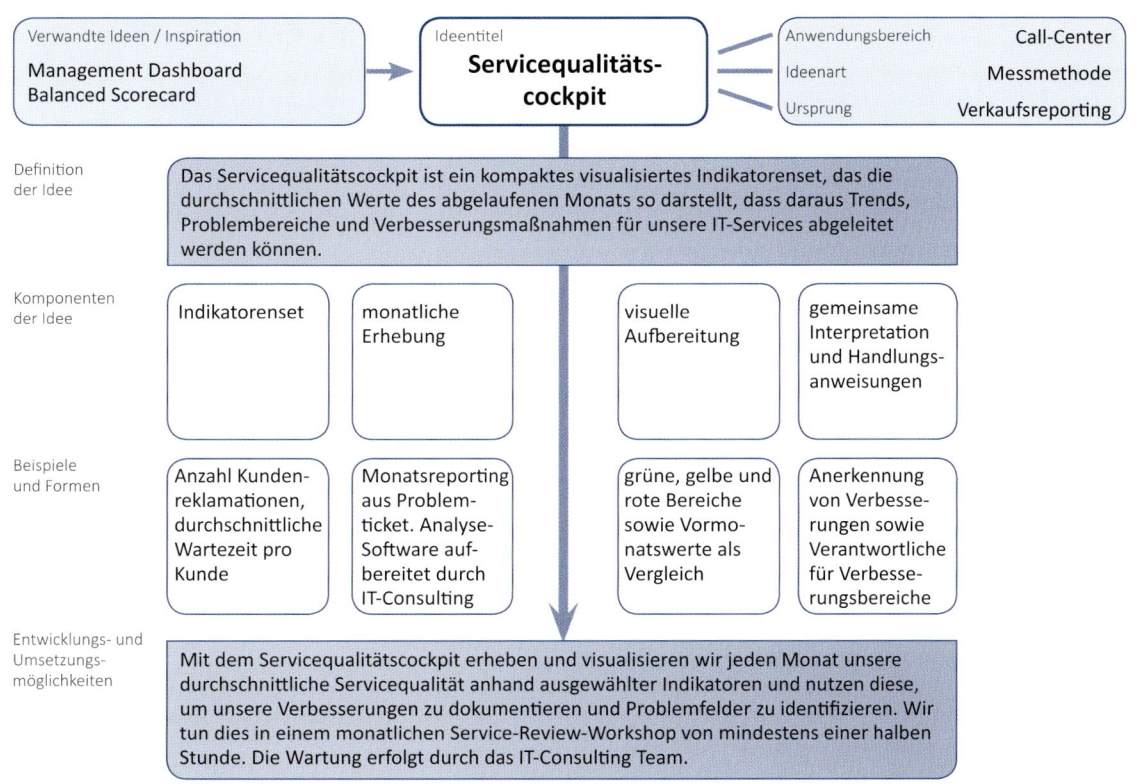

Verwandte Ideen / Inspiration	Ideentitel	Anwendungsbereich	Call-Center
Management Dashboard Balanced Scorecard	**Servicequalitäts- cockpit**	Ideenart	Messmethode
		Ursprung	Verkaufsreporting

Definition der Idee

Das Servicequalitätscockpit ist ein kompaktes visualisiertes Indikatorenset, das die durchschnittlichen Werte des abgelaufenen Monats so darstellt, dass daraus Trends, Problembereiche und Verbesserungsmaßnahmen für unsere IT-Services abgeleitet werden können.

Komponenten der Idee

Indikatorenset	monatliche Erhebung	visuelle Aufbereitung	gemeinsame Interpretation und Handlungs- anweisungen

Beispiele und Formen

Anzahl Kunden- reklamationen, durchschnittliche Wartezeit pro Kunde	Monatsreporting aus Problem- ticket. Analyse- Software auf- bereitet durch IT-Consulting	grüne, gelbe und rote Bereiche sowie Vormo- natswerte als Vergleich	Anerkennung von Verbesse- rungen sowie Verantwortliche für Verbesse- rungsbereiche

Entwicklungs- und Umsetzungs- möglichkeiten

Mit dem Servicequalitätscockpit erheben und visualisieren wir jeden Monat unsere durchschnittliche Servicequalität anhand ausgewählter Indikatoren und nutzen diese, um unsere Verbesserungen zu dokumentieren und Problemfelder zu identifizieren. Wir tun dies in einem monatlichen Service-Review-Workshop von mindestens einer halben Stunde. Die Wartung erfolgt durch das IT-Consulting Team.

Abbildung 6: Die Ideenblaupause zur Ausarbeitung der Cockpitidee

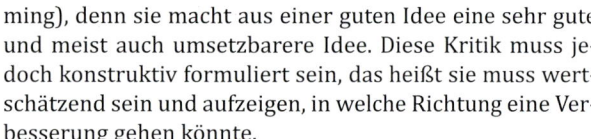

ming), denn sie macht aus einer guten Idee eine sehr gute und meist auch umsetzbarere Idee. Diese Kritik muss jedoch konstruktiv formuliert sein, das heißt sie muss wertschätzend sein und aufzeigen, in welche Richtung eine Verbesserung gehen könnte.

Nun ist es kurz vor der Mittagspause. Timo bittet die Teilnehmer im Nachgang zur Sitzung, erste *Prototypen (siehe dazu Seite 161)* ihrer jeweiligen Ideen zu entwerfen und diese bis zum nächsten Treffen in zwei Wochen mindestens drei anderen Personen vorzustellen. Statt also langwierig Ideen zu priorisieren und zu evaluieren, sollen die vorliegenden Ideenblaupausen zunächst einmal weiterentwickelt und mit Feedback von Kollegen und Kunden angereichert bzw. verbessert werden. Alle Teilnehmer sind mit dem Vorgehen einverstanden und zeigen sich überrascht, dass bereits das erste Treffen zu derart konkreten Resultaten geführt hat. Sie sind motiviert, an den Ideenentwürfen weiterzuarbeiten. Timo weist sie jedoch abschließend darauf hin, sich nicht voreilig einzig auf diese Ideen zu fixieren, sondern weiterhin offen für mögliche alternative Verbesserungsmöglichkeiten der Dienstleistungsqualität zu bleiben. Sehr leicht fällt das den Teams allerdings nicht.

Er schließt das Treffen mit einem gemeinsamen Mittagessen aller Teilnehmer ab. Dabei sammelt Timo noch Feedback zum Treffen ein, damit er es beim nächsten Mal noch besser machen kann.

LEHREN AUS DEM BEISPIEL

Und was lernen wir aus diesem Beispiel?

Zuerst lernen wir aus diesem kurzen Beispiel wohl, dass es für kreative Teamleistungen mindestens drei Phasen braucht. Eine erste Phase der Chancenwahrnehmung: Timo hat den Kick-off-Workshop als Chance für kreative Lösungen gesehen und das Treffen entsprechend vorbereitet. Zweitens braucht die Ideenentwicklung im Team einen entsprechenden (interaktiven, flexiblen, und motivierenden) Raum und entsprechend Zeit, sowie verschiedene Anregungen (wie etwa das Verschlimmern). Drittens braucht es für kreative Ideen auch deren Ausarbeitung: Man muss sich und seinen Kollegen die Zeit geben aus einem Rohdiamanten durch den Feinschliff eine wirklich wertvolle Idee zu machen. Dafür reichten im vorliegenden Fall die 15 Minuten mit der Ideenblaupause nicht. Vor allem ist es in dieser dritten Phase wichtig, rasch konkret zu werden und die eigene Idee mit möglichst viel Feedback von potenziellen Nutzern der Idee anzureichern.

Und die Moral von der Geschicht? Ohne Schleifen geht es nicht.

Woran erkennen Sie, dass eine Sitzung vor Kreativität und Innovation sprüht? Und wie fühlt es sich an, Teil eines Treffens zu sein, bei dem originelle und umsetzbare Ideen durch den Beitrag aller mühelos entstehen und rasch weiterentwickelt werden? Wir hoffen, dass dies aus diesem Einführungsbeispiel erlebbar wurde: Durch gemeinsames, iteratives Arbeiten, das auf Perspektivenwechsel, neuen Impulsen und konkreten Fakten basiert, werden kreative und passende Ideen möglich.

DREI

SYSTEMATISCH KREATIVER

Im Englischen gibt es das freche Sprichwort „A fool with a tool is still a fool", sprich das Werkzeug macht noch nicht den Meister. In der Tat kann der unreflektierte Einsatz einer Methode manchmal mehr schaden als nützen. Hier gibt es nichts Nützlicheres als eine gute Theorie oder ein systematisches Modell. Dies schafft Orientierung und Überblick.

Von daher glauben wir, dass es wichtig ist, die Verwendung von Kreativitätsmethoden in einen einfachen Bezugsrahmen einzuordnen, der rasch Orientierung geben kann, wie Sie die verschiedenen Ansätze dieses Buches nutzen können. Unser Anspruch ist es dabei nicht, die eierlegende Wollmilchsau der Kreativitätsforschung oder die Mutter aller Kreativitätsmodelle zu entwerfen. Wir wollen Ihnen einzig in einer passenden visuellen Metapher die wichtigsten Prinzipien und Phasen bei der Ideenentwicklung aufzeigen. Wir verstehen unseren Bezugsrahmen dabei als Ordnungsraster für Einzelpersonen wie auch ganz besonders für Gruppen. Er besteht aus drei Hauptphasen, fünf

Prinzipien und einigen Methodenvorschlägen. Lassen Sie uns diese Bestandteile – sozusagen die Facetten des Diamanten – genauer betrachten.

DIE DREI CREABILITY-PHASEN

Vereinfacht beschrieben können wir den Prozess der Ideenentwicklung in drei Phasen unterteilen:

I. AKTIVIEREN

In einer ersten Phase müssen wir überhaupt erkennen, dass es eine Chance für Kreativität und neue Wege bzw. Ideen gibt. Dies ist nicht selbstverständlich, gerade wenn Sie an die Macht von Routinen denken. Nach unserer Erfahrung schaltet man nämlich oft nicht in einen kreativen Modus, auch wenn dies nützlich und hilfreich wäre. Stattdessen versucht man Ideen aus der Vergangenheit wieder zu beleben und so ein neuartiges Problem mit alten, unpassenden Ansätzen zu lösen. Diese Phase sollte immer dann aktiviert werden, wenn Sie ein neuartiges Problem antreffen, wenn Sie mit Sachzwängen und Restriktionen kämpfen, Dilemmas lösen möchten oder einfach das Gefühl haben, bestehende Pfade verlassen zu müssen. In dieser Phase braucht es also viel Sensibilität und Gespür für das Potenzial kreativer Momente. Wir nennen diese Phase Aktivierungsphase und die entsprechenden Werkzeuge Aktivierungsmethoden.

II. ENTWICKELN

In einem zweiten Schritt müssen wir möglichst vielseitige Optionen bzw. Ideen entwickeln. Das ist der eigentliche Kernbereich der kreativen Leistung, der oft auch einen hohen Spaßfaktor beinhaltet. Es ist jedoch nicht einfach, solche guten Optionen unter Zeitdruck und ad hoc produzieren zu können. Zu oft verlieben wir uns in die erste halbwegs gute Idee und brechen diese Phase dann vorschnell ab. Das wichtigste in dieser Phase ist es, sich nicht gegenseitig bei der Ideenentwicklung zu stören oder einzuschränken und der eigenen Fantasie freien Lauf zu lassen. Es empfiehlt sich daher auch in Gruppen, jeweils zuerst individuell Ideen zu entwickeln und diese erst danach in der Gruppe auszutauschen. In dieser Entwicklungsphase braucht es gute Moderation, viele Anregungen und vor allem eine offene, konstruktive Atmosphäre.

III. AUSARBEITEN

In einer dritten Phase gilt es, die entwickelten Ideen konsequent, aber dennoch flexibel weiter auszuarbeiten. Man macht sozusagen aus der Idee als Rohdiamant einen geschliffenen Edelstein und poliert diesen dann weiter, um aus der Idee das Optimum herauszuholen. In dieser Phase der Ideenveredelung ist es äußerst wichtig, die Ideen mit Kritik zu konfrontieren, also vielseitige Rückmeldungen dazu einzuholen und diese entsprechend zu berücksichtigen. In dieser Phase braucht es besonders viel Hartnäckigkeit und Disziplin.

KREATIVSÜNDEN

In der Praxis konnten wir beobachten, dass Teams ihr kreatives Potenzial nicht optimal ausschöpfen, weil sie diese drei Phasen nicht richtig durchlaufen und dabei drei schwerwiegende Fehler begehen, die wir als Kreativsünden bezeichnen:

ERSTE KREATIVSÜNDE:

Teams schalten erst gar nicht in einen ‚Kreativmodus' und verwenden bei anstehenden Problemen einfach die erstbeste oder zuletzt genutzte Lösung. Um diese Sünde zu vermeiden, finden Sie im nebenstehenden Kasten einige Situationen, in denen Sie bewusst in den Kreativmodus schalten sollten.

ZWEITE KREATIVSÜNDE:

Teams entwickeln zu wenig Ideen und begnügen sich damit, die erste halbwegs originelle und umsetzbare Idee weiterzuverfolgen und nicht weiter nach Alternativen zu suchen.

DRITTE KREATIVSÜNDE:

Teams veredeln ihre Ideen nicht genügend weiter, indem sie diese beispielsweise mit anderen Ideen kombinieren oder durch Rückmeldungen von zukünftigen Nutzern verbessern.

Um diese Sünden zu vermeiden und die drei Phasen auszureizen, gibt es hilfreiche Prinzipien, die wir Ihnen als nächstes vorstellen.

KREATIVSITUATIONEN

Wann sollte man in den Kreativmodus wechseln und die Chance für divergentes Denken wahrnehmen? Planen Sie für folgende Vorhaben Kreativmomente ein:
Wenn Sie…
- innovative Vorgehensvarianten für ein Vorhaben entwickeln wollen,
- Lösungsmöglichkeiten für ein vertracktes Problem ausformulieren müssen,
- mit Restriktionen und Sachzwängen kreativ umgehen sollen,
- Anpassungen an Vorhaben aufgrund von Veränderungen und neuen Anforderungen vornehmen müssen,
- kreative Ideen für Bezeichnungen erfinden sollen,
- mögliche Antworten auf eine offene Fragestellung finden müssen,
- mögliche zukünftige Szenarien vorhersehen oder entwerfen möchten,
- im Team im normalen Gesprächsmodus einfach nicht weiterkommen.

DIE FÜNF CREABILITY-PRINZIPIEN

Die langjährige Forschung zur Kreativität von Gruppen und Einzelpersonen haben wir für Sie in fünf überschaubaren Kernprinzipien zusammengefasst. Wie der Diamant selbst eine V-Form hat, so beginnen alle fünf (römisch V) Prinzipien mit einem V zur einfacheren Merkbarkeit:

Das **Verständnisprinzip**: Verstehen Sie das (wirkliche) Problem und seine Elemente, bevor Sie sich an Lösungsideen machen. Verständnis ist die Grundvoraussetzung für umsetzbare Ideen. Erst wenn man etwas (z. B. ein Problem) in mehr als einer Weise verstanden hat, begreift man es wirklich und kann aufbauend auf diesem Verständnis kreativ werden. Nicht ohne Grund ist der erste Schritt in vielen Kreativitätsmethodologien von CPS (Creative Problem Solving) bis zu Design Thinking eine vertiefte, mehrperspektivische Problemanalyse bzw. Beobachtung.

Das **Verflüssigungsprinzip**: Stellen Sie Ihre Grundannahmen und die gegebenen Sachzwänge in Frage. Versuchen Sie bewusst, starre Vorstellungen und festgefahrene Annahmen bei Ihnen oder in Ihrem Team aufzubrechen und zu flexibilisieren. Bringen Sie Bewegung in erstarrte Denkstrukturen, z. B. indem Sie überlegen, wie Sie die Situation weiter verschlimmern statt verbessern können, oder indem Sie bewusst Ihre Lieblingsüberzeugung in Frage stellen (z. B.: „Der Kunde will immer möglichst wenig bezahlen").

Das **Veränderungsprinzip**: Verändern Sie Ihren Blickwinkel und betrachten Sie das Problem und die Lösung aus ganz anderen Perspektiven. Betrachten Sie Ihre Themenstellung aus der Sicht eines Außenstehenden oder aus der Perspektive Ihres Vorbilds oder Idols. Verändern Sie den Zeithorizont oder die Ebene der Lösungsfindung um kreatives Potenzial frei zu legen. Albert Einstein hat dieses Prinzip im folgenden Aphorismus erfasst: „Probleme kann man niemals mit derselben Denkweise lösen durch die sie entstanden sind." Verändern Sie also bewusst die Sichtweisen auf Ihr Problem oder Thema und bauen Sie so eine kreative Spannung auf. Ein eindrücklicher Weg, dies zu tun, sind die Verwendung von Analogien, Metaphern oder anderen Übertragungen. Geben Sie für derartige Veränderungen auch dem Zufall eine Chance und nützen Sie Serendipity (Zufallsentdeckungen).

> „PROBLEME KANN MAN NIEMALS MIT DERSELBEN DENKWEISE LÖSEN, DURCH DIE SIE ENTSTANDEN SIND."
>
> **ALBERT EINSTEIN**

Das **Verbindungsprinzip**: Verbinden Sie Informationen und Ideen in neuartiger Weise, denn bekanntlich sind viele Innovationen aus bereits bestehenden Ideen entstanden, die clever neu kombiniert wurden, denken Sie etwa an den Erfolg des iPhones. Hier können Sie auch dem Zufall eine Chance geben und Dinge erst mal probeweise kombinieren und schauen, was sich daraus ergeben kann. Um Ideen zu kombinieren, empfiehlt es sich, diese zuerst zu visualisieren, z. B. auf Kärtchen, die sich ohne Mühe neu gruppieren lassen.

Das **Veredelungsprinzip**: Verbessern Sie Ihre Ideen, indem Sie diese auf Schwachpunkte hin untersuchen und anhand verschiedener Anwendungsszenarien ausprobieren. Ideen zu veredeln kann also bedeuten, dass man sie mit weiteren Ideen oder Verbesserungspunkten anreichert oder sie an unterschiedliche Anwendungskontexte anpasst. Die Ideenveredelung profitiert dabei von verschiedenen Ausdrucks- und Visualisierungsformen. Indem Sie Ihre Idee unterschiedlich darstellen, entdecken Sie verschiedene Verbesserungspunkte an Ihrem Einfall. Zeichnen Sie Ihre Idee deshalb als Skizze, als Comicgeschichte, als Diagramm oder als Metapher auf. Erzählen Sie ganz verschiedenen Vertrauenspersonen von Ihrer Idee und achten Sie genau auf deren Reaktionen und Rückmeldungen. Eine Möglichkeit, dieses Prinzip konkret anzuwenden, ist das *Prototypingverfahren*, das wir auch in diesem Buch beschreiben.

Vereinfacht formuliert können wir also kreativer werden, wenn wir

1. uns bemühen, tiefer in ein Thema einzutauchen, um es wirklich zu verstehen,
2. uns befreien von Annahmen, Hemmungen, innerer Zensur und fixen Vorstellungen,
3. unsere Betrachtungsweise radikal verändern und so eine Situation neu sehen,
4. unsere Ideen mit denjenigen von anderen kombinieren,
5. unsere besten Ideen evaluieren oder kritisieren lassen und weiterentwickeln.

Diese fünf Prinzipien sind zwar oft für den gesamten Kreativprozess relevant, sie können aber auch in einzelnen Phasen besonders wichtig werden:

Das **Verständnisprinzip** ist vor allem in der Frühphase einer Ideenentwicklung zentral. Ob man die Chance für eine Kreativsitzung nutzen möchte, hängt nämlich auch davon ab, wie gut man das Problem bereits versteht. Manchmal kann es sinnvoll sein, zuerst mehr über ein Problem in Erfahrung zu bringen, bevor man zur Lösungsentwicklung schreitet.

Das **Verflüssigungsprinzip** scheint uns zu Beginn der Ideenentwicklungsphase essenziell. Bevor man neue Ideen entwickelt, sollte man sich bewusst von starren Grundannahmen distanzieren und den Blick auf alternative Sichtweisen öffnen.

Das **Veränderungsprinzip** ist in der Ideenentwicklungsphase zentral. Nur durch bewusste Verzerrungen, Verfremdungen und Ebenenwechsel entstehen radikal neue Ideen. Diese Mechanismen sollte man gezielt für die Entwicklung von Optionen nutzen.

Das **Verbindungsprinzip** ist für die Schlussphase der Ideenentwicklung und die Frühphase der Ideenausarbeitung wichtig. Hat man bereits viele verschiedene Ideen entwickelt, so sollte man bewusst nach originellen und passenden Verbindungsmöglichkeiten suchen und so höherwertige Ideen schaffen. Dies kann und soll auch im nachgelagerten Ausarbeitungsprozess weiterhin möglich sein.

Das Ideen-**Veredelungsprinzip** schließlich ist der Leitgedanke bei der Phase der Ideenausarbeitung. Wir müssen in dieser normalerweise recht langen Periode bewusst darauf achten, wie wir den Mehrwert unserer Ideen immer wieder ein wenig steigern können.

LEITFRAGEN FÜR GRUPPENGESPRÄCHE ANHAND DER FÜNF CREABILITY-PRINZIPIEN:

- **Verstehen:** Was ist das (wirkliche) Problem hier? Woher kommt es? Für wen ist es ein Problem? Woran erkennt man, dass das Problem gelöst ist?
- **Verflüssigen:** Wie kann man dieses Thema auch noch sehen? Was wäre eine andere Perspektive darauf? Wie würden wir das Problem in einem Jahr beurteilen?
- **Verändern:** Wie könnten wir es anders machen als bisher? Was würde das Problem verschlimmern? Was würde das Problem zum Verschwinden bringen?
- **Verbinden:** Wie lassen sich unsere verschiedenen Ideen clever kombinieren? Können wir verschiedene Ansätze integrieren? Lassen sich Extremvarianten verknüpfen?
- **Veredeln:** Wie können wir unsere Lösung weiter verbessern? Wer kann unsere Idee überprüfen und dazu Feedback geben? Welche Details sollten wir noch weiter ausarbeiten?

DER CREABILITY-BEZUGSRAHMEN

Den eben beschriebenen Zusammenhang zwischen Prinzipien und Phasen finden Sie nachfolgend in unserem Diamanten grafisch illustriert.

Warum haben wir uns für einen Diamanten als visuelle Metapher für unseren Bezugsrahmen entschieden? Nun, er scheint uns einige passende Assoziationen für die Ideenentwicklung auszulösen:

Wie ein Diamant so sind auch gute Ideen wertvoll und müssen geschützt werden. Ein Rohdiamant erfordert eine harte und beständige Bearbeitung (z. B. Schleifen und Polie-

ren), bis daraus das volle Potenzial zur Geltung kommt – d. h. eine Innovation entsteht. Diamanten brauchen auch einen Rahmen, eine Fassung, damit sie gut verwendet (getragen) werden können.

Eine weitere Assoziation: Wie ein geschliffener Diamant so hat auch Kreativität viele Facetten. Erst aus dem Zusammenspiel dieser Facetten entsteht das stimmige, faszinierende Ganze, das einen hohen Wert erzielt.

Zu guter Letzt ist jeder Diamant einzigartig. So verhält es sich auch mit dem kreativen Prozess, der bei jeder Person oder Gruppe immer wieder neu gelebt und gestaltet wird.

Und eine letzte, besondere Assoziation für unseren Ansatz von Gruppenkreativität: Diamanten entstehen unter besonders großem Druck. Wir hoffen, dass dieser einfache Bezugsrahmen Ihnen hilft, die Methoden in diesem Buch effektiv und effizient einzusetzen, und dass er Sie dazu inspiriert, Kreativität in der täglichen Arbeit mehr Gewicht und Wert zu geben. Damit kommen wir zum eigentlichen Kern dieses Modells wie auch unseres Buches: den neuen und erweiterten Kreativitätsmethoden.

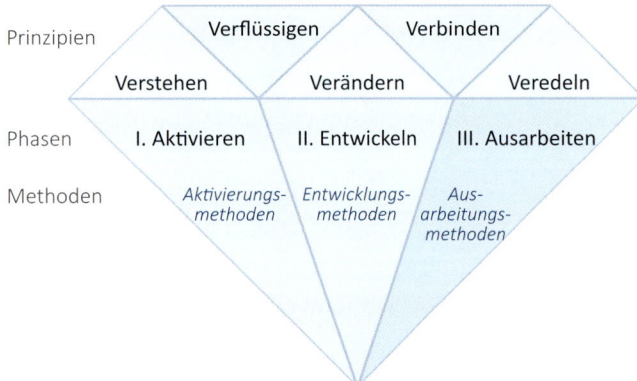

Abbildung 7: Ein Bezugsrahmen für Kreativität unter Druck.

DIE METHODEN

Ganz unten im Diamanten finden Sie drei Arten von Methoden: Erstens Aktivierungsmethoden wie das *Perspektiven-*

diagramm, die *Dynamic-Facilitation*-Moderationsmethode oder auch die visuelle *Empathiekarte*. Diese Methoden helfen ihnen, Chancen für gute Ideenentwicklung zu schaffen, indem sie die Teilnehmer aktiv abholen und sie zu Wort kommen lassen. Durch diese Techniken gelingt es, einen fruchtbaren Boden für die Ideenentwicklung zu schaffen, indem Sie die relevanten Informationen, Fragen, Sichtweisen und Erfahrungen zusammentragen und strukturieren.

Zweitens geht es um die eigentlichen Entwicklungsmethoden, die zu vielen guten Ideen führen. Beispiele hierfür sind unsere eigene Methode der *Erfolgspfade*, aber auch das spannende *Collaborative Sketching* oder der bewährte *SCAMPER*-Ansatz nach Osborn. Zentral bei diesen Kreativitätstechniken sind vielfältige Impulse, um über ein Thema immer wieder neu nachdenken zu können. Ein Kreativimpuls kann dabei eine stimulierende Frage sein, eine neue Visualisierungsform, oder eine besondere Art der Zusammenarbeit mit anderen.

Schlussendlich benötigen wir Ausarbeitungsmethoden, mit denen wir eigene Ideen noch origineller, ausgereifter und passender machen können. Unsere *Iterationsspirale* sowie die *Ideenwand* oder die *Ideenblaupause* dienen genau dazu. Die Ausarbeitungsmethoden bieten die Möglichkeit zur Ideenperfektionierung, indem sie uns einladen, in

Tabelle 1: Eine alphabetische Übersicht über alle Kreativmethoden und deren Einteilung nach der Kreativphase

Methode	PHASE I: Aktivierungsmethoden	PHASE II: Entwicklungsmethoden	PHASE III: Ausarbeitungsmethoden
635-Methode		●	●
Aufeinander aufbauen		●	
Bildmappen		●	
Bodystorming		●	
Collaborative Sketching		●	●
Dilemmagramm	●		
Dynamic Facilitation	●		
Empathiekarte		●	
Erfolgspfade		●	
Ideenblaupause			●
Ideenmarathon		●	
Ideenwand		●	●
Iterationsspirale			●
Kreativblock	●		
Kreativitätsschieber		●	
Kreativroulette		●	●
Perspektivendiagramm	●		
Prototyping		●	●
Raum für Kreativität	●		
Reframing-Matrix	●		
Reizwortbandit		●	
SCAMPER		●	
Skizzenpost	●		
Skizzenzeichen		●	
Spazieren strapazieren		●	●
Sweet Spot		●	
Team-Thermometer	●		
Visual Café		●	
Writer's Room		●	●
Zweier Mind-Map		●	●

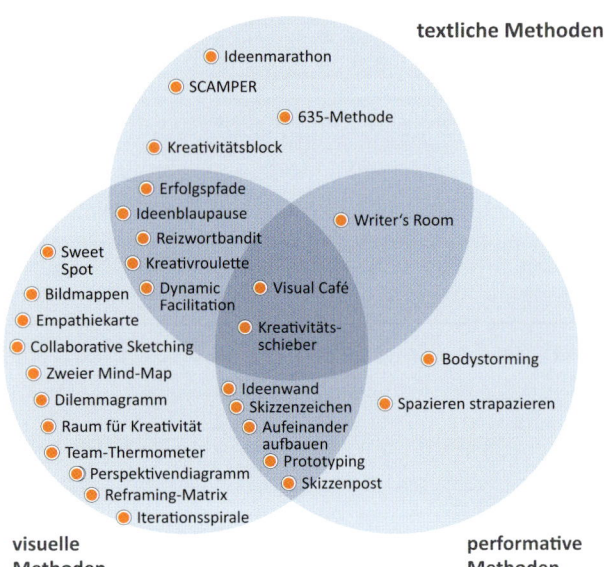

textliche Methoden

Ideenmarathon

SCAMPER

635-Methode

Kreativitätsblock

Erfolgpfade

Ideenblaupause

Reizwortbandit

Writer's Room

Kreativroulette

Sweet Spot

Bildmappen

Dynamic Facilitation

Visual Café

Empathiekarte

Kreativitäts-schieber

Collaborative Sketching

Zweier Mind-Map

Bodystorming

Dilemmagramm

Ideenwand

Skizzenzeichen

Raum für Kreativität

Aufeinander aufbauen

Spazieren strapazieren

Team-Thermometer

Prototyping

Perspektivendiagramm

Reframing-Matrix

Skizzenpost

Iterationsspirale

visuelle Methoden

performative Methoden

Abbildung 8: Eine Einteilung der Methoden nach deren Darstellungsfomen

Zyklen bzw. Iterationen zu arbeiten. Durch das mehrmalige Durchlaufen eines Schrittes werden wir immer wieder auf die Kernidee zurückgeworfen und so eingeladen, sie nochmals einen Dreh besser zu machen.

Sie finden eine Übersicht über die Kreativmethoden dieses Buches anhand dieser drei Phasen bzw. Typen in der *Tabelle 1* auf der vorangehenden Seite. Sie macht deutlich, dass die größte Gruppe diejenige der eigentlichen Ideenentwicklungsmethoden ist.

Natürlich lassen sich Kreativitätsmethoden auch noch nach weiteren Gesichtspunkten als unseren drei Phasen gliedern. So können wir sie nach der Darstellungsform der Methode bzw. nach ihrer Funktionsweise (verbal, textlich, bildlich) einteilen. Wie Sie in *Abbildung 8* unschwer erkennen können, legen wir dabei einen Schwerpunkt auf bildliche Methoden; dies, weil wir die Erfahrung gemacht haben, dass das Visualisieren in besonderem Maße hilft, Informationen sinnvoll zu strukturieren, neue Impulse zu geben und iterativ zu arbeiten.

DIE ALTERNATIVE: IM KREATIVLABYRINTH

Zum Schluss dieses Grundlagenkapitels wollen wir noch eine Frage beantworten, die sich einige Leser vielleicht stellen: Warum glauben wir, dass es eine einfache Systematik und entsprechende Methoden für die Ideenentwicklung am Arbeitsplatz braucht? Sie hatten ja auch ohne unseren Dia-

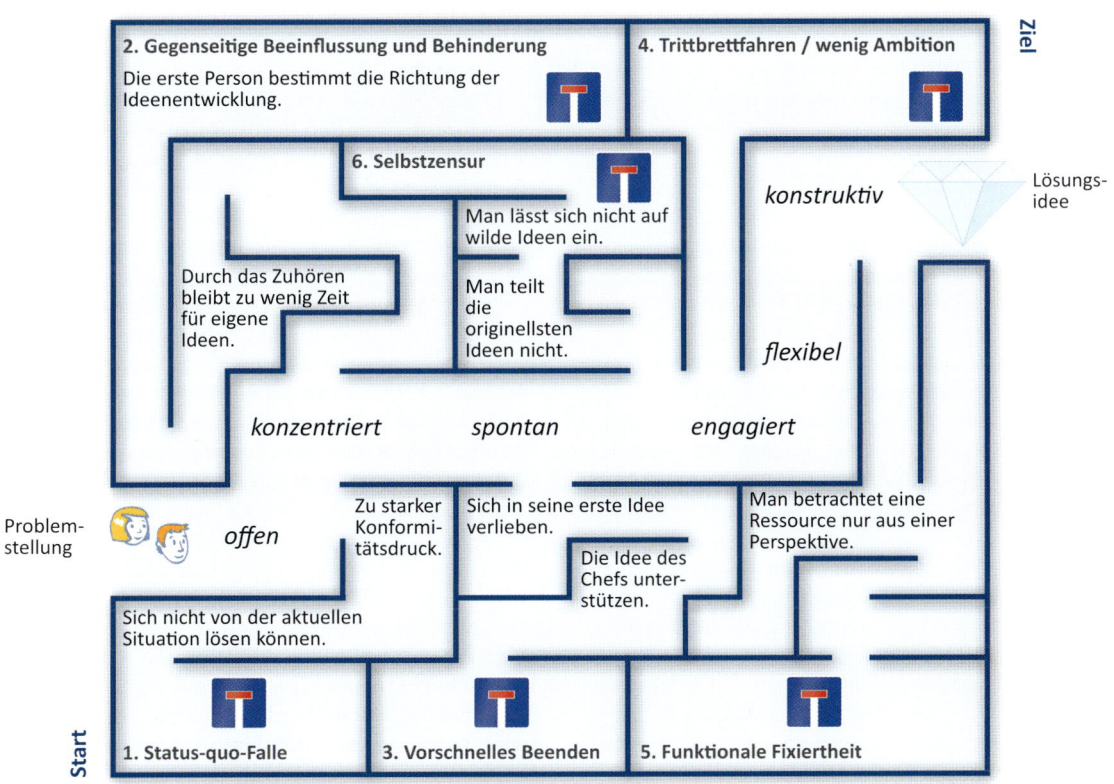

Abbildung 9: Sechs kreative Sackgassen und ein besserer Weg zur gemeinsamen Idee

manten und die Methoden bereits viele gute Ideen bei der Arbeit. Das trifft sicherlich zu, doch glauben Sie nicht auch, dass Sie in vielen Situationen, gerade in Gruppenkontexten, Kreativität noch stärker als Ressource nutzen könnten?

Die langjährige Forschung zu Kreativität hat gezeigt, dass wir ohne systematische Impulse oft in einige kreativitätsfeindliche Muster zurückfallen, die es uns erschweren, gemeinsam wirklich neuartige Ideen zu entwickeln. Diese kreativen ‚Sackgassen' haben wir für Sie in der folgenden Labyrinthmetapher zusammengestellt.

Die erste Sackgasse können wir als **Status-quo-Falle** bezeichnen. Dieser Begriff bringt zum Ausdruck, dass es uns schwer fällt, uns von der gegenwärtigen Situation zu lösen und uns gänzlich andere Möglichkeiten vorzustellen. Wir neigen also dazu, anderen genau das zu erzählen, was sie schon wissen, um so eher ‚gruppenkonform' zu argumentieren. Statt neue Möglichkeiten aufzuzeigen, zementieren wir den Status quo.

Eine zweite Sackgasse ist das vor allem aus dem Brainstorming bekannte ‚**Production Blocking**', sprich die vorschnelle gegenseitige Störung beim Entwickeln eigener Ideen. Der erste Kollege, der seine Idee spontan heraus sagt, beeinflusst dabei alle anderen und gibt quasi eine Denkrichtung vor. Das engt die Kreativität der gesamten Gruppe ein. Aus diesem Grund funktionieren viele der Methoden dieses Buchs nach dem sogenannten Nominalgruppenprinzip: Ideen werden auch in Teams immer zuerst individuell

entwickelt und erst in einem weiteren Schritt in der Gruppe ausgetauscht.

Eine dritte Sackgasse für wirklich kreative Ideen ist das **vorschnelle Beenden der Ideensuche**. Wir haben die Tendenz, uns mit der ersten guten Idee zufrieden zu geben und sie nicht weiter in Frage zu stellen oder radikal zu verändern. Gerade in Gruppen, in denen große Hierarchieunterschiede herrschen, können unter diesem ‚premature comitment'-Phänomen leiden: Obwohl andere Teammitglieder noch tolle Ideen hätten, halten sie diese zurück, um z. B. den Chef nicht zu übertrumpfen und seiner Leitidee zu berauben. Hier schaffen Methoden die Sicherheit, dass es in Ordnung ist, weitere Ideen einzubringen.

Ein viertes bekanntes Problem bei der Ideengenerierung im Team ist das **Trittbrettfahren**: Man verlässt sich darauf, dass den anderen bestimmt gute Ideen einfallen und lehnt sich entsprechend zurück. Dies geschieht vor allem dann, wenn die Erwartungen an den einzelnen bewusst heruntergeschraubt werden. Gute Kreativitätstechniken stecken deshalb bewusst hohe Ziele an die Kreativität jedes einzelnen und ‚zwingen' ihn (auch durch das Nominalgruppenprinzip) seine Ideen mit denjenigen der anderen ins Rennen um die beste Idee zu schicken.

Das wahrscheinlich bekannteste Kreativitätsproblem heißt **funktionale Fixiertheit**. Damit beschreiben Kreativitätsforscher unsere Mühen beim Perspektivenwechsel beziehungsweise bei der Neukonzeption von Altbekanntem.

Spezifisch bezieht sich dieses Problem (das der Status-quo-Falle ähnelt) auf unsere Eigenheit, Dinge ‚funktional zu fixieren‘, sie also eindimensional wahrzunehmen. So sehen wir beispielsweise einen Konkurrenten nur als Feind, den es zu bekämpfen gilt, und nicht auch als möglichen Allianzpartner für mehr Marktwachstum, gemeinsame technische Standards oder bessere gesetzliche Rahmenbedingungen. Oder wir verstehen das Internet nur als Schaufenster für unsere Produkte und nicht auch als wichtigen Monitoring- und Feedbackkanal.

Eine einfache Aufwärmübung, um diesen störenden Reflex in Kreativteams zu reduzieren, ist die Büroklammerübung: Bitten Sie Ihre Gruppenmitglieder, während drei Minuten möglichst viele neue Verwendungsmöglichkeiten für eine Büroklammer zu erfinden. So entdecken Sie selbst, wie schwierig und doch befreiend es ist, Dinge jenseits ihrer Hauptfunktion zu begreifen.

Eine letzte wichtige Kreativsackgasse, für die wir Sie sensibilisieren möchten, ist unsere Schüchternheit. Wir neigen dazu, uns selbst zu zensieren und unsere originellsten Ideen gar nicht erst mit anderen zu teilen. Dies, weil wir vielleicht befürchten, uns damit zu blamieren. Diese **Selbstzensur** schadet der Gruppe, weil wir so anderen wichtige Impulse für neue Sichtweisen vorenthalten.

Da wir nicht in jeder Situation wirklich offen für Neues sind, uns von anderen ablenken lassen und von unserer spontanen Seite abwenden, brauchen wir Methoden, die uns quasi zu unserem Glück zwingen. Dadurch sind wir länger engagiert, bleiben jedoch flexibel (und verlieben uns nicht sofort in unsere erste Idee) und kritisieren einander konstruktiv.

Sie finden einige dieser sechs Kreativblockaden jeweils zu Beginn jeder Methodenbeschreibung im Steckbrief wieder. So können Sie rasch erkennen, welches typische Kreativitätsproblem durch die jeweilige Methode gelöst wird.

VIER

30 IMPULSE FÜR MEHR KREATIVITÄT IN TEAMS

In diesem Hauptkapitel des Creability-Buches stellen wir Ihnen 30 neue und bewährte Methoden vor, um die Kreativität in Gruppen zu steigern. Sie werden dabei vielleicht den einen oder anderen alten Bekannten in neuer Form wieder entdecken (wie etwa SCAMPER, Body Storming oder Prototyping). Einen beachtlichen Teil der Methoden werden Sie jedoch in keinem anderen Buch finden können. Das rührt daher, dass wir in unserer Forschungs- und Transferarbeit mit Unternehmen an der Universität St. Gallen eine Reihe innovativer Methoden entwickeln und testen konnten und Ihnen diese nun erstmalig in Buchform vorstellen.

EINE METHODISCHE INNOVATION: METHODEN FÜR ZWEIERTEAMS

Insbesondere die Methoden für die Ideenentwicklung zu zweit stellen dabei einen neuen Ansatz in der Welt der Kreativitätsmethoden dar – und dies obwohl die Kreativitätsforschung schon vor einiger Zeit herausgefunden hat, dass Zweierteams für die Entwicklung origineller Ideen besonders geeignet sind (u. a. weil sie Ideen schneller und mit höherer Ausdauer verfeinern als Einzelpersonen oder größere Gruppen). Diese Zweiermethoden können Sie dabei direkt im Buch oder durch vorgängiges Fotokopieren nutzen, indem Sie die jeweilige Doppelseite zwischen sich und eine weitere Person legen und dann gemeinsam ausfüllen. Mehr zu diesen sogenannten ‚Spreads' (d. h. ausgespreizten Doppelseiten) finden Sie in den nachfolgenden Methodenbeschreibungen, insbesondere in den folgenden Techniken: *Team-Thermometer*, *Iterationsspirale*, *Aufeinander aufbauen* und *Zweier Mind-Map*.

Bevor wir nun in diese und die weiteren Methoden eintauchen, möchten wir Ihnen kurz die Auswahlkriterien für die vorliegende Methodensammlung erläutern. Zudem möchten wir ihnen den Steckbrief erklären, den Sie zu Beginn jeder Methode finden. Zum Schluss dieser Einleitung stellen wir auch die stets gleichbleibende Struktur der Methodenbeschreibungen vor.

AUSWAHLKRITERIEN DER METHODEN

Wir haben bei der Auswahl der Methoden speziell darauf geachtet, eine möglichst vielfältige, aktuelle und breit einsetzbare Zusammenstellung vorzunehmen. Neben Vielfalt, Aktualität und Praxisrelevanz haben uns drei weitere Auswahlkriterien bei der Zusammenstellung passender Kreativitätstechniken geholfen:

Wir haben nur Methoden ausgewählt, von deren Nutzen wir uns auch persönlich in realen Arbeitskontexten überzeugen konnten. Die Methoden mussten also alle einen nachweislich hohen Mehrwert aufweisen.

Zweitens haben wir nur Methoden in diese Zusammenstellung aufgenommen, die ohne fremde Hilfe und ohne großen Lernaufwand zum Einsatz gelangen können. Die direkte Einsetzbarkeit jeder Methode ist uns ein großes Anliegen. Uns ist dabei bewusst, dass es bei einigen Methoden hilfreich ist, bereits über Moderationserfahrung zu verfügen. Wir meinen dennoch, dass die meisten der 30 Werkzeuge auch von Menschen mit wenig Erfahrung in der Gruppenführung genutzt werden können.

Ein letztes Kriterium, das uns bei der Auswahl geeigneter Kreativitätstechniken wichtig erschien, ist deren Flexibilität bzw. Veränderbarkeit. Sie können die meisten

> „WAS MAN SICH SELBST ERFINDET, LÄSST IM GEIST DIE SPUR ZURÜCK, DIE AUCH BEI ANDERER GELEGENHEIT GENUTZT WERDEN KANN."
>
> GEORG CHRISTOPH LICHTENBERG

der Methoden in diesem Buch leicht an eigene Bedürfnisse anpassen und weiterentwickeln. Machen Sie sich die Methoden zu eigen, indem Sie sie nach eigenem Gutdünken vereinfachen oder auch mal mit neuen Schritten ergänzen. Im Gegensatz zu Methoden des Qualitätsmanagements oder der Strategie müssen Kreativitätsmethoden nicht immer im Sinne des Erfinders verwendet werden. Oder wie es Nietzsches Lieblingsaphoristiker Georg Christoph Lichtenberg einst formuliert hat:

„Was man sich selbst erfindet, lässt im Geist die Spur zurück, die auch bei anderer Gelegenheit genutzt werden kann."

Von daher laden wir Sie bewusst zur Ko-Kreation der Methoden dieses Buches ein. Nehmen Sie diese nicht als starre Vorgehensweisen an, sondern hinterfragen Sie sie und experimentieren Sie mit verschiedenen Einsatzvarianten. So entwickeln Sie Ihre eigenen Lieblingsmethoden, die für Ihren Kontext passen. Das wäre ganz im Sinne unseres Kriteriums der Methodenflexibilität. Um sich dabei jedoch nicht ganz von den Kernprinzipien einer Methode zu verabschieden, haben wir jeder Methode einen kleinen Steckbrief mitgegeben.

DER METHODENSTECKBRIEF

Um Ihnen den Einstieg in jede Methode zu erleichtern, haben wir zu Beginn jeder Beschreibung einen kompakten Steckbrief der jeweiligen Kreativitätstechnik verfasst. Dieser Steckbrief charakterisiert die Methode kurz und zeigt Ihnen ihren typischen Verwendungskontext auf.

Konkret besteht jeder Methodensteckbrief aus sechs Elementen: Zuerst verweisen wir auf die in der Methode genutzten Kreativitätsprinzipien. Dann verorten wir die Methode in einer der drei Phasen der Ideenentwicklung (d. h. Vorbereitung, Entwicklung, oder Weiterentwicklung). Wir erwähnen dabei auch die durch die Methode reduzierten Kreativbarrieren. Die nächsten drei Punkte helfen Ihnen dabei, den Methodeneinsatz zu planen, denn sie umfassen die notwendige Zeit für die Durchführung einer Methode, deren ideale Teilnehmerzahl sowie die notwendige Infrastruktur im Sinne von Material-, Technik- und Raumvoraussetzungen. In *Tabelle 2* finden Sie nochmals die sechs Fragen, die der Methodensteckbrief beantwortet.

Im Steckbrief haben wir übrigens bewusst darauf verzichtet, konkrete Verwendungssituationen für eine Methode anzugeben oder sie bezüglich ihrer Schwierigkeit zu klassifizieren. Warum? Nun, wir glauben, dass wir nicht alle möglichen Verwendungsweisen einer Methode vorhersehen können und dass wir mit der Angabe von typischen Verwendungsweisen das Potenzial einer Methode stark reduzieren würden. In unserer Erfahrung verwenden

CREABILITY-PRINZIPIEN:	Auf welchen der fünf V-Prinzipien basiert die Methode?
KREATIVPHASE:	Wann sollte sie zum Einsatz kommen?
REDUZIERTE BARRIERE:	Welche Kreativbarrieren reduziert sie?
ZEIT:	Wie lange dauert der Einsatz der Methode normalerweise?
TEILNEHMERZAHL:	Wie viele Personen können die Methode gemeinsam nutzen?
INFRASTRUKTUR:	Was benötigt man an Material und Hilfsmitteln, um die Methode zu nutzen?

Tabelle 2: Die tabellarische Struktur der Methodensteckbriefe

Menschen nämlich die hier dokumentierten Methoden in ganz unterschiedlichen Weisen und Anwendungskontexten. Oder um es mit dem Titel eines bekannten Woody-Allen-Films zu sagen: Whatever works! Wenn's funktioniert, dann passt es auch. Von daher möchten wir Sie als Leser weder bevormunden noch in Ihrer Wahl einer passenden Methode einengen. Wir haben uns auch gegen eine Klassifizierung der Methoden nach Schwierigkeitsgrad entschieden, weil dies suggerieren könnte, dass ein erfahrener Spezialist sich nur mit den schwierigen Methoden auseinandersetzt und Anfänger sich gefälligst an die einfachen zu halten haben. Dies widerspricht unserem Verständnis von Kreativitätstechniken, denn wir glauben, dass je nach Vorwissen, Vorlieben und Erfahrungshintergrund eine Methode gleichzeitig leicht (für die eine Person) wie auch schwierig (für die andere) sein kann. Eine weitere Gefahr bei einer derartigen Rangordnung ist der Glaube, einfache Methoden würden eher funktionieren als schwierige. Auch vermeintlich einfache Methoden können aufgrund eines schwierigen Anwendungskontextes scheitern. Zudem wollten wir, dass die Systematik des Steckbriefs nicht zu weitschweifig wird. Genauso systematisch und einfach wie der Steckbrief ist auch die ausführliche Beschreibung der Methoden selbst.

DIE METHODENBESCHREIBUNG

Die auf den Steckbrief folgende Methodenbeschreibung ist zur leichteren Orientierung immer gleich strukturiert: Wir beginnen zunächst mit einer kurzen Beschreibung des typischen Verwendungskontextes der Methode und einigen Angaben zu ihrem Entstehungshintergrund. In einem zweiten Abschnitt stellen wir Ihnen dann das schrittweise Vorgehen der Methode vor. Wir illustrieren die Methode im dritten Abschnitt mit einem Praxisbeispiel. Dieser Illustration folgen einige Hinweise zu Risiken und Nebenwirkungen der Methode, und wie man sicherstellt, dass sie im Sinne von Erfolgsfaktoren gut funktioniert. Da sich alle Methoden anpassen und verändern lassen, beschreiben wir zum Schluss mögliche Einsatzvarianten der Methode. Als allerletzter Teil folgen ein kompaktes Fazit sowie (falls vorhanden) Angaben zu weiterführender Literatur.

Doch genug des Vorgeplänkels. Lassen Sie uns einsteigen in die spannende Welt der Kreativmethoden. Wir beginnen mit Aufwärm- bzw. Einstiegsmethoden, mit denen Sie sich und ihrem Team die Chance für mehr Kreativität geben können. Danach finden Sie Methoden zur eigentlichen Ideenentwicklung. Zu guter Letzt finden sie wichtige Entwicklungsmethoden, mit denen sie aus einer guten Idee eine brillante Idee machen können.

DYNAMIC FACILITATION UND PERSPEKTIVEN-DIAGRAMM

EINFACH MEHR BETEILIGUNG

CREABILITY-PRINZIPIEN:	Verstehen
KREATIVPHASE:	Aktivieren
REDUZIERTE BARRIERE:	Trittbrettfahren
ZEIT:	5–20 Minuten
TEILNEHMERZAHL:	3–10 Personen
INFRASTRUKTUR:	Flipchart oder bespannte Pinnwand; alternativ: Laptop mit Beamer und Vorlage

HINTERGRUND UND VERWENDUNGSKONTEXT

Ist Ihnen das auch schon aufgefallen? Menschen haben es einfach nicht gern, wenn ihre Ideen oder Anliegen durch einen rigiden Prozess oder Workshopablauf ausgebremst oder verhindert werden. Sie wollen so rasch wie möglich loswerden, was ihnen unter den Nägeln brennt.

Gerade bei der Ideenentwicklung in Gruppen kann ein zu kompliziertes, phasenorientiertes Vorgehen Kreativität und Spontaneität zerstören. Da ist es manchmal besser, die Teilnehmenden sofort aktiv werden zu lassen und es ihnen zu erlauben, frei von der Leber ihre spontanen Beiträge einzubringen.

Dies ist denn auch die zentrale Idee hinter der von Jim Rough entwickelten *Dynamic-Facilitation*-Methode: Rasch raus lassen, was im Kopf rumschwirrt.

Dieser unkomplizierte Moderationsansatz kann vor allem zu Beginn einer Kreativsitzung befreiend wirken und schnell wichtige Informationen, Fragen, Anliegen oder Ideen auf den Tisch bringen. Wird dies nicht getan, so kann es sein, dass die ‚aufgestauten' Anliegen den freien Austausch von Ideen blockieren. In unserer Erfahrung lassen sich auch skeptische Mitarbeiter eher auf neuartige Kreativmethoden ein, wenn sie vorher die Gelegenheit hatten, ihre wichtigsten Anliegen oder Lösungsideen einzubringen. Genau dies ermöglicht *Dynamic Facilitation*.

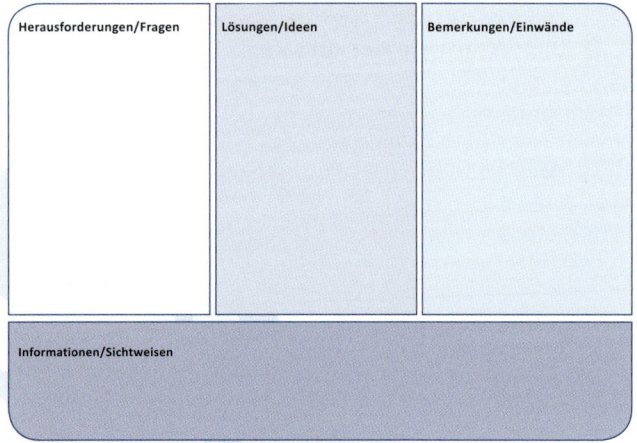

Herausforderungen/Fragen	Lösungen/Ideen	Bemerkungen/Einwände

Informationen/Sichtweisen

Abbildung 10: Eine mögliche Vorlage für die Dynamic-Facilitation-Moderationsmethode

Der Ansatz ist deshalb bewusst unkompliziert und dynamisch. Er erfordert auch keine große Infrastruktur oder Vorbereitung. *Dynamic Facilitation* ist jedoch auch ein Ansatz, der bei komplexen Fragestellungen schnell zu kurz greift und die Ideenweiterentwicklung nicht unterstützt. Doch der Reihe nach.

 VORGEHEN

Um *Dynamic Facilitation* einzusetzen, benötigen Sie mindestens fünf Minuten Zeit, drei bis zehn Sitzungsteilnehmer und (idealerweise) eine Leinwand, ein Flipchart oder einen Laptop plus Projektor.

Unsere eigene Umsetzungsvariante des *Dynamic-Facilitation*-Einsatzes beginnt mit einem vorstrukturierten Poster auf Packpapier, Flipchart oder auf einer interaktiven (Projektor-)Vorlage. Wir legen dazu drei Spalten und eine breite Zeile darunter an und beschriften diese mit den Titeln ‚Probleme', ‚Lösungen', ‚Bedenken' sowie ‚Informationen'. Alternativ können diese vier Kategorien auch auf vier separaten Flipcharts aufgetragen werden.

Nach einer kleinen Aufwärmübung bitten wir die Teilnehmenden, frei und spontan von Problemen zu berichten, die ihnen zum Sitzungsthema begegnet sind. Sie können jedoch auch sofort mögliche Lösungen vorschlagen zu Problemen im Themenfeld. Auch ist es den Teilnehmern (im Gegensatz etwa zur Brainstormingtechnik) jederzeit erlaubt, Bedenken – z. B. bezüglich Lösungsvorschlägen von anderen – anzusprechen. Zudem darf jeder Teilnehmer Informationen einbringen, die ihm oder ihr für die Diskussion relevant erscheinen.

Es gibt also während der ganzen *Dynamic-Facilitation*-Anwendung keine eigentlichen Phasen oder Vorgehensregeln. Probleme, Lösungen, Bedenken oder Informationen

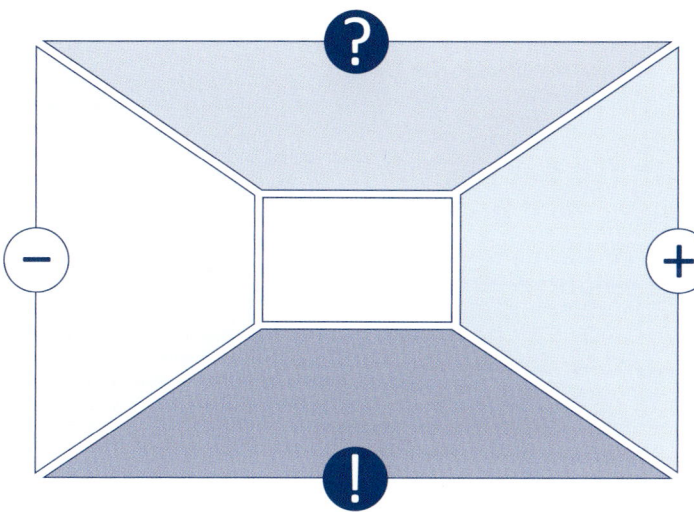

Abbildung 11: Die Perspektivenmethode

dürfen jederzeit genannt und aufgenommen (aber nicht besprochen) werden. Der Moderator nimmt lediglich jeden Vorschlag kurz schriftlich auf. Er sollte es aber vermeiden, die erwähnten Punkte ausführlich zu besprechen, da dies der Dynamik der Methode abträglich ist. Jeder Beitrag der Teilnehmer sollte einer der vier genannten Kategorien zugeordnet werden können. Ist dies unklar, fragt der Moderator nach, zu welcher Kategorie der Beitrag gehöre. So entsteht in sehr kurzer Zeit ein gutes Bild des Status quo. Jeder

Teilnehmer kann sich einbringen und sein Anliegen so früh ‚loswerden'. Er hat die Gewissheit, dass er gehört wurde und dass sein Beitrag für alle sichtbar dokumentiert ist.

 BEISPIEL

Die Abbildung 12 zeigt ein einfaches Beispiel aus einer 15-minütigen Gruppendiskussion, die mit dem *Perspektivendiagramm* zu Beginn eines dreistündigen Workshops moderiert wurde. Thema des Workshops war dabei gerade die Herausforderung, Kreativität als Ressource in Sitzungen zu nutzen. Um sich dem Thema zu nähern, überlegten sich die Teilnehmer zuerst eigene Fragen zum Thema, reflektierten dann ihr Vorwissen und ihre positiven und negativen Erfahrungen in der Sitzungsführung. Nach dieser ca. fünfminütigen, individuellen Phase bat der Moderator die Teilnehmenden ihre Gedanken zu teilen. Er nahm zuerst die Punkte im unteren Teil des Diagramms auf und bat die Teilnehmer, wichtige Fragen zum Thema zu stellen. Zu guter Letzt bat er sie, von ihren positiven und negativen Sitzungserfahrungen zu erzählen. Die Beteiligung an jedem Schritt war dabei freiwillig: Einige Teilnehmer stellten nur Fragen, andere erzählten von ihrem Vorwissen oder von positiven und negativen Erfahrungen. Durch die Verwendung der Methode kamen die Teilnehmer schnell ins Thema und öffneten sich für die Erfahrungen der anderen.

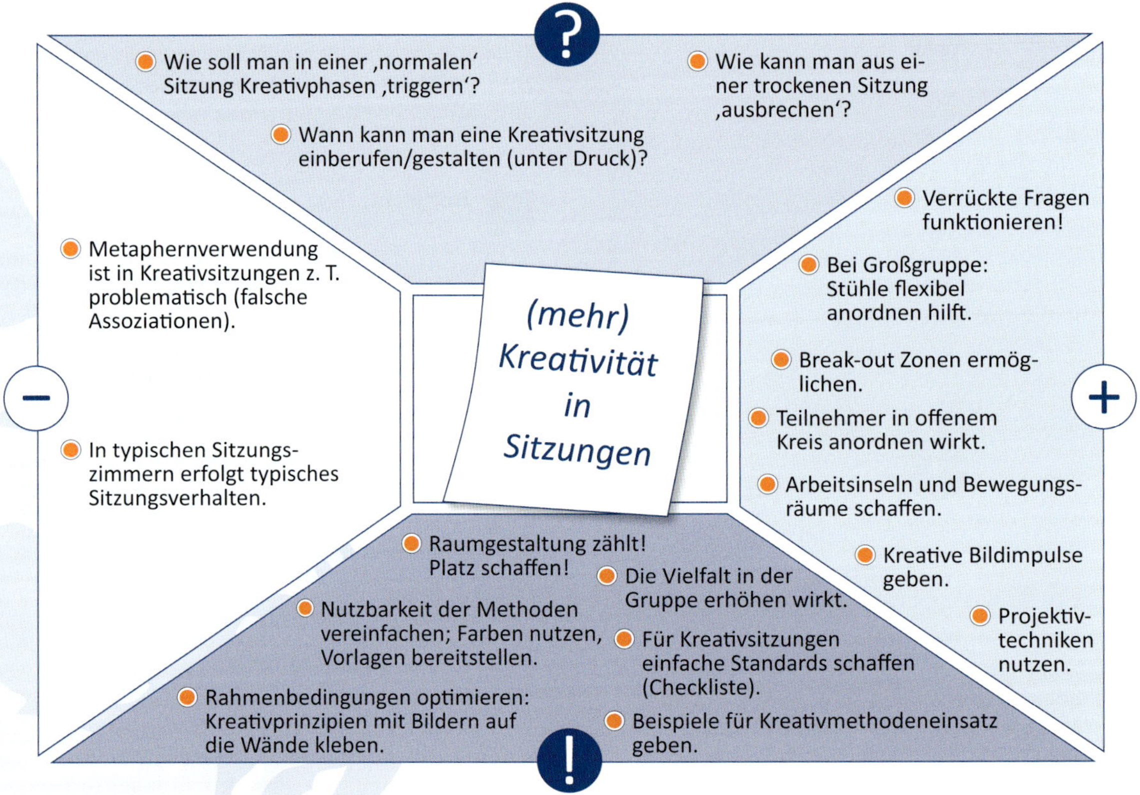

?

- Wie soll man in einer ‚normalen' Sitzung Kreativphasen ‚triggern'?
- Wann kann man eine Kreativsitzung einberufen/gestalten (unter Druck)?
- Wie kann man aus einer trockenen Sitzung ‚ausbrechen'?

−

- Metaphernverwendung ist in Kreativsitzungen z. T. problematisch (falsche Assoziationen).
- In typischen Sitzungszimmern erfolgt typisches Sitzungsverhalten.

(mehr) Kreativität in Sitzungen

- Verrückte Fragen funktionieren!
- Bei Großgruppe: Stühle flexibel anordnen hilft.
- Break-out Zonen ermöglichen.
- Teilnehmer in offenem Kreis anordnen wirkt.
- Arbeitsinseln und Bewegungsräume schaffen.
- Kreative Bildimpulse geben.
- Projektivtechniken nutzen.

+

- Raumgestaltung zählt! Platz schaffen!
- Nutzbarkeit der Methoden vereinfachen; Farben nutzen, Vorlagen bereitstellen.
- Rahmenbedingungen optimieren: Kreativprinzipien mit Bildern auf die Wände kleben.
- Die Vielfalt in der Gruppe erhöhen wirkt.
- Für Kreativsitzungen einfache Standards schaffen (Checkliste).
- Beispiele für Kreativmethodeneinsatz geben.

!

Abbildung 12: Beispiel eines von einer Gruppe komplettierten Perspektivendiagramms zum Thema Kreativität in Sitzungen

EINSATZVARIANTEN

Ein sehr ähnliches Vorgehen stellt das von uns entwickelte *Perspektivendiagramm* dar. Dabei wird das Sitzungsthema in das Feld in der Mitte geschrieben. Nun bittet der Moderator alle Teilnehmer eine offene Frage zur Themenstellung (für sich und schriftlich) zu formulieren. Er bittet sie zudem, wichtige Informationen oder relevantes Vorwissen zum Thema stichwortartig festzuhalten. Schließlich bittet er sie, allfällige positive oder negative Erfahrungen mit dem Thema festzuhalten. Dieser erste Schritt dauert in der Regel etwa fünf Minuten. Danach beginnt der Moderator entweder mit den offenen Fragen oder den relevanten Informationen und bittet die Teilnehmer, dazu Stellung zu nehmen bzw. ihre Punkte zu schildern. Der Moderator oder seine Assistenz nehmen die Punkte schriftlich auf und verorten sie in der entsprechenden oberen oder unteren Zone. Danach bittet der Moderator die Teilnehmenden, ihre allfälligen positiven oder negativen Erfahrungen mit dem Thema zu erzählen. Auch diese hält er stichwortartig (jedoch ohne Namensnennung) auf der Vorlage fest.

Im Gegensatz zur *Dynamic-Facilitation*-Methode wird bei der Perspektivenmethode zuerst eine Individualphase durchgeführt, sodass sich die Teilnehmer besser konzentrieren können und sich gegenseitig nicht bei der Ausformulierung eigener Gedanken stören (das sogenannte Production-Blocking-Problem). Die vier Felder werden auch nicht parallel, sondern in einer Abfolge gefüllt. Das ermöglicht in unserer Erfahrung eine klarere Kommunikation und reduziert Missverständnisse. Auch verzichten wir in dieser Frühphase eines Workshops darauf, bereits Lösungsideen einzubringen, da dies die anderen Teilnehmer verfrüht auf eine Lösungsrichtung führen könnte (und sie dadurch in ihrer Gruppenkreativität einschränkt).

Falls sich die Gruppenmitglieder noch nicht gut kennen und wenig Vertrauen herrscht, so kann es unter Umständen schwierig sein, sofort von eigenen negativen Erfahrungen zu berichten. Eine Variante der Perspektivenmethode besteht deshalb daraus, dass anstatt Erfahrungen Erwartungen ausgetauscht werden. Auf der linken Seite der Vorlage werden dabei Erwartungen notiert, was nicht Gegenstand oder Ziel der Sitzung bzw. des Workshops sein soll. Auf der rechten Seite werden entsprechend positive Teilnehmererwartungen notiert, die zum Ausdruck bringen, was besprochen und erreicht werden soll.

EINSATZRISIKEN UND ERFOLGSFAKTOREN

Die *Dynamic-Facilitation*-Methode hat sich in vielen Sitzungskontexten bewährt. Sie ist jedoch nicht ohne Risiken. Wie erwähnt eignet sie sich nicht für eine komplexe Problem- oder Lösungsdiskussion, da die Vorlage sonst schnell unübersichtlich wird. Ein weiteres Risiko besteht darin,

sich bei der Aufnahme von Einzelpunkten in Detaildiskussionen zu verlieren und so die Dynamik und Spontaneität der Methode aufs Spiel zu setzen. Deshalb sollte der Moderator darauf achten, keine Kommentare von Dritten zu Beiträgen zuzulassen, außer wenn diese als Bedenken kurz und prägnant formuliert werden. Sonst läuft er Gefahr, dass sich heftige Zweiergespräche entfachen, die den Rest der Gruppe ‚lahmlegen'.

Ein wichtiger Erfolgsfaktor bei der *Dynamic-Facilitation*-Methode ist das wörtliche Aufnehmen der Teilnehmerbeiträge. Wenn möglich sollte der Moderator das Gesagte nicht in eigenen Worten umformulieren, sondern möglichst genau die Begriffe der Teilnehmer verwenden. So sehen diese ihre eigenen Formulierungen an der gemeinsamen Wand dokumentiert. Dies gibt Sicherheit und schafft Offenheit für Beiträge anderer.

Ein weiterer wichtiger Erfolgsfaktor der Methode ist das Erwartungsmanagement. Der Moderator sollte zu Beginn klarstellen, dass es sich bei diesem Schritt einzig um eine strukturierte Themensammlung handelt und *Dynamic Facilitation* keinen vollständigen Problemlösungsprozess umfasst.

FAZIT

Ob Sie nun *Dynamic Facilitation* oder die *Perspektivenmethode* verwenden oder auch keine der beiden Methoden, eine wichtige Frage sollten Sie bei Kreativsitzungen unbedingt berücksichtigen:

Geben Sie den Teilnehmern rasch die Möglichkeit ‚sich zu leeren' und Ihren aufgestauten Ideen und Anliegen Raum zu geben?

Sie ersparen sich dadurch viel methodische Gegenwehr und Widerstand und ermöglichen eine breitere Informationsbasis zu Beginn und somit auch eine bessere Ausgangslage für eine wirklich offene Ideenentwicklung.

WEITERFÜHRENDE LITERATUR

Zu Bonsen, M. (2012): Dynamic Facilitation. In Roehl, H., Winkler, B., Eppler, M.J., Fröhlich, C. (Hrsg). Werkzeuge des Wandels, Stuttgart: Schäffer-Poeschel.

Artikel von Jim Rough unter:
www.tobe.net

SKIZZENPOST
STILLE POST EINMAL ANDERS

CREABILITY-PRINZIPIEN:	Verflüssigen
KREATIVPHASE:	Aktivieren
REDUZIERTE BARRIERE:	Funktionale Fixiertheit
ZEIT:	20 Minuten
TEILNEHMERZAHL:	6–8 Personen
INFRASTRUKTUR:	Papier und Stift, sowie dieses Buch

HINTERGRUND UND VERWENDUNGSKONTEXT

Als Kind haben Sie vielleicht ab und zu das Spiel ‚Stille Post' gespielt. Für alle die sich nicht mehr so genau erinnern, dieses Spiel geht so: Ein Kind denkt sich einen Satz aus. Es ist dabei vollkommen egal, wie dieser lautet. Die meisten Kinder nehmen gerne einen möglichst komplizierten Satz. Das Kind flüstert den Satz einem anderen Kind ins Ohr. Dieses Kind flüstert nun den Satz so, wie es ihn verstanden hat, dem nächsten Kind ins Ohr usw. Das letzte Kind sagt laut, was es gehört hat. Fast immer ist es dabei etwas vollkommen anderes als das, was das Kind sich am Anfang ausgedacht hat, und es ist für alle – in der Regel – sehr lustig.

Hier stellen wir Ihnen eine Variante dieser Methode vor: Die *Skizzenpost* baut auf dem gleichen Konzept auf – anstatt zu flüstern, werden wir jedoch zeichnen und schreiben. Lassen Sie sich überraschen.

Die *Skizzenpost* ist eine Methode, die sich als Aufwärmübung vor Kreativsitzungen besonders gut eignet, da sie die Teilnehmer zum Aufstehen bewegt und in Bewegung bringt, Verständnis dafür weckt, dass wir nicht immer sofort das verstehen, was der andere uns sagt – oder in diesem Fall zeichnet –, und wir so unsere Kommunikation hinterfragen: „Wie können wir uns auch mit ungewöhnlichen Mitteln klar ausdrücken?" Diese Aufwärmübung macht sehr viel Spaß und eignet sich besonders vor Kreativmethoden, die mit Skizzen arbeiten. Sie werden merken, dass

es grundsätzlich bei vielen Kreativmethoden hilft, wenn die Teilnehmer darauf eingestellt sind, dass sie keine ‚traditionelle' Arbeitssitzung erwartet und nicht ‚kalt' beginnen.

VORGEHEN

Das Vorgehen entspricht dem der ‚Stillen Post':

1. Denken Sie sich einen Satz aus, es ist vollkommen egal, ob es um etwas Relevantes aus dem Arbeitsumfeld geht oder nicht.
2. Schreiben Sie den Satz auf und geben Sie den Satz an eines Ihrer Teammitglieder weiter.
3. Ihr Teammitglied liest den Satz still für sich durch, faltet das Papier so, dass der Satz nicht mehr lesbar ist, und zeichnet den Satz als Skizze dargestellt.
4. Das nächste Teammitglied erhält das Papier und sieht die Skizze an. Das Blatt wird wieder gefaltet und das Teammitglied muss nun aus der Skizze wieder einen Satz machen, dann wird das Blatt weitergegeben.
5. Wiederholen Sie die Schritte 3 und 4, bis Sie den letzten in der Runde erreicht haben.
6. Das letzte Teammitglied stellt dann vor, was es gezeichnet oder geschrieben hat.
7. Anschließend besprechen alle gemeinsam den Prozess und erörtern kurz darüber, was Ihnen leicht gefallen ist und was schwierig war.

BEISPIEL

Sie haben Ihrem Team ganz kurz das Vorgehen erklärt und sich einen Satz ausgedacht: Der Apfel fällt nicht weit vom Stamm. Sie denken sich, dass dies leicht zu zeichnen sein sollte und geben es an Ihre Mitarbeiterin weiter.

Ihre Mitarbeiterin liest den Satz, faltet das Papier und zeichnet einen Baum und einen Apfel, der nahe am Baumstamm liegt. Sie gibt das Blatt weiter. Das nächste Teammitglied überlegt eine Weile und lacht. „Was könnte das sein?"

Er schreibt folgenden Satz auf: „Große Bäume stehen alleine auf weiter Flur in der Erntezeit" und gibt das Papier weiter. Der nächste Mitarbeiter grübelt: „Wie kann man das denn nur darstellen?" Er zeichnet wieder einen Baum und einen Bollerwagen voller Äpfel, ein Apfelpflücker ist für die Ernte auch noch auf dem Bild. Er gibt das Blatt weiter.....

Am Ende der kurzen Übung sind Ihre Mitarbeiter sichtlich gelöst, es hat wirklich Spaß gemacht so etwas ganz anderes zu Beginn des Meetings zu machen. Sie sammeln schnell noch Feedback ein: Es war nicht schwer, einen Baum und einen Apfel zu zeichnen, beides ist gut darzustellen, weil es keine Details braucht (Vereinfachungen helfen sehr bei Skizzen). Es ist aber nicht sehr leicht, zwischen Schreiben und Skizzieren hin und her zu wechseln, und vor allem ungewohnt, einen Satz als Skizze darzustellen. Nehmen Sie unbedingt so viel Papier, wie Sie benötigen. Je größer Ihre Gruppe ist, desto größer sollte das Blatt sein.

Abbildung 13: Beispielskizzen aus einer Skizzenpost mit dem Anfangssatz „Der Apfel fällt nicht weit vom Stamm."

EINSATZRISIKEN UND ERFOLGSFAKTOREN

Diese einfache und schnelle Aufwärmübung hat keine wesentlichen Risiken. Einen Tipp haben wir aber für Sie: Fangen Sie am besten so schnell wie möglich an, ohne vorher Ihrem Team viel zu erklären. Die Übung lebt von dem Moment und der Überraschung, Ihr Team sollte nicht zu viel Zeit darauf verwenden zu planen. Die meisten Teams möchten die Übung gerne noch einmal wiederholen – geben Sie Ihnen wenn möglich die Zeit dazu.

Wenn Sie am Tag weitere Skizziertechniken anwenden, können Sie am Ende des Workshops auch wieder mit dieser Übung schließen und schauen, wie sich die Teilnehmer verbessert haben.

EINSATZVARIANTEN

Wenn Sie etwas mehr Zeit haben, empfehlen wir Ihnen die Übung noch einmal zu wiederholen – möglichst so, dass jeder einmal gezeichnet und einmal skizziert hat.

Und wenn es der Raum erlaubt, bitten Sie Ihre Teammitglieder die Übung stehend zu absolvieren, das lockert die Gruppe zusätzlich auf.

 **FAZIT**

Wenn Ihr Team im Alltag strukturiert und wenig kreativ arbeitet, braucht es ein bisschen Unterstützung um Ideen zu
generieren. Helfen Sie Ihrem Team dabei, die Arbeits- und
Denkweise zu ändern, indem Sie eine Methode nutzen die
Ihnen helfen wird, Chancen für neue und kreative Ideen zu
schaffen. Die *Skizzenpost*-Methode, die wir Ihnen hier vorstellen, ist eine gute Aufwärmübung für die nachfolgenden
Kreativitätstechniken aus diesem Buch, besonders solche,
die mit Skizzen arbeiten wie *Collaborative Sketching (siehe
dazu Seite 171).* Wir wünschen Ihnen viel Spaß dabei.

TEAM-THERMOMETER
FÜHLEN SIE DEN PULS

CREABILITY-PRINZIPIEN:	Verstehen
KREATIVPHASE:	Aktivieren
REDUZIERTE BARRIERE:	Gegenseitige Beeinflussung und Behinderung
ZEIT:	10–20 Minuten
TEILNEHMERZAHL:	2–6 Personen
INFRASTRUKTUR:	Papier und Stift sowie dieses Buch

HINTERGRUND UND VERWENDUNGSKONTEXT

Es gibt nicht nur Höhen in der Teamzusammenarbeit, sondern immer wieder auch Tiefen – das gehört zur Teamarbeit einfach dazu. Fallen Ihnen dazu auch sofort Beispiele aus Ihrem Umfeld ein? Sie stecken mitten in einem Innovationsprojekt und es geht einfach nicht voran. Die Teammitglieder wollen nicht mehr miteinander arbeiten, beschweren sich über die fehlende Produktivität und Motivation (der anderen!). Kurz: Die Stimmung ist schlecht und es ist keine Besserung in Sicht.

Wenn Teams an etwas Neuem arbeiten, kommen sie oft besonders schnell an kritische Punkte, an denen das Team sogar zu zerbrechen droht. Das liegt daran, dass das Ziel oft unklar und offen ist – keiner kann sagen, wie die Idee aussehen wird, die am Ende ausgewählt und umgesetzt wird. Innovationsteams können oft gar nicht wissen, wohin die Reise gehen wird. Die große Unsicherheit verbunden mit hohen Erwartungen und Anforderungen sowie Arbeitsbelastungen aus anderen Projekten sorgen dafür, dass es in Innovationsteams schnell schwierig werden kann. Darunter leiden die Motivation und das persönliche Engagement Ihrer Teammitglieder. Wir haben solche Situationen oft erlebt und in Teams, die wir begleitet haben, beobachten können und möchten Ihnen gerne ein einfaches Werkzeug an die Hand geben, um damit umzugehen – denn vermeiden lassen sich solche Tiefpunkte kaum.

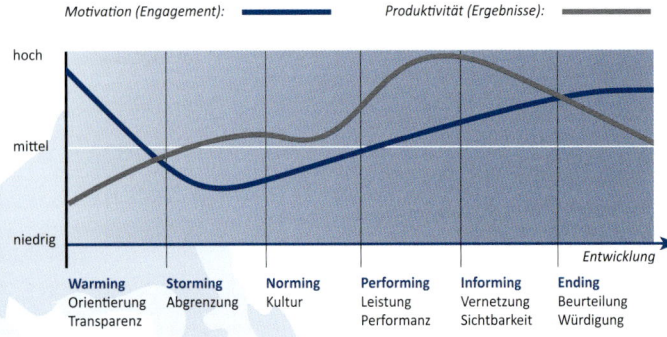

Motivation (Engagement): Produktivität (Ergebnisse):

hoch

mittel

niedrig

Entwicklung

Warming	**Storming**	**Norming**	**Performing**	**Informing**	**Ending**
Orientierung	Abgrenzung	Kultur	Leistung	Vernetzung	Beurteilung
Transparenz			Performanz	Sichtbarkeit	Würdigung

Abbildung 14: Die 6 Teamphasen nach Bruce W. Tuckman

Nach Tuckmans bekanntem Modell der Teamphasen können wir sechs Teamphasen unterscheiden: Warming, Storming, Norming, Performing, Informing und Ending. An den beiden Kurven (im idealtypischen Verlauf) kann man erkennen, dass es in der Storming-Phase richtig krachen kann, die Produktivität allerdings nicht immer darunter leiden muss.

Die Methode, die wir Ihnen hier vorstellen, ist so einfach wie überzeugend: Wenn Sie an einem tiefen Punkt in der Teamzusammenarbeit angekommen sind, dann fühlen Sie Ihrem Team den Puls. Visualisieren Sie die Stimmungsmessungen und nehmen Sie dies als Grundlage, um mit Ihrem Team die Lage zu besprechen: Was läuft gut, was kann verbessert werden? Sie fokussieren Ihr Team auf das

Wesentliche – nämlich: Wie steht es um die Motivation und die Produktivität? – , ohne sich in langen Diskussionen zu verlieren.

 VORGEHEN

Treten Sie einen Schritt zurück, raus aus der Meilensteinjagd und nutzen Sie das nächste Teammeeting, um Ihrem Team den Puls zu fühlen. Wir beschreiben im Folgenden die Anwendung für ein Zweierteam, in den Einsatzvarianten dann für ein Team mit mehreren Mitgliedern.

1. Setzen Sie sich an einen Tisch und klappen Sie das Buch auf Seite 54 auf. Ihr Teammitglied sollte Ihnen möglichst gegenüber sitzen. Nutzen Sie jeweils zwei andersfarbige Stifte.

2. Schreiben Sie den Projektnamen über das Diagramm und zeichnen Sie dann jeder für sich Ihre Motivation vom Beginn des Projektes bis zum aktuellen Zeitpunkt auf zwei Kurven auf: Ihre eigene Motivation und Ihre gefühlte Produktivität im Verlauf des Projektes. Fügen Sie noch für Sie bedeutende Meilensteine ein. Ihr Teammitglied macht dasselbe auf der anderen Seite des Buches.

3. Anschließend vergleichen Sie die beiden Diagramme und erläutern Sie kurz.

Die folgenden Fragen können Ihnen dabei helfen:

- Was war der größte Tiefpunkt Ihrer Motivation und Produktivität?
- Was waren die Motivations- und Produktionsspitzen?
- Fallen die Tiefpunkte/Höhepunkte der beiden Kurven zusammen oder nicht?
- Was hat die Hoch- und Tiefpunkte begünstigt?

4. Verweisen Sie nun auf den Verlauf der idealtypischen Teamphasen und vergleichen Sie diese mit Ihren eigenen. Wo stehen Sie, wo sehen Sie Unterschiede und welche konkreten Schritte wollen Sie unternehmen, um die Situation zu verbessern? Jedes Teammitglied sollte mindestens eine Maßnahme nennen, die auf einem Teamboard für alle sichtbar festgehalten wird.

Diese Methode eröffnet die Diskussion über Sachen, die gut laufen und Sachen, die in der Teamarbeit verbessert werden können. Dadurch, dass wir uns auf das Diagramm konzentrieren, gibt es weniger direkte Beschuldigungen („Du hast nicht richtig mitgearbeitet."). Wir kommentieren einzig Kurvenverläufe in den beiden Bildern ohne einander zu kritisieren. Oft stellen die Teammitglieder auch fest, dass es Ihnen allen ähnlich geht und sie können dadurch wieder nach vorne blicken („Wie können wir das Ziel in der geplanten Zeit erreichen?").

Wiederholen Sie diese Übung nach ein paar Wochen oder Monaten, wenn sich die Teamstimmung deutlich verbessert hat. So sieht das Team, dass es richtig etwas geschafft hat.

 BEISPIEL

Ihr Unternehmen erarbeitet eine neue Strategie und Sie leiten dabei das Teilprojekt ‚Neue Marketingideen'. In Ihrem Projektteam ist die Stimmung schlecht, die Teammeetings schleppen sich langsam voran und keiner arbeitet richtig. Dafür beschuldigen sich Ihre Teammitglieder gegenseitig. Sie haben genug davon und wollen Ihr Team wieder auf eine Vision einigen: Die erfolgreichen neuen Marketingideen werden von ihnen kommen.

Sie entscheiden sich, das *Team-Thermometer* im nächsten Meeting einzusetzen, und zwar mit den drei engsten Mitarbeitern Ihres Teams. Heute sind Sie dafür der Moderator und erarbeiten kein eigenes Diagramm.

Lennart ist einer Ihrer besten Mitarbeiter, reibt sich aber auf und hat das Gefühl, mit der Arbeit alleine gelassen zu werden. Yvonne kommt aus der Strategieabteilung für dieses Projekt zu Ihnen und steckt in vielen Projekten gleichzeitig. Erik schließlich ist ein neuer Mitarbeiter mit guten Ideen, die aber nicht immer gehört werden.

Sie stellen das Vorgehen kurz in Ihrem Team vor. Das Team ist nicht begeistert, macht aber dennoch mit. Nach fünf bis zehn Minuten sind alle fertig. Lennart ist recht dominant im Team, Erik noch etwas schüchtern. Sie entscheiden sich dafür, Yvonne mit der Vorstellung beginnen zu lassen. Yvonne schätzt sich als produktiv und motiviert ein, es gab bei ihr keine großen Veränderungen seit Projektbe-

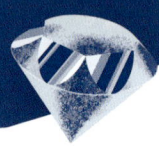

ginn. Sie hat aber die schlechte Stimmung im Team bemerkt und wägt ab: Sie ist nicht zu 100% in das Team involviert und fühlt sich nicht immer über alles informiert. Sie kommentieren die Einschätzung nicht und gehen zu Lennarts Diagramm über. Lennarts Motivation war am Anfang sehr hoch und ist nun auf dem Tiefpunkt. Die Produktivität hat abgenommen, aber nicht im gleichen Maße wie die Motivation. Allerdings hat Lennart den Eindruck, als würde es nicht richtig vorwärts gehen. Nun ist Erik an der Reihe. Er zeigt sein Diagramm und erläutert, dass er hoch motiviert in das Team eingestiegen ist, mittlerweile aber sehr frustriert ist, weil er seine Ideen nicht einbringen kann.

Nun leiten Sie in die Diskussion über und zeigen die Teamphasen mit dem idealtypischen Verlauf. Ihr Team ist überrascht, dass es allen Teams so geht und ist guten Mutes, dass die aktuellen Schwierigkeiten überwunden werden können. Lennart ist erschrocken, dass Erik sich nicht angenommen fühlt, er hat doch so gute Ideen! Allerdings hat er seine Ideen jeweils vorgestellt, ohne einen konkreten Umsetzungsplan zu haben. Lennart hat immer gleich einen Plan und weiß, wie wichtig das im Unternehmen ist. Beide beschließen, enger zusammenzuarbeiten und die neuen Marketingideen gemeinsam auszuarbeiten. Erik hat Yvonne bisher nicht als ,richtiges' Teammitglied wahrgenommen, da sie immer überall involviert zu sein scheint. Sie hat die Aufgaben jeweils unterstützt, aber nie federführend übernommen. Das Team schlägt vor, einen halben Tag für die nächste Ideengenerierung zu reservieren, um gleich gemeinsam an

der Umsetzung zu arbeiten, so kann sich auch Yvonne aus den anderen Projekten lösen und voll für das Team da sein. Und Lennart sieht, dass das Team nur ein Team sein kann, wenn er sie auch einbindet und nicht versucht, alles alleine zu übernehmen und zu lösen.

Im Anschluss an die Sitzung gehen Sie gemeinsam etwas trinken – vor lauter Arbeit haben Sie ganz vergessen, dass auch informelle Treffen ab und zu sehr wertvoll für die Motivation und Produktivität sind. Sie sind sehr zufrieden und heben die Temperaturmessung für das nächste Reviewmeeting in zwei Monaten auf, um dann erneut zu schauen wie es Ihrem Team geht.

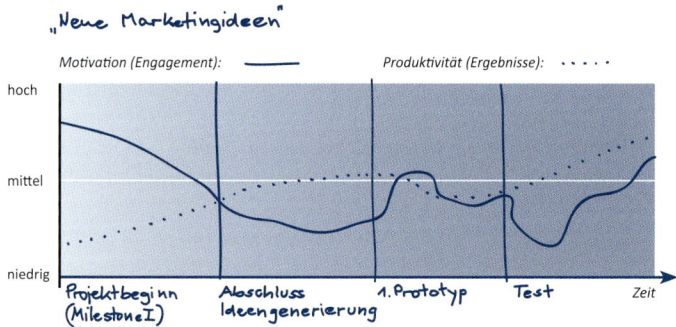

Abbildung 15: Beispiel eines ausgefüllten Team-Thermometers

EINSATZRISIKEN UND ERFOLGSFAKTOREN

Achten Sie darauf, dass bei der Temperaturmessung alle Stimmen gehört werden und nicht nur dominante Teammitglieder ihre Sicht durchsetzen. Das erfordert auch Moderation von Ihnen: Es gibt nicht eine richtige Sicht – jeder hat seine berechtigte Perspektive – wichtig ist, das Ziel im Auge zu behalten und das Team mit konkreten Maßnahmen darauf auszurichten, wie dieses Ziel erreicht werden kann.

EINSATZVARIANTEN

Falls Sie diese Methode mit Ihrem kompletten Team anwenden, so müssen Sie dafür natürlich mehr Zeit einplanen. Sie können z. B. einzelne DIN-A4- oder DIN-A3-Blätter austeilen, jeder zeichnet für sich, dann stellen alle ihre Blätter kurz vor.

Sie können die Blätter auch austauschen lassen und sie von einem anderen Teammitglied vorstellen lassen – oder das Team selbst vorschlagen lassen, wie vorgegangen werden soll.

Eine weitere Möglichkeit, mit der wir sehr gute Erfahrung gesammelt haben, ist, dass jeder sein eigenes Diagramm zeichnet und anschließend ein Diagramm für das gesamte Team zeichnen. Durch diese Ergänzung haben Sie zusätzlich zur Eigensicht auf die Lage auch gleich noch die Außensicht auf das Team.

Sollten Motivation und Produktivität für Ihr Team nicht die richtigen Kriterien sein, die sich über die Zeit verändern können, dann zögern Sie nicht, diese zu ersetzen oder durch andere zu ergänzen.

FAZIT

Diese einfache Methode eignet sich für Teams in schwierigen Lagen: Die Arbeit geht nicht richtig voran, Teammitglieder haben sich verkracht, jemand hat das Gefühl mit der ganzen Arbeit alleine gelassen zu werden. Das *Team-Thermometer* eignet sich in jeder dieser Situationen, sowohl für ein Gespräch unter vier Augen als auch für einen größeren Teamworkshop.

WEITERFÜHRENDE LITERATUR

Van Dick, R., West, M. A. (2005): Teamwork, Teamdiagnose, Teamentwicklung: Praxis der Personalpsychologie, Göttingen: Hogrefe-Verlag.

Zeit

niedrig

mittel

hoch

Produktivität (Ergebnisse):   *Motivation (Engagement):*

Motivation (Engagement):   *Produktivität (Ergebnisse):*

hoch

mittel

niedrig

Zeit

REFRAMING-MATRIX

PERSPEKTIVENWECHSEL LEICHT GEMACHT

CREABILITY-PRINZIPIEN:	Verstehen, verflüssigen
KREATIVPHASE:	Aktivieren
REDUZIERTE BARRIERE:	Status-quo-Falle, funktionale Fixiertheit
ZEIT:	20–60 Minuten
TEILNEHMERZAHL:	Mindestens 2, bis zu 6 Personen
INFRASTRUKTUR:	Papier und Stift

HINTERGRUND UND VERWENDUNGSKONTEXT

Manchmal kommen Sie einfach nicht weiter – egal wie lange Sie über ein Problem nachdenken, es fällt Ihnen einfach nichts ein. Was können Sie in einer solchen Situation tun? Wechseln Sie Ihre Perspektive!

Eine vertiefte Analyse einer Problemstellung bringt Sie schon bald auf gute und innovative Lösungen. Albert Einstein soll auf die Frage, wie er sich eine Stunde Zeit zur Lösung eines Problems einteilen würde, geantwortet haben: „Ich würde 55 Minuten auf die Analyse des Problems und fünf Minuten auf seine Lösung verwenden".

Die Datensuche auf 55 Minuten zu begrenzen ist keine schlechte Idee – aber wo sollen Sie beginnen? Verlieren Sie sich nicht in einer endlosen Informationsrecherche sondern bereiten Sie die Problemlösung fokussiert vor. Setzen Sie sich mit Ihrem Team zusammen und schauen Sie sich unterschiedliche Perspektiven an – von der Perspektive verschiedener Interessensgruppen bis hin zu der Produkt- und Dienstleistungssicht. Was sind dabei kritische und relevante Punkte, die Sie genauer ansehen sollten?

Im Jahr 1993 hat Michael Morgan eine hilfreiche und einfache Darstellungsform entwickelt, um uns dabei zu unterstützen, die Perspektive zu wechseln: die *Reframing-Matrix*. Vier Kästchen, die um das Problem in der Mitte gruppiert werden, helfen dabei, Ihr Problem aus verschiedenen Sichtweisen zu analysieren.

Die visuelle Darstellung erleichtert es uns, die Perspektiven auch wirklich einzunehmen – und nicht hin und her zu wechseln. So bekommen wir ein sehr klar definiertes Bild vom Problem, das wir uns auch immer wieder ansehen und erweitern können, je nachdem wie sich das Problem ändert. Wir sind von dieser Methode überzeugt, weil sie gleich ein weiteres Problem löst: Wir entwickeln ein gemeinsames Verständnis von der Fragestellung oder dem Problem. Ein Team hat oft so viele Meinungen wie Teilnehmer, manchmal auch noch mehr. Dadurch, dass wir das Problem aus unterschiedlichen Sichtweisen betrachten, bringen wir auch immer unsere Sichtweise mit ein – wir können in entspannter und kreativer Atmosphäre Fragen klären und das Problem klar abgrenzen.

 VORGEHEN

In vier einfachen und schnell umsetzbaren Schritten entwickeln wir Ihre *Reframing-Matrix*.

SCHRITT 1: ZEICHEN SIE DIE REFRAMING-MATRIX

Beginnen Sie damit ein Rechteck zu zeichnen, am besten auf großem Flipchart Papier. Die vier Boxen werden Sie und Ihr Team dabei unterstützen die Perspektive zu wechseln. Sollten Sie mehr Perspektiven verstehen wollen, dann können Sie gerne weitere Kästchen hinzufügen.

Lassen Sie in der Mitte Platz für die Definition des Problems, das Sie mit dieser Kreativitätstechnik angehen wollen.

Nehmen wir an, Ihr Problem ist eine neue Dienstleistung, die sich nicht gut verkauft. Schreiben Sie das Problem in die Mitte – und gehen Sie zum nächsten Schritt über.

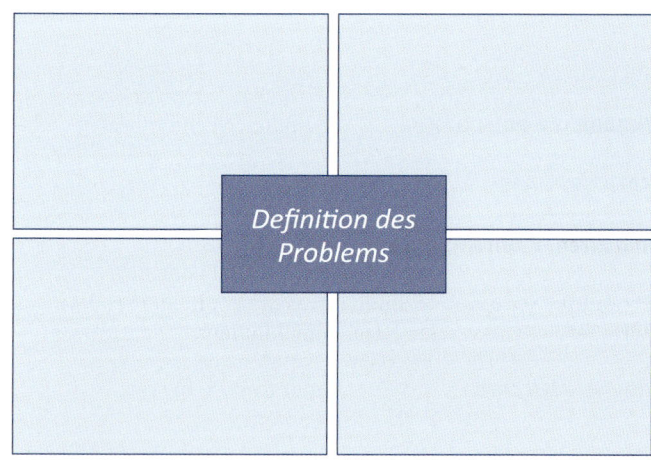

Abbildung 16: Das Grundraster der Reframing-Matrix.

SCHRITT 2: ENTSCHEIDEN SIE SICH FÜR DIE PERSPEKTIVEN

Diskutieren Sie gemeinsam mit Ihrem Team: Welche Perspektiven sollten eingenommen werden? Meistens ist es eine gute Idee mit der Perspektive zu beginnen, die Ihnen als erstes einfällt. Wenn Sie die Diskussion stärker lenken möchten, helfen Ihnen die folgenden Fragen nach relevanten Interessensgruppen: Wer sind die wichtigsten (externen und internen) Betroffenen? Welche Personengruppen wurden bisher vergessen? Wer fördert oder behindert Ihr Vorhaben voraussichtlich? Zwei weitere hilfreiche Vorgehensweisen möchten wir Ihnen vorstellen um interessante Perspektiven auszuwählen, die 4Ps und die Berufsgruppen.

Die 4 Ps

Wenden Sie die 4Ps an, um Ihre Perspektiven zu definieren oder um Ihre Problemstellung zu analysieren. Hier finden Sie ein paar erste Fragen, wir sind uns sicher, dass Ihnen und Ihrem Team schnell weitere einfallen.

- **Produktperspektive:** Stimmt etwas nicht mit dem Produkt oder Service? Passt der Preis zum Kundensegment? Welches Bedürfnis befriedigt das Produkt oder der Service wie gut? Stimmt die Qualität?
- **Planungsperspektive:** Wie steht es um unsere Businesspläne, Marketingpläne, Finanzpläne? Was können wir in unserer Planungssicht verbessern?
- **Potenzialperspektive:** Wie können wir unsere Verkäufe ankurbeln? Wenn wir unsere Ziele und Volumen deutlich anheben – wie würde sich das auf unser Problem in der Mitte auswirken?
- **Personenperspektive:** Wie wirkt sich das Problem auf involvierte/nicht involvierte Mitarbeiter aus? Wirkt es nur intern oder auch extern? Warum nutzen oder kaufen unsere Kunden unser Produkt oder unseren Service nicht?

Berufsgruppen

Wenn Sie diesen Ansatz anwenden, analysieren Sie das Problem aus der Sicht von verschiedenen Spezialisten, z. B. aus der Sicht eines Marketingfachmanns, einer Ingenieurin, eines Arztes, einer Anwältin... Sie entscheiden welche Sichtweise einen neuen Impuls geben könnte. Ihr Problem wird z. B. vom CEO wahrscheinlich anders beurteilt als aus Sicht eines Gewerkschafters oder eines Personalmanagers.

Nutzen Sie diesen Ansatz, um die Matrix auszufüllen, wenn das Problem, das Sie mit Ihrem Team analysieren, sehr unterschiedliche Anspruchsgruppen betrifft und wenn Sie mit vorhergehenden Analysen nicht mehr weiter kommen.

Eine Kombination der beiden Ansätze in einem Meeting kann auch sinnvoll sein – beginnen Sie dabei mit Berufsgruppen und sehen Sie sich dann die 4 Ps an. Führen Sie am Ende alles zusammen in einer großen Matrix. Gibt es weiße Flecken? Gibt es Bereiche, in denen dringender Handlungsbedarf besteht, um ihr Problem zu lösen?

SCHRITT 3: IDEENGENERIERUNG

Entwickeln Sie nun Ideen in Ihrem Team, um ergiebige Einflussfaktoren für die unterschiedlichen Perspektiven zu identifizieren. Fügen Sie diese in die Matrix in das dazugehörige Kästchen mit ein.

Jedes Teammitglied kann eine Perspektive alleine vorbereiten und dann anderen vorstellen – oder Sie arbeiten gemeinsam an den unterschiedlichen Perspektiven. Beide Vorgehensweisen sind möglich und funktionieren sehr gut. Diskutieren Sie die Perspektiven: Wurde eine wichtige Perspektive vergessen? Was sind kritische Erkenntnisse? Ihr Ergebnis könnte zum Beispiel für das Dienstleistungsproblem wie rechts dargestellt aussehen.

Wenn Sie die Matrix vollständig ausgefüllt haben, werden Sie ein gemeinsames und deutlicheres Bild vom Problem, den spezifischen Anforderungen, die an die Lösung gestellt werden, und schon erste Lösungsansätze gefunden haben. Aus der Ideengenerierung nehmen Sie vielleicht schon folgende Anregungen für Lösungen mit: Die Dienstleistung ist neu; bisher wurden nur eingeschränkte Kundengruppen bedient; die Dienstleistung könnte aber auch online erbracht werden – damit könnten auch neue Kundengruppen leichter erschlossen werden und neue Zielgruppen in den Fokus geraten.

Produkt/Dienstleistungsperspektive

- Die Dienstleistung ist neu
- Kundengruppe hat bisher andere Services von Konkurrenten genutzt
- Die Erbringung ist noch nicht ausgefeilt.

Erfolgsfaktor:
⇨Werbung: Anwendungsbeispiele aufzeigen

Planungsperspektive

- Der Marketingplan hat bisher nur auf eingeschränkte Kundengruppe gezielt
- Mitarbeiter sind in alte Services eingebunden, die strategisch höher priorisiert werden

Wichtiger Einfluss:
⇨Marktveränderung: Kundengruppe veraltet, jüngere Kunden noch nicht im Fokus

Potenzialperspektive

- Wir könnten die Dienstleistung online anbieten
- Ressourcen für Plattformerstellung?

Wichtiger Einfluss:
⇨Neue Regulation für Internetverkauf erwartet

Personenperspektive

- Zielgruppe kennt Service nicht, sieht Vorteile für sich nicht
- Zielgruppe probiert ungern neue Sachen aus

Erfolgsfaktor:
⇨Zielgruppenauswahl

Abbildung 17: Mögliche Darstellung für ein Dienstleistungsproblem

SCHRITT 4: DEFINIEREN SIE DAS PROBLEM NEU

Im letzten Schritt können Sie jetzt das Problem neu definieren. Wie sehen Sie das Problem jetzt? Können Sie konkretere Fragen definieren? Haben Sie schon erste Lösungsansätze gefunden, die Sie weiterverfolgen möchten? Formulieren Sie die Herausforderung nun in einem ausführlicheren Satz neu und halten Sie mögliche Entwicklungslinien für Lösungen gemeinsam schriftlich fest.

Wenn Sie darauf aufbauend weitere Lösungsideen sammeln möchten, können Sie jetzt eine der in diesem Kapitel vorgestellten Kreativitätsmethoden heranziehen.

 BEISPIEL

Sie haben Ihre Matrix gezeichnet, um an der Fragestellung zu arbeiten, wie Sie im Lebensmittelgeschäft durch den Online-Verkauf und die Lieferung von Lebensmitteln neue Kundengruppen bedienen können.

Sie entscheiden sich, das Problem aus der Sicht verschiedener Berufsgruppen und Lebenslagen zu betrachten.

Berufstätige Singles
- Haben keine Zeit und mehr Geld
- Möchten sich um Lebensmitteleinkauf keine Gedanken machen
- Brauchen schnelle und kurzfristige Lieferung

Könnten wöchentliches Standardpaket bekommen (Milch, Pasta, Wein, etwas Obst und Gemüse – Basics in verschiedenen Paketen zur Auswahl, Verkauf im Abo).

Familien mit kleinen Kindern
- Einkaufen mit kleinen Kindern ist anstrengend
- Kochen gerne, gesund und viel
- Planen oft das Essen, das in der Woche gebraucht wird

Bio: erweitertes Bioangebot, regional und saisonal zusammen mit kinderfreundlichen neuen Rezepten oder Bestellung abends möglich, Lieferung tagsüber zur Wunschzeit.

Wie können wir durch Online-Verkauf neue Kundengruppen bedienen?

Rentner
- Vertrauen Qualität der Online-Produkte nicht
- Wollen soziale Kontakte beim Einkaufen
- Sind um Sicherheit beim Zahlungsverkehr im Internet besorgt
- Brauchen kleinere Mengen Lebensmittel

Online-Koch-Club, der sich monatlich trifft. Lieblingsrezepte können eingereicht werden und werden dann unter Kundenleitung nachgekocht.

Lieferanten
- Brauchen zuverlässige Abnehmer für große Mengen
- Kleinere Lieferanten haben es oft schwer bei den Supermarktketten aufgenommen zu werden (unser Vorteil?)
- Fokus auf spezielles Segment (Bio? Das beste Fleisch?)

Viele kleine regionale Lieferanten verbinden, z. B. alle Bioanbieter aus einer Region, dafür Handelsplattform bieten (Alternative zum Hofladen).

Abbildung 18: Beispiel einer Reframing-Matrix, wie ein Lebensmittelgeschäft durch Online-Verkauf neue Kundengruppen bedienen kann

EINSATZRISIKEN UND ERFOLGSFAKTOREN

Diese Methode birgt geringe Risiken für Ihren Problemdefinitionsprozess. Wir empfehlen Ihnen jedoch darauf zu achten, wen Sie mit in eine derartige Sitzung nehmen: Sind alle relevanten Personen, die auch Entscheidungen treffen können und weiter am Problem arbeiten werden, dabei? Wurde niemand vergessen, der auch seine Sichtweise mit anbringen sollte? Wenn noch Platz im Team ist, nehmen Sie jemanden mit einer frischen Sicht dazu – wenn Sie im Marketing arbeiten, vielleicht jemanden aus dem Controlling, wenn Sie in der Strategieabteilung arbeiten, vielleicht jemanden aus der Personalabteilung oder einen Produktmanager.

Teilen Sie große Teams auf und vergleichen Sie Ihre Sichtweisen – wer hat welche Perspektiven gewählt und warum?

Führen Sie vorher bewusst keine ausführliche Recherche durch – sonst engen Sie auch bezüglich Perspektiven Ihre Sicht zu früh ein.

Das sind auch gleich die wichtigen Erfolgsfaktoren – wenn die richtigen Teammitglieder mit am Tisch sitzen, vermeiden Sie doppelte Arbeit und bilden gleichzeitig ein gemeinsames Verständnis vom Problem und den folgenden Maßnahmen.

Auch hier gilt: Probieren Sie mit Ihrem Team aus, was für Sie am besten passt – und in welcher Kombination Sie die Methode anwenden möchten.

FAZIT

Unterschiedliche Perspektiven auf ein Problem darzustellen und zu visualisieren, bietet die Möglichkeit, sich gemeinsam den Grundlagen und verschiedenen Aspekten des Problems zu nähern und dabei schon erste Lösungsideen zu entwickeln.

Die *Reframing-Matrix* fokussiert so Ihre Teamdiskussionen, hält Informationen fest und bringt neue Sichtweisen ein. Die Matrix können Sie schnell zeichnen und jederzeit Ihren Bedürfnissen und Vorstellungen anpassen. Auch in Kreativitätstechniken ungeübte Teams werden diese Methode problemlos anwenden können.

Wenn Sie einen Teamraum haben oder ein gemeinsames Büro teilen, hängen Sie die Matrix für alle sichtbar auf und holen Sie sie immer wieder hervor. Damit haben Sie eine gute Arbeitsgrundlage für die Weiterarbeit geschaffen.

WEITERFÜHRENDE LITERATUR

Morgan, M. (1993): Creating Workforce Innovation: Turning Individual Creativity into Organizational Innovation, Sydney: Business & Professional Pub.

RAUM FÜR KREATIVITÄT
EINE ARCHITEKTUR FÜR IDEEN

CREABILITY-PRINZIPIEN:	Verflüssigen
KREATIVPHASE:	Aktivieren
REDUZIERTE BARRIERE:	Status-quo-Falle, funktionale Fixiertheit
ZEIT:	10 Minuten – ein paar Tage
TEILNEHMERZAHL:	2–10 Personen
INFRASTRUKTUR:	Je nach Präferenz: Post-it®-Zettel, Whiteboards, Stehtische, Farbe…

HINTERGRUND UND VERWENDUNGSKONTEXT

In alten Strukturen und Räumen auf neue Ideen zu kommen ist manchmal schwer. Das erkennen Unternehmen zunehmend und haben damit begonnen, auch ungewöhnliche Wege einzuschlagen um Kreativität zu ermöglichen, z. B. durch die Einrichtung spezieller Kreativitätsräume.

Aus den Design Thinking Teams in Stanford und St. Gallen und in den verschiedenen Design Thinking Agenturen wie z. B. IDEO ist eine rote IKEA-Couch sehr bekannt geworden, die dafür steht, dass hier anders gearbeitet wird. Die rote Farbe signalisiert schon, dass hier nichts ruhig bleibt – und warum steht überhaupt eine rote Couch in Bürogebäuden und an Universitäten?

Wir wissen, dass es uns leichter fällt kreativ zu sein, wenn wir uns bewegen können, nicht am Tisch sitzen müssen und viel freie Fläche zum Beschreiben und Skizzieren haben; oder uns gemütlich auf eine Couch setzen können, um zu lesen und uns zu unterhalten. Im normalen Arbeitsumfeld ist es aber oft nicht gern gesehen, wenn Tische bemalt werden, die Einrichtung umgeräumt wird oder Wände eigenhändig farbig gestrichen werden – oder mit einer Spezialfarbe, die sich beschreiben lässt. So müssen Sie gar nicht erst ein Whiteboard oder Flipchart suchen, sondern können direkt dort arbeiten, wo Sie gerade stehen und dies mit genügend Platz für viele Ideen.

Nicht jeder Mitarbeiter fühlt sich wohl, wenn er wäh-

Abbildung 19 und 20 (gegenüberliegende Seite): Blick in einen Arbeitsraum bei Google in Zürich (Foto mit freundlicher Genehmigung von Google Schweiz)

rend einer Besprechung stehen ,muss' oder durch eine anregende Umgebung abgelenkt wird. Ein Kreativraum kann daher eine attraktive Möglichkeit sein, Kreativität im Unternehmen zu fördern und gleichzeitig nicht alles auf einmal zu ändern.

Unternehmen und Universitäten beginnen mit der Einrichtung von kreativen Arbeits- und Begegnungsräumen, um die Ideengenerierung nicht dem Zufall in traditionellen Sitzungsräumen zu überlassen. Im Folgenden stellen wir

zwei Beispiele vor, um die Vorteile und möglichen Fallstricke bei der Einrichtung von Kreativräumen in Unternehmen aufzuzeigen.

VORGEHEN UND BEISPIEL

Google Zürich

Ein Unternehmen, das hinlänglich für innovative Lösungen bekannt ist, ist Google. Die Mitarbeiter erhalten nicht nur wöchentlich frei verfügbare Arbeitszeit für eigene Projekte, in denen sie neue Ideen entwickeln können, sondern auch räumliche Unterstützung. Man sagt nicht umsonst, dass die besten Ideen nicht am Arbeitsplatz, sondern unter der Dusche, beim Joggen oder Autofahren kommen. Google ist proaktiv geworden und hat Räume geschaffen, die farbig sind, bequeme Sitzmöglichkeiten haben, gut erreichbar sind und die informelle Zusammenarbeit ermöglichen. Zudem hat es die Ideen der eigenen Mitarbeiter bei der Gestaltung dieser Räume aufgenommen.

Es bleibt aber nicht nur bei einzelnen Sitzungsräumen: So führt eine Rutsche runter in die Cafeteria. Diese Rutsche ist nicht zufällig entstanden, sondern Google hat die Regel eingeführt, dass kein Mitarbeiter länger als ,150 Feet', also rund 46 Meter bis zur nächsten Essgelegenheit brauchen soll. Aus diesem Grund gibt es unzählige kleine Kaffeeküchen und Begegnungsorte, die den regelmäßigen

Abbildung 21: Blick in einen Arbeitsraum bei Google in Zürich (Foto mit freundlicher Genehmigung von Google Schweiz)

und zufälligen Austausch der Mitarbeiter fördern.

Es gibt viel offenen Raum, der auf den ersten Blick nutzlos erscheinen mag und durch zentrale Treppen verbunden ist. Die Wegführung und der offene Raum ermöglichen es aber genau wie die Kaffeeküchen und die großzügige Cafeteria, dass sich Mitarbeiter gerne an diesen Orten zusammenfinden. So findet sich immer wieder die Gelegenheit für den spontanen Austausch mit Kollegen. Und wenn die Mitarbeiter in einem der Großraumbüros sitzen, lassen sich die Wände schnell und einfach verschieben. So kann jederzeit genau der Raum geschaffen werden, der gebraucht wird. Wenn

wir andere Arbeitsergebnisse erzielen möchten, müssen wir auch anders arbeiten. Neben kreativen Gruppenräumen stellt Google denn auch kleinräumige Fokuskabinen zur Verfügung, in denen individuell und konzentriert an eigenen Ideen gearbeitet werden kann, ohne abgelenkt zu werden. Einige dieser Einzelräume sind dabei ehemalige Skigondeln.

Damit schafft Google eine kreative Gesamtatmosphäre im Unternehmen, die gut zu den Mitarbeitern passt: Besonders die Entwickler schätzen es, dass sie sich in entspannte Sitzungsräume zurückziehen können, in denen sie ihre Ideen auch gleich visualisieren können.

Von Google lernen wir demnach, dass der Raum möglichst zentral gelegen und offen zugänglich sein sollte, um es den Mitarbeitern leicht zu machen, ihn zu erreichen und zu nutzen. Unterstützend sollte die Unternehmenskultur es ermöglichen, dass Mitarbeiter sich auch trauen, stehen zu bleiben, einen Kaffee mit den Kollegen zu trinken und nicht gleich der Chef vorbeikommt und sich fragt, warum eigentlich niemand ,richtig' arbeite. Der Raum darf weder zum reinen Pausenraum werden noch zum normalen Sitzungsraum umfunktioniert werden, wenn traditionelle Räume knapp sind. Dafür braucht es auch Zeit und die Vorbildfunktion von Vorgesetzten.

VORGEHEN UND BEISPIEL

Swisscom BrainGym

Um einen Ort zu schaffen, an dem Mitarbeiter sich austauschen können und neue Inspiration für ihre Arbeit und Probleme finden, hat der Schweizer Telekomkonzern Swisscom in Bern an einem seiner Hauptsitze das BrainGym eingerichtet.

Stellen Sie sich das Gym als eine Art Kreativzone vor, die unabhängig von den klassischen Büroräumen an vielen Swisscom Standorten existiert. Es gibt einen großen offenen, wohnzimmerähnlichen Raum, in dem man alleine, neben oder zusammen mit vielen anderen an langen Tischen arbeiten kann. Dann gibt es daneben und darüber sieben flexibel gestaltete Sitzungsräume, die von Mitarbeitern für Kreativmeetings gebucht werden können. Die Räume sind mit dickem farbigem Teppichboden ausgestattet und man merkt sofort, dass man sich auf anderen Boden begibt, wenn man das erste Mal zu den Workshopräumen geht.

Es gibt überall und wie zufällig genug Whiteboards für alle Wände, Stehtische, Sitzgelegenheiten, unterschiedliche Farben und viel Material um physische Prototypen zu zeichnen oder zu bauen. So können Ideen in einem geschützten Raum entstehen, sich entwickeln, kommuniziert werden und am Ende auch umgesetzt werden. Der innovative Kulturwandel bei der Swisscom wird an diesen Formen sichtbar, geschieht stetig und stößt auf viel Interesse und immer mehr Akzeptanz.

Bei der Swisscom stand der kreativ gestaltete Raum allerdings nie alleine da. Die Räume waren immer der besonders sichtbare Teil eines Ganzen. Neben den Kreativräumen gibt es viele Referate, Methodentrainings (z. B. zu Visualisierung mittels Handzeichnungen) und Design-Thinking-Workshops, die dabei unterstützen, neue Impulse zu setzen und Chancen zu ergreifen. Zudem unterstützen die Mitarbeitenden des BrainGyms Projekte auch aktiv als Mitarbeiter und schaffen so gemeinsam etwas Neues – immer mit der Kundensicht im Hinterkopf.

Abbildung 22: Blick in den BrainGym der Swisscom in Bern (Foto mit freundlicher Genehmigung von Swisscom)

Vom BrainGym der Swisscom lernen wir demnach, dass sich nicht das ganze Unternehmen von heute auf morgen ändern muss. Es reicht oft schon, einen oder mehrere Räume umzugestalten. Wie weit Sie dabei gehen, entscheiden Sie zusammen mit Ihren Mitarbeitern und anhand Ihrer Zeit und Ressourcen. Unser Kreativraum-Spickzettel kann Ihnen dabei erste Impulse geben.

Abbildung 23 und 24 (gegenüberliegende Seite): Blick in den BrainGym der Swisscom in Bern (Foto mit freundlicher Genehmigung von Swisscom)

Wir lernen vom BrainGym auch, dass der Raum alleine nicht reicht, um Leute anzuziehen, sondern dass begleitende Angebote wie Workshops und Vorträge (wie auch eine kleine, innovative Bibliothek) die Mitarbeiter in den Raum bringen und ihn zum Leben erwecken.

EINSATZRISIKEN UND ERFOLGSFAKTOREN

Natürlich ist die Einrichtung von Kreativräumen in der Regel kein billiges Unterfangen. Ein mögliches Risiko ist es demnach, große Investitionen in Umbauten und Mobiliar zu tätigen und dabei auf die falsche Infrastruktur zu setzen. Achten Sie deshalb auf die folgenden Erfolgsfaktoren, um ihren Ressourceneinsatz für bessere Tagungsräumlichkeiten optimal zu nutzen.

- Etablieren Sie Begegnungsräume an Orten, die häufig oder auch zufällig aufgesucht werden: an einer großen Treppe, auf dem Weg zur Cafeteria, am Kaffeeautomaten, im Empfangsbereich. So entstehen zufällige Begegnungen und Austausche von Mitarbeitern aus unterschiedlichen Abteilungen.
- Schaffen Sie Gemeinschaftsräume, in denen mehrere Mitarbeiter sich gleichzeitig treffen und arbeiten können.
- Dedizierte Kreativräume sollten für jeden Mitarbeiter zugänglich bzw. einfach und kostenfrei buchbar sein.
- Nicht zu viel auf einmal: Gehen Sie behutsam vor, wenn dies

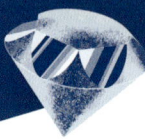

etwas Neues für Ihr Unternehmen ist – und sichern Sie sich von Anfang an die Unterstützung vom Management, das mit gutem Beispiel voran gehen sollte (sprich die Räume auch selbst nutzen).

■ Starten Sie pragmatisch: Oft reicht es für den Anfang, schon, etwas Farbe, Stehtische und genügend Stifte in einem Raum oder auch nur in einer Ecke zur Verfügung zu stellen.

■ Legen Sie alles Material bereit, das man brauchen kann. Niemand wird sich während eines Workshops auf die Suche nach Stiften, Whiteboards, Papier usw. machen. Wenn es aber schon da ist, sinkt die Hemmschwelle es auch zu benutzen.

 EINSATZVARIANTEN

Wie weiter oben beschrieben gibt es eigentlich drei verschiedene Einsatzvarianten von Kreativräumen:

Erstens gibt es sie als ungezwungene Zwischenräume, in denen Pausengespräche geführt werden können. Dabei entsteht aus einer Zufallsbegegnung beim Kaffee unverhofft eine Ad-hoc-Ideensitzung. Viele Flure bei Google Zürich sind solche informellen Kreativzonen. Idealerweise haben solche Zonen beschreibbare Wände oder Tische, sodass Ad-hoc-Ideen festgehalten und weiterentwickelt werden können.

Zweitens gibt es Kreativräume als großflächige Kreativzonen oder ‚Labouring Lounges‘ wie etwa der Plenarsaal des BrainGyms. In derartigen offenen Hallen kann alleine oder in Kleingruppen gearbeitet werden. Sie regen zu neuen Kontakten und Zufallsbegegnungen an, geben aber auch durch ihre Ausstattung (Bücher, Poster, Gegenstände, usw.) subtile Impulse und Inspirationen für neue Ideen.

Drittens gibt es die eigentlichen Sitzungsräume, die der konzentrierten und fokussierten Ideenentwicklung dienen. Die beschriebenen kleinen Sitzungsräume im BrainGym sind dieser dritten Art zuzurechnen. Bei dieser Art Kreativraum ist Flexibilität essenziell. Tische, Stühle und Wände sollten sich situativ verschieben und neu konfigurieren lassen.

FAZIT

Wenn Ihr Unternehmen bereits eine kreative Arbeitsatmosphäre geschaffen hat und grundsätzlich kreativ arbeitet (zum Beispiel in einem Architektur- oder Designbüro), brauchen Sie sehr wahrscheinlich keine besonderen Räume, um Kreativität noch mehr zu fördern; wenn nicht, können Sie viel von diesen Unternehmen lernen, indem Sie Ihren Arbeitsplatz ein wenig dem kreativen Umfeld anpassen. Schaffen Sie offene Räume, in denen eng und intensiv zusammengearbeitet werden kann, in denen man schnell und einfach Ideen darstellen kann (als Prototypen oder Skizzen zum Beispiel). Schaffen Sie zudem vielseitige Sitzgelegenheiten, die dazu einladen sich auszutauschen und Ad-hoc-Themen mit anderen zu vertiefen.

Wenn Sie ‚Ihre' rote Couch noch nicht gefunden haben, machen Sie sich keine Gedanken. Wie Sie gesehen haben, gibt es unterschiedliche Ansätze, Kreativräume in Unternehmen zu schaffen. Sie können mit einer roten Couch beginnen, Sitzgelegenheiten bei der Kaffeeküche, der Umgestaltung eines Sitzungsraumes für alle Teams… oder gleich mit dem großen Wurf beginnen und einen Umzug oder Umbau nutzen, um das Unternehmen und die Zusammenarbeit darin neu zu denken. Denn das ist eine der zentralen Erkenntnisse aus unserer Arbeit: Das kreative Genie ist selten – richtig kreativ sind wir in der Zusammenarbeit mit anderen.

Egal, wofür Sie sich entscheiden, wir raten Ihnen dafür zu sorgen, dass die Räume von Anfang an auch genutzt werden. Nichts ist schlimmer, als wenn wertvoller Platz nicht genutzt wird und leer bleibt – z. B. weil die Mitarbeiter sich nicht trauen, diesen auch zu benützen. Darum: Gehen Sie mit gutem Beispiel voran und schaffen bzw. nutzen Sie (Frei-)Räume.

WEITERFÜHRENDE LITERATUR

Doorley, S., Witthoft, S. (2012): Make Space. How to set the stage for creative collaboration, Hoboken: John Wiley & Sons.

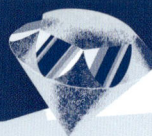

KREATIVRAUMSPICKZETTEL

Nicht jede Organisation hat die Möglichkeit, Räume wie diejenigen von Google oder Swisscom einzurichten. Doch schon mit ein wenig Zeit und Sorgfalt lassen sich herkömmliche Büroräumlichkeiten in angenehme und stimulierende Kreativoasen verwandeln.

In diesem kurzen Spickzettel geben wir Ihnen deshalb einige Hinweise, wie Sie Kreativräume je nach Budget und Zeitreserveren aufpeppen können.

AD-HOC-KREATIVRAUM

VORBEREITUNGSZEIT:	einige Minuten
RESSOURCEN:	weniger als 50 Euro

- Stellen Sie sicher, dass es genügend und gut zugängliches Material im Sitzungszimmer gibt: z. B. Flipchart Papier, (schreibende!) Stifte, bunte Post-it®-Zettel, und z. B. Ihr Mobiltelefon oder einen Fotoapparat um Fotos zu machen.
- Ordnen Sie die Tische so, dass Sie immer Augenkontakt zu allen Teilnehmern im Raum halten können und dass diese gut zusammenarbeiten können, sich aber gegenseitig nicht stören.
- Schreiben Sie ,Ihre' Regeln für die gemeinsame Ideenentwicklung auf ein Poster auf, das für alle sichtbar angebracht ist.
- Bringen Sie Farbe in den Raum: Büromaterial, Bücher, Broschüren und kleine Snacks und Getränke (z. B. frische Früchte und Süßigkeiten).
- Verteilen Sie DIN-A3-Papier, um das Skizzieren zu erleichtern.
- Frische Luft im Raum hilft bei der Ideenentwicklung im Team ebenfalls. Lüften Sie also frühzeitig.

KREATIVRAUM MARKE EIGENBAU

VORBEREITUNGSZEIT:	1–2 Stunden
RESSOURCEN:	50–100 Euro

- Installieren Sie Duftspender (aber nicht jene aus dem Badezimmer...), z. B. diese: Eukalyptus wirkt belebend, Zitrone und Jasmin verbessern die kognitive Leistungsfähigkeit, Zimt und Vanille steigern das Leistungsvermögen und Orange und Vanille die Kreativität.
- Sammeln Sie unkonventionelle, inspirierende Gegenstände in diesem Raum: z. B. Spielzeug und Souvenirs, alte Prototypen aus Ihrer Industrie oder überlegen Sie mit Ihrem Team, was passen könnte.
- Sammeln Sie auch spannende Artikel aus Innovationsjournalen und legen Sie diese aus, sodass sich Ihr Team fast beiläufig von neuen Entwicklungen inspirieren lassen kann.
- Sammeln Sie inspirierende, ungewöhnliche und witzige Bilder online, drucken Sie die Bilder aus und kleben Sie leere Sprechblasen (gibt es als Post-it®-Zettel) daneben.

KREATIVLOUNGE

VORBEREITUNGSZEIT:	1–5 Tage
RESSOURCEN:	1.000–3.000 Euro

- Kaufen oder sammeln Sie verschiedene Sitzgelegenheiten (Fragen Sie im Kollegenkreis nach, ob es Stühle, Couches, Bänke, Sessel usw. gibt, die ausrangiert werden sollen).
- Stellen Sie die Sitzgelegenheiten locker in einen größeren Raum zusammen mit vielen Pflanzen und Tischen.
- Schaffen Sie eine kleine soziale Ecke, z. B. eine Saftbar oder eine ‚wilde Ecke'.
- Stellen Sie mehrere Whiteboards zur Verfügung, auch an ungewöhnlichen Orten – z. B. auf der Rückseite einer Tür.

KREATIVLABOR

VORBEREITUNGSZEIT:	3–6 Monate
RESSOURCEN:	3.000–10.000 Euro

- Beginnen Sie mit Ihren Sitzungsräumen: Beschaffen Sie Tische und Stühle, die sich leicht umstellen lassen. Streichen Sie eine oder mehrere Wände neu mit Whiteboardfarbe oder Wandtafelfarbe an, um sie beschreibbar zu machen.
- Heben Sie Ideen und Prototypen auf, die Sie in Ihren Kreativsitzungen geschaffen haben, und lassen Sie diese zur Anregung ausgestellt.

KREATIVARCHITEKTUR

VORBEREITUNGSZEIT:	6–36 Monate
RESSOURCEN:	Mehr als 10.000 Euro

- Realisieren Sie viele Sitz- und Arbeitsgelegenheiten an einem zentralen Ort im Unternehmen, so dass Zufallsbegegnungen und Gespräche möglich werden. Nehmen Sie die Swisscom-BrainGym-Räume oder die Google-Einrichtung als Vorbild: Sie sind Treffpunkt und Arbeitsräume gleichzeitig.
- Trennen Sie kleine Bereiche ab und gestalten Sie diese nach Themen, je nachdem was zu Ihrem Unternehmen passt: ein orientalisches Kaffeehaus, wenn Sie in der Lebensmittelbranche tätig sind, Sportthemen, wenn Ihre Firma einen Verein sponsert, regionale oder saisonale Einrichtungen sowie Pflanzenwelten. Vielleicht sammeln Sie mögliche Themen in einem Wettbewerb?
- Arbeiten Sie mit Farbe: Die Raumfarben können durch Projektoren angepasst werden, je nachdem was Sie an dem Tag vorhaben, z. B. empfehlen wir Ihnen, die Farbe blau auszuprobieren.

DILEMMAGRAMM
WENN DIE ZWICKMÜHLE MALT

CREABILITY-PRINZIPIEN:	Verflüssigen, verbinden
KREATIVPHASE:	Aktivieren, entwickeln
REDUZIERTE BARRIERE:	Status-quo-Falle, vorschnelles Beenden, funktionale Fixiertheit
ZEIT:	30–45 Minuten
TEILNEHMERZAHL:	1–10 Personen
INFRASTRUKTUR:	Ein großes Blatt Papier oder eine gemeinsame Pinnwand oder einen Projektor mit Laptop

HINTERGRUND UND VERWENDUNGSKONTEXT

Dilemmas sind Situationen, in denen wir uns zwischen (in der Regel) zwei, sich gegenseitig ausschließenden Optionen entscheiden müssen. Dabei hat jede Option gewisse Vorteile, die für sie sprechen, aber auch gewisse Nachteile, die mit ihr zusammenhängen. Ein Beispiel für ein Dilemma ist die Wahl zwischen zwei gleich guten Lieferanten oder die Entscheidung, ob man die nächsten Sommerferien am Meer oder in den Bergen verbringen soll.

Derartige Situationen sind eigentlich wunderbare Gelegenheiten für kreative Lösungen. Und mit dem *Dilemmagramm* verstehen Sie nicht nur die Zwickmühle besser, in der Sie stecken. Sie werden durch die Methode auch Wege finden, das Dilemma aufzulösen bzw. zu überwinden. Das ist immer dann wichtig, wenn Sie mit Ihren beiden, vermeintlich einzigen Alternativen eigentlich nicht zufrieden sind bzw. es Ihnen schwer fällt, zwischen den zwei Optionen eine Wahl zu treffen. Das *Dilemmagramm* ist daher vor allem bei Entscheidungssituationen sehr nützlich.

Die Idee, ein Dilemma durch Visualisierung besser zu verstehen, ist dabei keine neue. Sowohl Robert Horn (bekannt als Erfinder der Information-Mapping-Methode und Visualisierungspionier) wie auch der (Produktions-)Prozessforscher und Berater Eliyahu Goldratt (bekannt durch seine Engpasstheorie) haben bereits Vorschläge gemacht, wie man Dilemmas durch Diagramme besser bewältigen

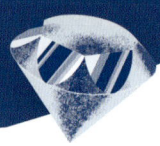

kann. Goldratt hat dabei auch bereits ein wenig auf das kreative Potenzial von Dilemmas (und ihrer grafischen Darstellung) hingewiesen.

 VORGEHEN

In einer Entscheidungssituation, in der wir ein Problem als unmögliche Wahl zwischen zwei Alternativen wahrnehmen, sollten wir unsere Wahrnehmung verändern. Das ist der Grundgedanke hinter der Methode des *Dilemmagramms*. Das *Dilemmagramm* zwingt uns quasi zu einem formalisierten Perspektivenwechsel. Die Vorlage auf der gegenüberliegenden Seite hilft uns konkret dabei, jenseits der Dimension zu denken, anhand der wir unsere Alternativen unterscheiden. Sie lädt uns dazu ein, eine weitere, neue Unterscheidung oder Dimension zu (er-)finden, die das Dilemma quasi aushebelt. Durch die Identifikation einer sogenannten orthogonalen (‚queren', neuen, unabhängigen) Dimension verknüpfen wir vormals unvereinbare Optionen zu einer neuen Lösungsvariante. Dazu braucht es einen Kategorienwechsel.

Die Vorlage besteht dabei aus drei Zonen, die wir schrittweise gemeinsam komplettieren. Am besten kann man die Vorlage in der Gruppe nutzen, wenn sie über Laptop und Projektor für alle sichtbar und ausfüllbar ist oder wenn man mit Kärtchen und einer großen, bespannten Wand arbeitet (auf der die Vorlage vorskizziert ist).

1. In einem ersten Schritt geht es darum, individuell oder gemeinsam zu verstehen, was der Stellenwert des Dilemmas ist und was einem bei der Auswahl besonders wichtig ist. Dazu gibt man zuerst an, welche Entscheidung ansteht, welche Dringlichkeit sie hat, welche strategische (mittelfristige) Bedeutung oder Wichtigkeit und welchen Neuigkeitsgrad (d. h. trifft man die Entscheidung zum ersten oder zum wiederholten Male). Falls es gewisse Werte, Kriterien oder Eigenschaften einer Lösung gibt, die allen sehr wichtig sind, werden diese ebenfalls in der ersten Zone rechts stichwortartig notiert.

Nun identifizieren Sie die beiden offensichtlichen Alternativen, sowie – dazwischen – den Grund, warum sich diese nicht beide realisieren bzw. kombinieren lassen (sozusagen der Engpass, der dazu führt, dass sie nicht beides tun können).

Ebenfalls in diesen Doppelpfeil zwischen den beiden Optionen tragen Sie ihre Leitunterscheidung ein, d. h. nach welchem Kriterium man die beiden Alternativen einfach unterscheiden kann (sind es z. B. Extremvarianten auf einem Spektrum). Typische derartige Unterscheidungen oder Dimensionen sind Zeit (heute oder morgen investieren), Raum (in die Berge oder ans Meer fahren), Geld (wenig oder viel ausgeben), Risiko (wenig oder viel riskieren), Bezugspersonen (z. B. Mitarbeiterinteressen versus Aktionärsinteressen) oder Technologien (z. B. auf Android/Google oder iOS/Apple setzen in der Mobilkommunikation).

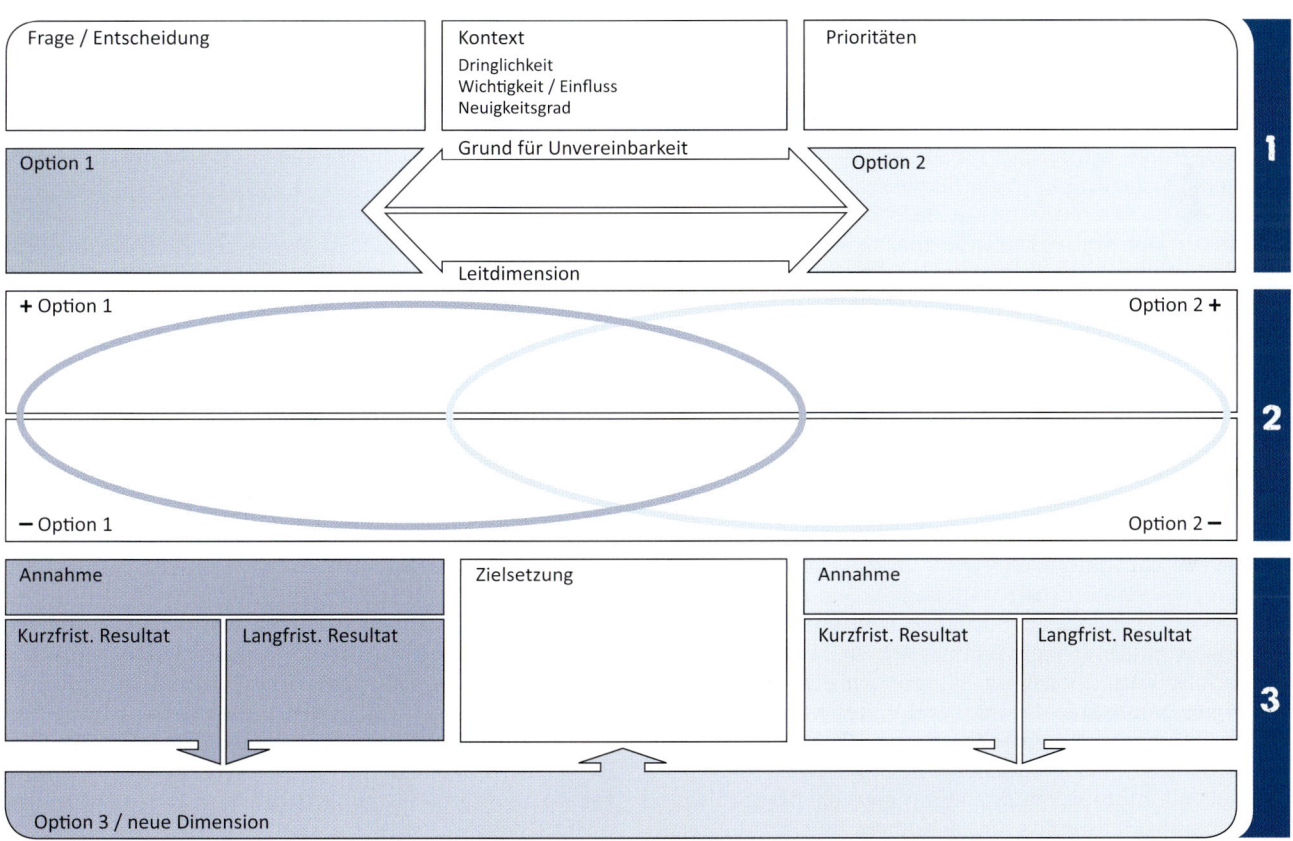

Frage / Entscheidung

Kontext
Dringlichkeit
Wichtigkeit / Einfluss
Neuigkeitsgrad

Prioritäten

1

Option 1

Grund für Unvereinbarkeit

Option 2

Leitdimension

2

+ Option 1

Option 2 +

− Option 1

Option 2 −

3

Annahme

Kurzfrist. Resultat | Langfrist. Resultat

Zielsetzung

Annahme

Kurzfrist. Resultat | Langfrist. Resultat

Option 3 / neue Dimension

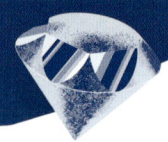

2. Im nächsten Schritt des Vorgehens wechseln Sie nun zur zweiten Zone mit den beiden Kreisen und tragen darin zuerst alle jeweiligen Vorteile der beiden Lösungen ein, danach alle ihre Nachteile. Dazu nutzen Sie den linken Kreis für die eine Alternative, den rechten für die andere. Jeweils in der oberen Hälfte des Kreises tragen Sie die Vorteile der Alternative ein und im unteren deren Nachteile. In der Schnittfläche zwischen beiden Kreisen tragen Sie (oben) positive wie auch (unten) negative Eigenschaften beider Alternativen ein. Bevor Sie nun zur nächsten Zone schreiten, schauen Sie sich das entstandene Bild an: Ist bei der einen Alternative der obere Kreis voller als bei der anderen oder sind die Vorteile bei beiden gleich. Sie können die Vorteile übrigens durch kleine oder große Punkte gewichten.

3. Nun tragen Sie die kurz- und mittelfristigen Auswirkungen jeder Alternative in die dritte Zone (auf der linken und rechten Seite) ein.

Notieren Sie dabei auch, auf welcher Annahme diese Erwartung beruht, und diskutieren Sie im Team, ob die beiden Annahmen wirklich richtig sind. Dazwischen notieren Sie die Zielsetzung, die Sie sich eigentlich wünschen.

Nun kommt der Clou des Ganzen: Kehren Sie zurück zum ersten Schritt und diskutieren Sie alternative Dimensionen neben der Leitunterscheidung, die sie in den Doppelpfeil eingetragen haben. Sammeln Sie dazu ca. 3–4 Kandidaten. Besprechen Sie nun, welche neuen Kombinationslösungen sich anhand dieser neuen Dimension ergeben. Überprüfen Sie, mit welcher Lösung sie am nächsten an Ihre Zielsetzung herankommen und ob Sie damit die in der zweiten Zone identifizierten Nachteile vermeiden können.

Das klingt zugegebenerweise noch etwas abstrakt, wenn man es zum ersten Mal hört. Lassen Sie uns das *Dilemmagramm* deshalb anhand eines konkreten Praxisbeispiels erneut durchgehen.

 BEISPIEL

Nehmen wir das Beispiel eines typischen Geschäftsdilemmas, nämlich die Frage, ob man einem potenziell wertvollen Kunden einen Preisrabatt gewähren soll. Wie würde einem das *Dilemmagramm* dabei auf die kreativen Sprünge helfen?

In einer Analyse von fatalen Fehlern bei neu gegründeten Firmen steht die zu starke Gewährung von Preisrabatten ganz oben. Damit scheint man das falsche Signal an den Markt zu senden. Doch es kann auch Situationen geben, in denen ein Preisrabatt strategisch sinnvoll ist.

Das Verkaufsteam einer jungen Softwareunternehmung hat folgendes *Dilemmagramm* zu seiner Situation ausgefüllt und kam dadurch auf eine neuartige Idee: Einem ‚verzögerten' Preisrabatt bei Nachfolgebestellungen bzw. Updates als eine Art Loyalitätsprämie. So verhindert man, dass sich der Kunde als Verhandlungsverlierer fühlt und macht dennoch keine Kompromisse beim Wert der eigenen Lösung. Wie ist man auf diese Lösung gestoßen?

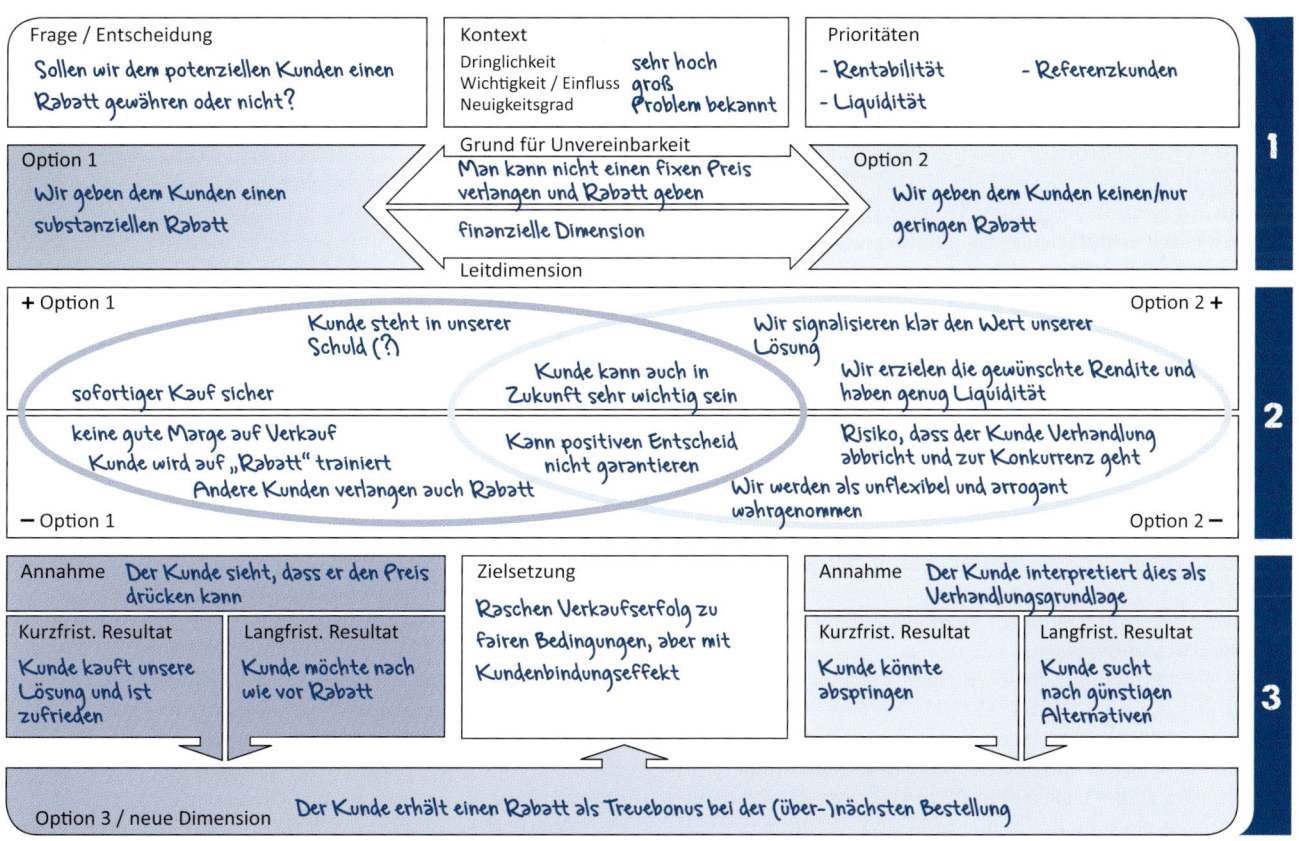

Frage / Entscheidung

Sollen wir dem potenziellen Kunden einen Rabatt gewähren oder nicht?

Kontext

Dringlichkeit **sehr hoch**
Wichtigkeit / Einfluss **groß**
Neuigkeitsgrad **Problem bekannt**

Prioritäten

- Rentabilität   - Referenzkunden
- Liquidität

1

Option 1

Wir geben dem Kunden einen substanziellen Rabatt

Grund für Unvereinbarkeit

Man kann nicht einen fixen Preis verlangen und Rabatt geben

finanzielle Dimension

Leitdimension

Option 2

Wir geben dem Kunden keinen/nur geringen Rabatt

+ Option 1

Kunde steht in unserer Schuld (?)

sofortiger Kauf sicher

Kunde kann auch in Zukunft sehr wichtig sein

keine gute Marge auf Verkauf
Kunde wird auf „Rabatt" trainiert
Andere Kunden verlangen auch Rabatt

Kann positiven Entscheid nicht garantieren

Option 2 +

Wir signalisieren klar den Wert unserer Lösung

Wir erzielen die gewünschte Rendite und haben genug Liquidität

Risiko, dass der Kunde Verhandlung abbricht und zur Konkurrenz geht

Wir werden als unflexibel und arrogant wahrgenommen

– Option 1

Option 2 –

2

Annahme Der Kunde sieht, dass er den Preis drücken kann

Kurzfrist. Resultat

Kunde kauft unsere Lösung und ist zufrieden

Langfrist. Resultat

Kunde möchte nach wie vor Rabatt

Zielsetzung

Raschen Verkaufserfolg zu fairen Bedingungen, aber mit Kundenbindungseffekt

Annahme Der Kunde interpretiert dies als Verhandlungsgrundlage

Kurzfrist. Resultat

Kunde könnte abspringen

Langfrist. Resultat

Kunde sucht nach günstigen Alternativen

3

Option 3 / neue Dimension   Der Kunde erhält einen Rabatt als Treuebonus bei der (über-)nächsten Bestellung

Abbildung 25: Die Verwendung des Dilemmagramms in einer Verkaufssituation

Gehen wir der Reihe nach durch die Schritte des *Dilemmagramms*.

Zuerst hat das Leitungsteam die Fragestellung und den Kontext geklärt. Dabei hat das Team bemerkt, dass es nicht die erste Verkaufscrew ist, welche dieses Dilemma hat und sich schlau gemacht, wie andere dieses Problem lösen. Es hat sich auf gewisse Prioritäten geeinigt, namentlich dass es als noch junge Firma wichtig ist, auf die Liquidität und Rentabilität zu achten, aber auch darauf, rasch gute Referenzkunden zu gewinnen.

Danach hat das Team die beiden Optionen formuliert, die es aus seiner Sicht hatte: entweder einen substanziellen Rabatt gewähren oder keinen bzw. einen sehr geringen. Beides schien nicht möglich, da man nicht einen fixen Preis vorgeben kann und gleichzeitig Rabatte gewährt. Die Unterscheidung zwischen beiden Optionen war deshalb eine finanzielle. Nun hat das Team die Vor- und Nachteile beider Optionen zusammengetragen. Das dadurch entstandene Bild hat gezeigt, dass beide Optionen nicht optimal sind, weil sie eine ganze Reihe gewichtiger Nachteile aufweisen (z. B. eine schlechte Rendite einerseits oder ein Verhandlungsabbruch andererseits).

Zur Verdeutlichung dieser Risiken hat das Team dann die kurzfristigen und mittelfristigen Auswirkungen beider Optionen bedacht (und dabei auch die ideale Zielsetzung dazwischen notiert) und ihre dahinter liegenden Annahmen thematisiert. Dabei wurde dem Team klar, dass das Problem auch eine emotionale Komponente besitzt: Wenn man dem Kunden überhaupt nicht entgegen kommt, interpretiert er dies vielleicht als eine Art Niederlage und sühnt auf Rache.

Danach hat die Gruppe den Hauptschritt in Angriff genommen: Es hat überlegt, was neben der finanziellen Dimension eine Dimension für alternative Optionen wäre. Das Team hat dabei die Unterscheidung nach der zeitlichen Dimension besprochen und ist so auf die Idee eines ‚verzögerten‘ Rabattes als Loyalitätsbonus gekommen. Dank dieser Idee konnte der Kunde für die Software gewonnen werden, ohne eine ausufernde Preiserosion zu riskieren.

EINSATZRISIKEN UND ERFOLGSFAKTOREN

Zugegeben, das *Dilemmagramm* bietet keine einfache Struktur. Es besteht aus insgesamt 23 Komponenten, was natürlich enorm viel ist. Auch Begriffe wie orthogonal machen aus dieser Methode nicht gerade einen VW Golf unter den Kreativitätstechniken. Aber wie Einstein es formuliert hat, soll man alles so einfach wie möglich machen, aber nicht einfacher. Weniger ging hier (vorerst) einfach nicht. Das Einsatzrisiko der Methode ist demnach, dass sie den Teilnehmern oder Einzelanwendern übermäßig komplex erscheint oder sie sogar überfordert. Dieses Risiko kann ein wenig reduziert werden, indem man die Teilnehmer einfach schrittweise von Zone zu Zone führt und die Methode gar nicht erst vorab erklärt. So baut man nicht unnötig Komplexität auf.

Bei den Einsatzvarianten finden Sie übrigens Möglichkeiten, wie man die Methode vereinfachen kann.

Eine Einschränkung der Methode ist sicherlich die Fokussierung auf zunächst zwei Alternativen. In der täglichen Praxis gibt es natürlich auch Trilemmas, sprich die Auswahlnotwendigkeit zwischen drei Alternativen. Hier kann es sein, dass die Dilemmagrammstruktur zu kurz greift und nicht mit der Anzahl möglicher Optionen mithält. Das Grundprinzip der Unterscheidungsdimensionen und der Erfindung neuer Unterscheidungsspektren gilt aber auch hier und hilft bei der Auflösung solcher Entscheidungszwickmühlen.

EINSATZVARIANTEN

Da das *Dilemmagramm* in seiner ‚normalen‘ Ausstattung recht komplex aussieht, gibt es verschiedene einfachere Varianten dazu.

Eine alternative Verwendungsweise des Diagramms funktioniert so, dass man die drei Phasen auf drei separaten Grafiken bzw. Wänden vorbereitet. Dadurch wird die Methode einfacher handhabbar und auch übersichtlicher: Zuerst klärt man auf der ersten Wand den Kontext des Dilemmas. Auf der zweiten Wand oder Folie werden dann die Vor- und Nachteile der beiden Alternative analysiert. Auf einer dritten Wand diskutiert man zum Schluss die Auswir-

kungen der Optionen, die gewünschte Zielsetzung und die neue Dimension bzw. Lösungsoption.

Sie können das *Dilemmagramm* auch in einer Schnellvariante nutzen, und zwar in dem Sie direkt mit der zweiten Zone einsteigen und direkt die Vor- und Nachteile der beiden Alternativen sammeln und gewichten. Als zweiten und letzten Schritt versuchen Sie dann eine alternative Dimension zu entwickeln und davon eine Lösung abzuleiten.

Eine weitere Vereinfachungsvariante der Methode besteht darin, die Unterscheidung nach kurz- und mittelfristigen Auswirkungen bei Seite zu lassen und einzig die unmittelbaren Resultate zu notieren.

In unserer Anwendungspraxis des *Dilemmagramms* hat es sich aber auch gezeigt, dass man die Methode einfach um einzelne Komponenten ergänzen kann. Beim Kontextfeld in der ersten Zone kann man beispielsweise als weiteren Faktor den Ursprung des Dilemmas benennen oder als Prioritäten eigene Werte, die der Gruppe bei der Entscheidung wichtig sind. Gerade für Gruppen, deren Mitglieder sich noch nicht gut kennen, kann dies sehr hilfreich sein.

 **FAZIT**

Jedes Problem ist eine Chance für Kreativität. Dies trifft besonders für Entscheidungsprobleme zu, bei denen wir zwischen zwei Alternativen wählen müssen. Geben Sie in solchen Situationen Kreativität eine Chance und entdecken Sie dadurch, dass die meisten Dilemmas gar keine sind. Es gibt immer einen ‚dritten Weg'. Entdecken Sie diesen, indem sie neue Leitunterscheidungen finden, die ‚quer' zur bisherigen Sichtweise stehen.

WEITERFÜHRENDE LITERATUR

Fontin, M. (1997): Das Management von Dilemmata: Erschließung neuer strategischer und organisationaler Potentiale, Wiesbaden: DUV Wirtschaftswissenschaft.

Horn, R. E. (1989): Mapping Hypertext, Lexington: The Lexington Institute.

KREATIVITÄTS-BLOCK~~ADE~~

DIE ALLMÄHLICHE VERFERTIGUNG DER IDEE BEIM NOTIEREN

CREABILITY-PRINZIPIEN:	Verändern
KREATIVPHASE:	Aktivieren, entwickeln
REDUZIERTE BARRIERE:	Gegenseitige Beeinflussung und Behinderung, vorschnelles Beenden
ZEIT:	5–10 Minuten
TEILNEHMERZAHL:	1 Person (kann aber auch im Duo genutzt werden)
INFRASTRUKTUR:	Blockseiten aus diesem Buch

HINTERGRUND UND VERWENDUNGSKONTEXT

Hintergrund dieser einfachen Kreativitätstechnik ist unsere Überzeugung, dass wir Menschen in Alltagssituationen zur Kreativität verführen bzw. anschubsen müssen. Dies können wir unter anderem dadurch tun, indem wir ihnen einfache tägliche Hilfsmittel zur Verfügung stellen. Diese Hilfsmittel sollen es ihnen erlauben, aus dem Stegreif heraus Ideen zu entwickeln und unkompliziert festzuhalten. Der Kreativblock ist so ein simples Hilfsmittel. Er ist unser Versuch, kreative Prinzipien wie Analogien, Perspektivenwechsel oder Probleminvertierung besser ins Tagesgeschäft zu integrieren. Den Kreativblock haben Martin J. Eppler und sein Masterstudent Raphael Schilling gemeinsam entwickelt, um den Transfer von Erkenntnissen aus Kreativitätstrainings in die Praxis zu vereinfachen. In verschiedenen Trainingskontexten haben wir den Block von Seminarteilnehmern testen und evaluieren lassen. Dabei wurde er durchwegs als äußerst hilfreich und praktisch bewertet. Er kann täglich verwendet werden und bietet sich vor allem als individuelles Konzentrationsmittel an. Er sensibilisiert uns aber auch dafür, dass wir Ideen mit anderen besprechen sollten, um sie weiterzuentwickeln. Kopieren Sie also die Vorlage gleich ein Dutzend Mal und legen Sie die Kopien auf dem Schreibtisch bereit für Ihre nächste Einmann-Kreativsitzung.

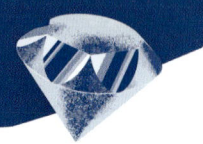

VORGEHEN

Nehmen Sie den Kreativblock zur Hand, um zu einer anstehenden Fragestellung spontan Ideen zu entwickeln.

1. Formulieren Sie zunächst die Fragestellung, an der Sie arbeiten möchten, bzw. das Problem, für das Sie Lösungsideen entwickeln möchten. Tragen Sie dieses kompakt (und nicht zu spezifisch) in das oberste Feld des Blockes ein.

2. Im zweiten Feld notieren Sie nun, woran Sie erkennen würden, dass Ihr Problem gelöst bzw. Ihr Ziel erreicht ist. Was wäre der Fall bzw. nicht mehr der Fall, wenn Ihr Sollzustand erreicht wäre?

3. Nun wird es (ähnlich wie in der Methode der *Erfolgspfade, siehe Seite 94*) paradox: Notieren Sie drei bis vier Ideen, wie man Ihr Problem weiter verschlimmern kann. Wie können Sie, mit anderen Worten, sicherstellen, dass Sie Ihr Ziel garantiert nicht erreichen? Formulieren Sie diese Ideen so, dass Ihnen die Verschlimmerungsmaßnahmen schon fast schon mental weh tun, weil Sie so destruktiv sind.

4. Nun notieren Sie im nächsten Feld auf der gegenüberliegenden Seite, was das jeweilige Gegenteil dieser Maßnahmen wäre. Wie können Sie aus den Verschlimmerungsmaßnahmen Verbesserungsideen machen? Vielleicht reicht es dabei bereits, das genaue Gegenteil zu tun, um das Problem zu reduzieren, vielleicht müssen Sie die Idee noch ein wenig variieren, damit sie wirklich nützt.

5. Im nächsten Schritt wechseln Sie die Perspektive und überlegen sich, in welchen anderen Lebensbereichen ein ähnliches Problem wie Ihres schon gelöst wurde. Denken Sie dabei bewusst an ganz andere Kontexte, aus denen Sie durch Analogieschlüsse lernen können. Beispiele hierfür sind die Bionik (d. h. Techniklösungen, die von der Natur inspiriert wurden), andere Branchen, Ansätze aus Film, Theater oder Sport. Überlegen Sie, wie Sie diese Ideen konkret für Ihr Problem nutzen könnten. Versuchen Sie 2–3 solche Ideen festzuhalten.

6. Im letzten Schritt der Methode notieren Sie nun die Namen von Personen oder Abteilungen, mit denen Sie Ihre Ideen diskutieren sollten. Denken Sie dabei an Kollegen und (auch externe) Kontakte, die aufgrund ihrer Erfahrungen und ihres Know-hows wichtige Impulse zu einer Lösung geben könnten. Denken Sie aber auch an Personen, die noch nie von diesem Problem gehört haben, und deshalb unvoreingenommen Feedback zu Ihren Lösungsansätzen geben können. Schreiben Sie diesen Menschen eine kurze E-Mail-Nachricht, um bei einem Kaffee das Problem und Ihre Ideen zu diskutieren. Seien Sie dabei nicht zu schüchtern, denn um Hilfe zu fragen ist, gemäß Apple Gründer Steve Jobs, eine der wichtigsten Voraussetzungen für Kreativität und Innovation.

BEISPIEL

In der folgenden Abbildung sehen Sie ein einfaches Beispiel der Kreativblocknutzung. Ein Mitarbeiter hat dabei spontan seine Ideen zur Verbesserung der Auftragsabwicklung in seinem Betrieb notiert.

EINSATZRISIKEN UND ERFOLGSFAKTOREN

Der Kreativblock birgt kaum Einsatzrisiken. Da er primär für Sie als Einzelperson gedacht ist und nicht wesentlich mehr als fünf Minuten in Anspruch nimmt (und zudem auf bewährten Prinzipien beruht) ist sein Kosten-Nutzen-Verhältnis in der Regel sehr gut.

Ein wichtiger Erfolgsfaktor dieses pragmatischen Ansatzes ist es jedoch, die Blockvorlage auch wirklich sichtbar und griffbereit zu halten. Sie soll einen immer wieder daran erinnern, in den Kreativmodus zu wechseln und ein

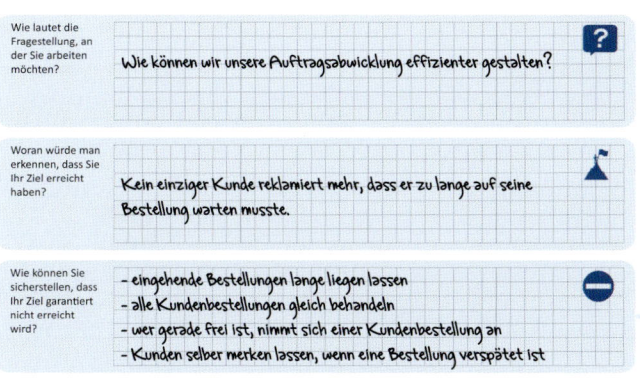
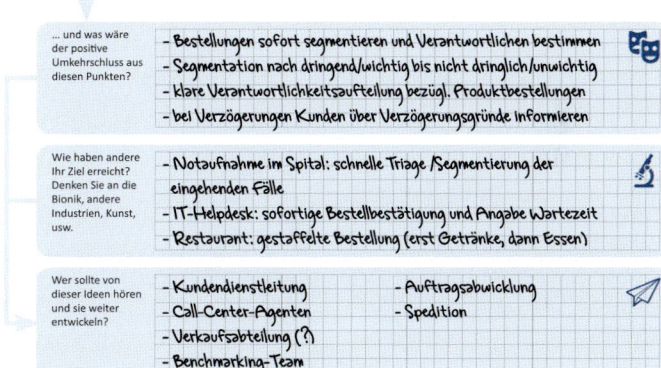

Abbildung 26: Beispiel eines ausgefüllten Kreativblocks

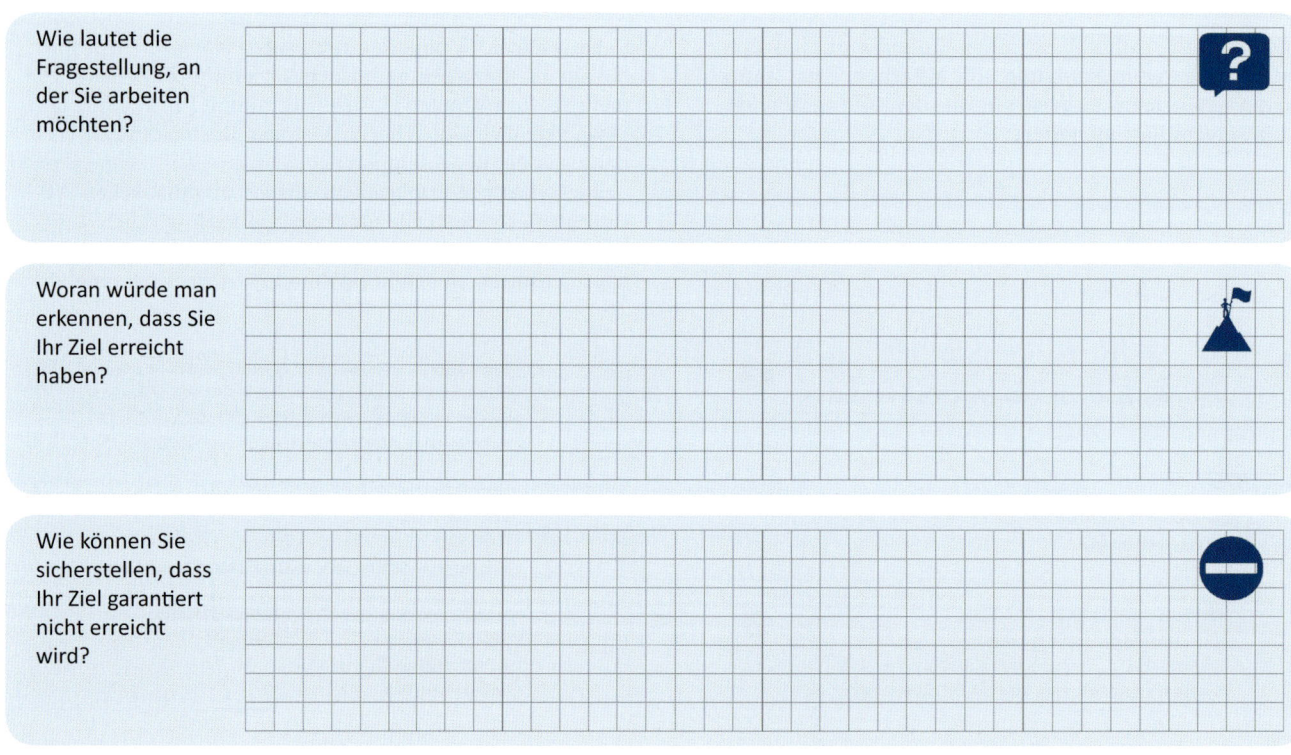

Wie lautet die Fragestellung, an der Sie arbeiten möchten?

Woran würde man erkennen, dass Sie Ihr Ziel erreicht haben?

Wie können Sie sicherstellen, dass Ihr Ziel garantiert nicht erreicht wird?

... und was wäre der positive Umkehrschluss aus diesen Punkten?

Wie haben andere Ihr Ziel erreicht? Denken Sie an die Bionik, andere Industrien, Kunst, usw.

Wer sollte von dieser Ideen hören und sie weiter entwickeln?

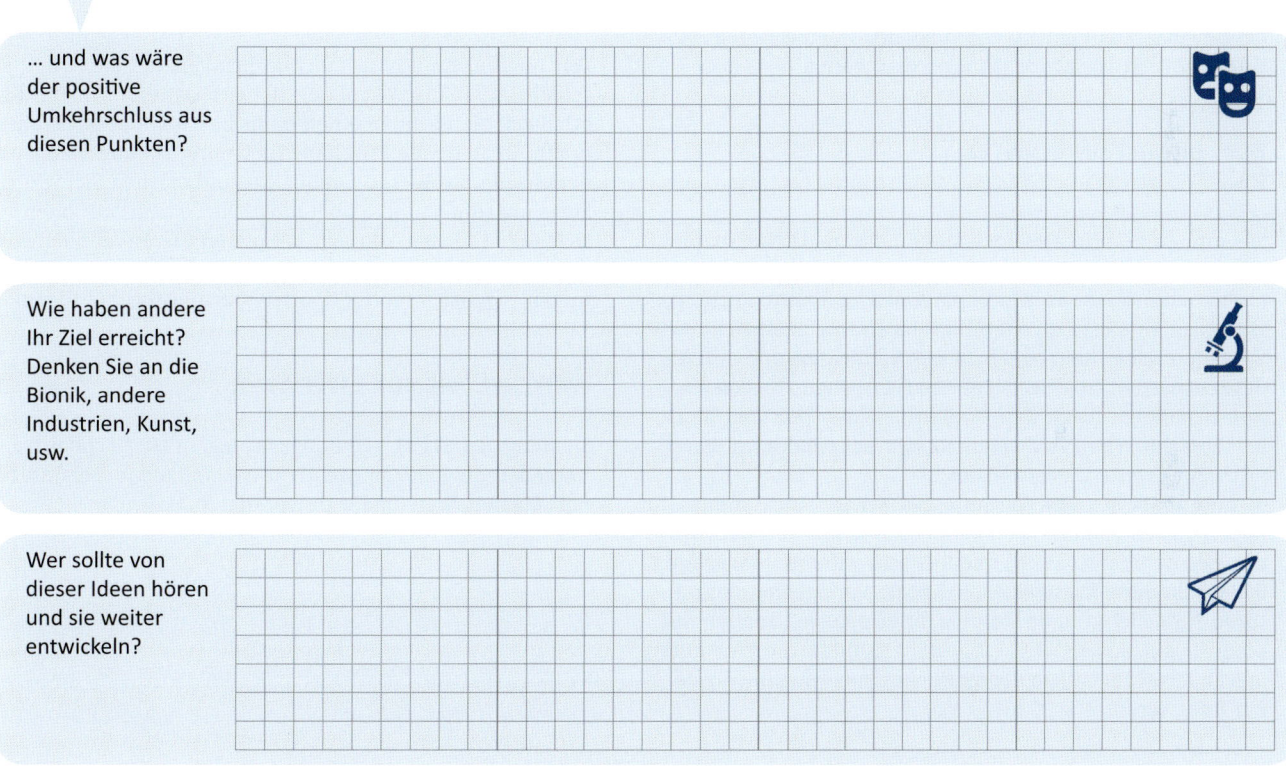

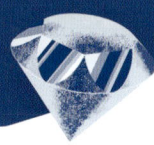

diffuses Problem durch Verschriftlichung fassbar und damit lösbar zu machen. Die einzelnen Felder des Blockes sind dabei bewusst klein gehalten, um so eine möglichst niedrige Hürde für den Einsatz des Blockes zu schaffen.

EINSATZVARIANTEN

Sie können den Kreativblock kopieren und als Notizpapier neben dem Computer bereithalten oder ihn auch bewusst für individuelle Konzentrationsphasen in Teamworkshops einsetzen. In dieser zweiten Einsatzvariante entspricht das Vorgehen dabei dem sogenannten Nominalgruppenansatz, der nachweislich bessere Ideen hervorbringt, als gleich sofort zusammen Ideen zu entwickeln. Wir haben den Block jedoch auch schon in Zweiergruppen verwendet, in denen er ebenfalls gute Dienste leistet.

Eine umfassendere Variante des Kreativblocks umfasst neben diesen Feldern auch eine Fußnote mit den wichtigsten Kreativitätsprinzipien und kritischen Kreativblockaden. Sie erhalten ihn kostenfrei als digitale Vorlage von den Autoren. Natürlich können Sie auch Ihren eigenen Kreativblock oder Ihr eigenes Kreativheft gestalten, indem Sie Elemente aus anderen Techniken dieses Buches darin als Eintragefelder integrieren.

 ### FAZIT

Wir müssen Kreativität dorthin bringen, wo die Arbeit geschieht, zum Beispiel auf den eigenen Schreibtisch. Der Kreativblock bietet Ihnen einen einfachen und kurzen Prozess, um für anstehende Probleme Ideen und Lösungsansätze zu entwickeln. Probieren Sie ihn aus und erleben Sie, wie viel Sie in nur fünf Minuten über mögliche Lösungsvarianten von sich selbst lernen können. Vergessen Sie dabei aber nicht den letzten Schritt der Methode und kontaktieren Sie, wenn immer möglich, kreative Sparringpartner für Ihre Ideen.

WEITERFÜHRENDE LITERATUR

Schilling, R. (2013): Schulungsstrategien zur nachhaltigen Implementierung von Kreativitätstechniken in Organisationen. Masterarbeit an der Universität St. Gallen.

SKIZZENZEICHEN
EINE PORTION GRAFFITI FÜR IHRE STATISTIKEN

CREABILITY-PRINZIPIEN:	Verändern, verbinden
KREATIVPHASE:	Entwickeln
REDUZIERTE BARRIERE:	Status-quo-Falle, Selbstzensur
ZEIT:	20–40 Minuten
TEILNEHMERZAHL:	Mindestens 2, maximal 5 Personen
INFRASTRUKTUR:	Ausgedruckte analytische Auswertungen

HINTERGRUND UND VERWENDUNGSKONTEXT

Wir müssen unsere Produkte und Dienstleistungen exakt an den Bedürfnissen unserer Kunden ausrichten. Kommt Ihnen diese Aussage bekannt vor? Sicherlich, denn wenn Unternehmen etwas anbieten, was gar nicht nachgefragt oder benötigt wird, dann ist ein Misserfolg bereits vorprogrammiert. Mit hohem Aufwand erforschen gerade auch große Unternehmen den Markt und sammeln Unmengen von Daten über die Bedürfnisse ihrer Kunden. Oftmals sind sie jedoch ein wenig hilflos, wenn es darum geht, die gewonnenen Daten zu analysieren und basierend auf diesen kreative Ideen zu entwickeln. Allzu häufig geschieht an dieser Stelle schlicht zu wenig: Die Kreativen im Unternehmen lassen sich die Marktforschungsergebnisse zwar präsentieren, berücksichtigen diese dann aber später kaum und lassen sich in der Kreativphase ‚nur' von ihrer eigenen Intuition leiten. Die zuvor gewonnen Daten fließen kaum ins kreative Entwickeln von Ideen ein.

Ein Grund dafür kann sein, dass sich das Team gar nicht richtig mit den Marktforschungsdaten auseinandersetzt. Dem kann jedoch Abhilfe geschaffen werden und zwar mit Hilfe sogenannter Skizzenzeichen, also Handzeichnungen die auf quantitativen Darstellungen angebracht werden. Bei dieser Methode wird die quantitative Basis – also beispielsweise eine Nutzungsstatistik einer Webseite, aktuelle Verkaufszahlen oder Daten aus Kundenumfragen

– großformatig ausgedruckt. Normalerweise werden solche Zahlen stets mittels eines Projektors projiziert, bei dieser Methode jedoch ganz bewusst ausgedruckt. Dadurch ergibt sich die Möglichkeit, wirklich mit den Daten zu arbeiten und sie so besser zu verstehen. Anschließend skizzieren Sie direkt auf Ihrem Ausdruck und lassen die vormals analytische Darstellung zu einer wahren analytischen Collage werden.

 ## VORGEHEN

Als Vorbereitungsschritt für eine skizzenbasierte Kreativrunde drucken Sie zunächst themenrelevante Tabellen und statistische Auswertungen aus der Marktforschung aus. Dies können Sie entweder auf Ihrem eigenen Drucker so groß wie möglich machen (beispielsweise in der Größe DIN-A3) oder Sie lassen Ihre Daten auf einem Plotter wirklich großformatig ausdrucken. Diese Poster hängen Sie nun vor einem Kreativmeeting in Ihrem Sitzungszimmer an die Wand. In wenigen Schritten werden Sie nun beginnen, intensiv und kreativ mit Ihren Marktforschungsdaten zu arbeiten.

1: INSTRUIEREN SIE

In einem ersten Schritt erklären Sie Ihren Kollegen, dass die an den Wänden hängenden Poster aktuelle Marktforschungsergebnisse visualisieren, die für die Ideenentwicklung in Ihrem Team relevant sind. Sie zeigen Ihnen anhand eines Beispielposters, wie die Grafiken mittels einfachen Strichen ergänzt, kommentiert, erweitert, extrapoliert (in die Zukunft gedacht) oder in Frage gestellt werden können. Sie können dazu auch die *Tabelle 2* an Skizzenzeichen verwenden. Bitten Sie Ihre Kollegen auch, die jeweilige Annotation jeweils so anzubringen, dass weitere Ergänzungen (vom Platz her) möglich bleiben.

Bitten Sie Ihre Kollegen dabei auf alles zu achten, was bei den grafischen Darstellungen des Zahlenmaterials ins Auge sticht, beispielsweise ein wiederkehrendes Muster, Ausschläge nach oben oder nach unten, parallele oder divergente Verläufe von Kurven usw. Bitten Sie die Kollegen, neben kurzen Texten vor allem Symbole zu nutzen, wie etwa Bomben, Blitze, Haken, Smileys, aber auch verschiedene Farben, die sie mit Pfeilen kombinieren können. Bitten Sie Ihre Kollegen darauf zu achten, dass sie ihre Farben logisch wählen (z. B. die Farbe rot, wenn immer etwas besonders wichtig oder kritisch zu sein scheint).

2: ANNOTIEREN SIE SPONTAN

Der zweite Schritt dieser Methode mag Ihnen noch nicht besonders kreativ vorkommen. Er ist aber wichtig, damit Sie später mit Ihren Daten arbeiten können.

Jeder Ihrer Teilnehmer bringt mit einem eigenen Stift direkt in den Darstellungen Ergänzungen an. Er oder sie darf dabei alles mit spontanen Gedanken markieren, einkreisen, ergänzen oder kommentieren.

Verteilen Sie dabei die Teilnehmer etwa gleichmäßig auf

die vorhandenen Poster. Dabei kann es sinnvoll sein, Zweierpaare zu bilden, so dass sich die Teilnehmer beim Annotieren gegenseitig ergänzen und sich Impulse geben. Nach ungefähr drei bis vier Minuten bitten Sie die Teilnehmer, sich nun zum nächsten Poster zu begeben und dort wichtige Erkenntnisse einzutragen bzw. zu visualisieren. Wiederholen Sie diesen Schritt, bis alle Teilnehmer alle Marktforschungsstatistiken gesichtet und annotiert haben.

3: VERÄNDERN SIE DIE GRAFIKEN UND DENKEN SIE IN VARIANTEN

Nach dieser ersten, relativ freien Annotationsrunde wird es nun spekulativ. Die berühmte Frage nach dem „Was wäre, wenn …" bestimmt diesen Schritt. Die Spekulationen erlauben ein kreatives Herangehen an eine Problemstellung. Verändern Sie nun aktuelle Kurven und diskutieren Sie, was passiert wäre, wenn der Verlauf der Kurve so wie skizziert ausgesehen hätte. Wie hätte sich Ihr Geschäft verändert? Hätten Sie Ihren Fokus verändert oder in andere Produkte mehr Zeit investiert? Die Folgen, die aus dieser Spekulation auf den Plan treten würden, lassen sich sehr weit spinnen und erlauben so eine besonders tiefgreifende kreative Diskussion.

Einige Grundregeln sollten Sie beim Verändern und Denken in Varianten beachten:

1. Lassen Sie keine Kritik an den Ideen Ihrer Teilnehmer zu: Ideenbewertungen müssen auf später verschoben werden, um den Ideenfluss nicht zu hemmen.

2. Begrüßen Sie freies Assoziieren: „Je wilder die Idee, desto besser." Es ist nämlich ergiebiger, die Radikalität einer Idee zu reduzieren, als eine moderate Idee aufzubauschen.

3. Quantität vor Qualität: Je größer die Ideenvielfalt, desto wahrscheinlicher ist das Hervorbringen einer nützlichen Idee.

4. Ermutigen Sie Ihre Teammitglieder, Ideen zu kombinieren oder zu verbessern: Ideen der einen Person dienen als Spielball für die andere Person und können modifiziert werden.

5. Bei diesem Schritt kann es unter Umständen nützlich sein, Reservekopien jedes Posters bereit zu stellen. So können diese Varianten oder Szenarien gesondert festgehalten werden.

4: ENTWICKELN SIE INTERESSANTE FRAGEN

Im nächsten Schritt arbeiten Sie mit den Statistiken anhand gemeinsamer Leitfragen. Arbeiten Sie nun beispielsweise mit einer Darstellung, welche die Umsätze der vergangenen Monate zeigt. Eine mögliche Leitfrage lautet etwa: „Wie könnte sich unser Markt vergrößern oder neu definieren?" Dazu skizzieren Sie nun eine neue Verlaufskurve Ihres Umsatzes, und zwar positionieren Sie diese deutlich über der aktuellen Kurve. Zeichnen Sie auch mit einem Pfeil die Differenz zwischen den beiden Kurven ein und diskutieren Sie nun, was Sie unternehmen könnten, um die aktuelle Kurve dermaßen anzuheben, dass sie sich mit Ihrer eingezeichneten Kurve überdeckt.

Aktion	Beschreibung und Leitfrage für das Team	Beispiel
GRUPPIEREN	Einige Datenpunkte zu einem größeren Ganzen zusammenfassen und die Frage stellen: „Was haben alle diese Punkte gemeinsam? Was lernen wir daraus?"	
HERVORHEBEN	Ein Element oder einen Datenpunkt, über den man gerade spricht (oder sprechen sollte), mittels eines Pfeils hervorheben und fragen: „Was sagt uns dieser Punkt für die anderen? Was macht ihn anders?"	
VERBINDEN/ VERGLEICHEN	Zwei Datenpunkte miteinander in Verbindung bringen und fragen: „Was unterscheidet diese beiden Größen bzw. Punkte? Wie können wir von einem für den anderen lernen?"	
AUFTEILEN	Ein einzelnes Element in verschiedene Ausprägungen oder Varianten aufteilen und z. B. diese Fragen stellen: „Aus welchen Komponenten oder Teilen besteht dieser Punkt? Wie können wir diese nutzen? Wie könnten wir dies verändern?"	
EXTRAPOLIEREN	Einen möglichen Verlauf einer Kurve in die Zukunft (in verschiedenen Szenarien) weiterzeichnen: „Wie könnte sich diese Entwicklung beeinflussen lassen?"	
GRÖẞE VERÄNDERN	Die Größe eines Balkens oder eines Elements verändern und die Gruppe fragen: „Was muss passieren, damit sich diese Größe in diese Richtung verändern kann?"	

Tabelle 2: Beispiele möglicher Skizzenzeichen und deren Aktionen

Wenn Sie nun gemeinsam darüber nachdenken, wie Sie Ihren Umsatz steigern könnten, dann versuchen Sie davon weg zu kommen, nur an reine Funktionalitäten oder Eigenschaften Ihres Produktes zu denken. Diskutieren Sie eher, welchen Nutzen Ihr Produkt für verschiedene Zielgruppen stiftet. Überlegen Sie sich also, welches die Kundengruppen sind, die Sie momentan aufgrund der Nutzenpotenziale Ihrer Produkte noch nicht ansprechen. Weitere ergiebige Leitfragen bzw. Annotationsbereiche sind beispielsweise, dass Sie sich überlegen, wann Sie zeitlich neue Produkte lancieren müssen, damit Umsatzlöcher nicht auftreten, oder wann Sie welche PR-Aktion starten sollten, damit Ihre Produkte bei Ihren Kunden wieder ‚top of the mind‘ sind.

 **BEISPIEL**

In der *Abbildung 27* sehen Sie, wie eine solche Darstellung aussieht, nachdem sie mit Skizzenzeichen ‚bearbeitet‘ wurde. Über den einzelnen Umsatzsäulen haben die Teammitglieder eine optimale Umsatzverlaufskurve gezeichnet. Diese ist insofern besser, als dass sie einerseits nicht mehr ein Muster zeigt, bei dem jeweils zu Beginn des Quartals Umsätze hoch sind und gegen Ende dann sinken. Zudem wurde das ‚Sommerferienloch‘ ausgemerzt. Dort, wo Sie Handlungsbedarf orteten und die Differenz zwischen aktuellem und optimalen Verlauf mittels eines Pfeils markier-

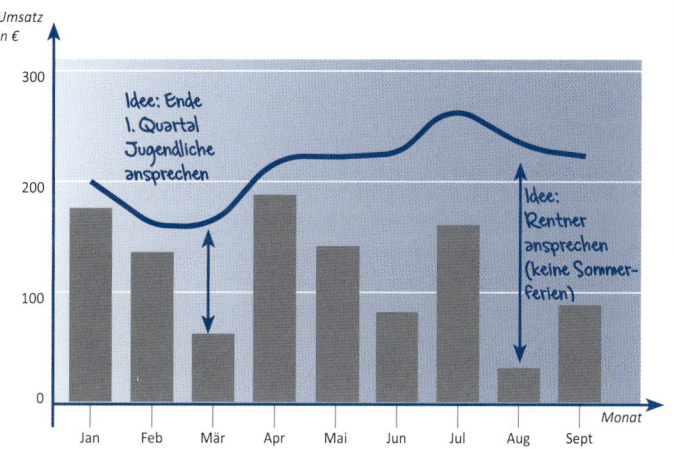

Abbildung 27: Beispiel einer annotieren Umsatzverlaufskurve

ten, wie z. B. in den Monaten März und August, machte sich Ihr Team auf die Suche nach Ideen, wie man in jenen Monaten den Umsatz erhöhen könnte. So kamen Sie auf Ideen wie gezieltes Ansprechen von Jugendlichen im 1. Quartal oder intensiveres Bearbeiten der Zielgruppe ‚Rentner‘ während der Sommerferien.

EINSATZRISIKEN UND ERFOLGSFAKTOREN

Ein Risiko dieser Methode ist sicherlich, dass sich die Teilnehmenden zu stark von der analytischen Art der Darstellungen leiten lassen und dadurch nicht in einen ‚Kreativmodus' kommen. Das ist an sich nicht verwunderlich, sind Daten von sich aus ja nicht etwas ausgeprägt kreatives. Es kann gut sein, dass diese Methode bei der ersten Durchführung noch nicht die gewünschten Ergebnisse liefert. Legen Sie dann aber die Methode nicht zur Seite, sondern wenden Sie sie erneut an. Sie werden sehen, bereits beim zweiten Durchgang sind die Ergebnisse weitaus vielversprechender.

Ein wichtiger Erfolgsfaktor bei der Nutzung der Methode ist die Größe der ausgedruckten Daten. Zu kleine Blätter erlauben es Ihrer Gruppe nicht, sich wirklich mit einem Stift auf der Darstellung zu verwirklichen (das gilt es auch bei der digitalen Einsatzvariante oder bei der Verwendung von Indexkarten zu berücksichtigen). Ebenso wichtig sind aber auch die Regeln, die es zu beachten gilt. Wie beim Brainstorming gilt auch bei dieser Methode, dass keine Spekulation falsch sein kann oder eine Frage nicht relevant. Kurz: Alles was gedacht werden kann, soll Platz haben.

EINSATZVARIANTEN

Mobile Endgeräte wie Tablets unterstützen heute oftmals die sogenannte Annotationsfunktion. Mit Hilfe dieser haben Sie die Möglichkeit, direkt elektronisch in ein Dokument zu schreiben (z. B. mit Hilfe eines iPad). Dies können Sie für sich alleine oder – indem Sie am Gerät einen Projektor anschließen – im Sitzungsraum für alle sichtbar machen. Zusätzlich bieten computerbasierte Skizzierprogramme den Vorteil, dass Sie den Sitzungsverlauf aufzeichnen und diesen anschließend wieder abspielen können. So haben Sie die Möglichkeit, die Aufnahme an einem Wendepunkt zu stoppen und ganz anders weiterzufahren.

Eine weitere Einsatzvariante von *Skizzenzeichen* besteht darin, die Marktforschungsgrafiken auf kleine Indexkarten zu verteilen und mit gewissen Leitfragen zu versehen (wie im vierten Schritt oben). Im Kreativworkshop teilen Sie diese Karten verschiedenen Teilnehmern zu und bitten sie, die entsprechende Frage zu der Statistik zu diskutieren und dann im Plenum vorzustellen. Auch dabei werden die Statistiken grafisch ergänzt, dies jedoch nicht mehr großflächig, sondern nur auf der eigenen Indexkarte (dabei kann es sich durchaus um ein normales DIN-A4-Blatt handeln).

▶▶ FAZIT

Wenn Sie Ideen im Team entwickeln wollen, die auch die vorliegende Faktenlage aus der Marktforschung berücksichtigen, dann sollten Sie *Skizzenzeichen* eine Chance geben. Diese einfache Methode involviert alle Teilnehmer, macht es leicht aufeinander aufzubauen und führt dazu, dass Ideen auf Basis neuester Erkenntnisse entwickelt werden. Die Methode macht Spaß und bringt nicht nur neue Ideen zu Tage, sondern fördert auch ein gemeinsames Verständnis der aktuellen Lage.

WEITERFÜHRENDE LITERATUR

Eppler, M.J., Pfister, R. (2012): Sketching at Work. 35 starke Visualisierungs-Tools für Manager Berater, Verkäufer, Trainer und Moderatoren, Stuttgart: Schäffer-Poeschel.

ERFOLGSPFADE
NEUE WEGE ZUM GEMEINSAMEN ZIEL

CREABILITY-PRINZIPIEN:	Verflüssigen
KREATIVPHASE:	Entwickeln
REDUZIERTE BARRIERE:	Status-quo-Falle, Selbstzensur
ZEIT:	20–120 Minuten
TEILNEHMERZAHL:	1–12 Personen
INFRASTRUKTUR:	Ein großes Blatt Papier oder eine gemeinsame Pinnwand oder ein Projektor mit Laptop

HINTERGRUND UND VERWENDUNGSKONTEXT

Wäre es nicht fantastisch, wenn die wichtigsten Erkenntnisse über Kreativität in einer einzigen Methode kombiniert zum Einsatz gelangen könnten? Genau das war die Motivation für die Entwicklung der Methode *Erfolgspfade*. Mit ihr versuchen wir, die wichtigsten Erkenntnisse aus mehr als 50 Jahren Kreativitätsforschung in einigen wenigen Schritten zur Anwendung zu bringen. Der Hintergrund für die Methode sind unter anderem die in *Tabelle 3* zusammengefassten zehn wichtigen Erkenntnisse aus vielzitierten Studien zum Thema Kreativität. Sie finden in der ersten Spalte der Tabelle eine Erkenntnis der jeweiligen Studie sowie in der letzten Spalte, wie Sie diesen Erfolgsfaktor (mit oder ohne Erfolgspfadmethode) nutzen können.

Die Methode der Erfolgspfade (oder P2S für Paths to Success) nutzt diese Prinzipien in einem einfachen, grafischen Prozess. Das Ideenentwicklungsverfahren entstand an der Universität St. Gallen am Lehrstuhl für Kommunikationsmanagement im Zeitraum zwischen 2009 und 2012.

Diese Methode ist vor allem für folgende Anwendungskontexte geeignet:

- Strategieentwicklung
- Geschäftsmodellinnovation
- Problemlösung in Projekt-, Management-, (Produkt-/Dienstleistungs-)Entwicklungs- oder Krisenteams
- Qualitätsdiskussionen
- Konfliktlösungsverfahren
- Produktivitätssteigerungsinitiativen

Der Grundgedanke hinter der Methode ist dabei, dass wir unsere Kreativität steigern können, wenn wir immer wieder neue Impulse (oder Blickwinkel) zu einer Problemstellung oder einer Zielsetzung bekommen und darauf mit neuen eigenen Ideen reagieren können (P2S steht alternativ für Productivity through Systematic Stimuli).

In der Gruppenanwendung beruht die Methode zudem auf dem sogenannten Nominalgruppenansatz; das bedeutet, dass Ideen immer zuerst für sich individuell entwickelt werden, bevor sie dann in der Gruppe besprochen und kombiniert werden. Viele wissenschaftliche Studien (für eine Übersicht vgl. Schulz-Hardt & Brodbeck, 2007) weisen nämlich nach, dass dieses Vorgehen zu besseren Ideen führt als beispielsweise ein Gruppenbrainstorming, bei dem man sich oft bei der Ideenentwicklung gegenseitig stört oder zu stark einschränkt bzw. vorschnell beeinflusst. Ein weiterer Nachteil von klassischem Brainstorming besteht darin, dass die entwickelten Ideen oft nicht umsetzbar sind, da die Vorgaben zu offen formuliert werden und Restriktionen bzw. Sachzwänge unberücksichtigt bleiben. Zudem fehlt bei Brainstorming ein wichtiges Moment für das Brechen altbekannter Muster: Impulse, um ein Problem oder ein Thema völlig neu zu denken und so aus altbekannten Mustern auszubrechen. Genau das bietet die Methode der Erfolgspfade mit ihren zehn Hauptschritten, die wir nun einzeln vorstellen.

 VORGEHEN

Die Methode der *Erfolgspfade* besteht aus folgenden Hauptschritten, die auf einer entsprechenden Vorlage visuell vorgenommen bzw. entwickelt werden.

1. **IST:** Schreiben Sie Ihre momentane (suboptimale) Ist-Situation, d. h. Ihre Ausgangslage, in ein Kästchen unterhalb der Mitte eines leeren DIN-A3-Blattes im Querformat. Wird die Methode in der Gruppe angewandt, sollten Sie sich auf eine kurze Beschreibung des Status-quo einigen (in einem kompakten Paragraphen). Jeder Teilnehmer notiert diese Ausgangslage auf seinem DIN-A3-Blatt. Der Moderator notiert dies analog für alle gut sichtbar an einer Wand via Projektor oder Stift.

2. **SOLL:** Tragen Sie nun die Soll-Situation – das Ziel – als Kästchen am oberen Rand des Blattes ein (lassen Sie jedoch etwa drei bis fünf Zentimeter Platz zwischen dem Kästchen

Erkenntnis	Studie	Umsetzung
Gute Problemformulierung hilft bei der kreativen Problemlösung und Ideengenerierung.	Mumford et al. 1996	Formulieren Sie Ihr Problem oder Ihre Zielsetzung bewusst und schriftlich, v.a. wenn Sie im Team arbeiten. Falls nötig erweitern Sie die Problemstellung oder revidieren Sie die Problemstellung, bis sie passt.
Autonomie fördert kreatives Problemlösen.	Amabile 1997	Geben Sie Ihren Kollegen möglichst viel Freiheit bei der Ideenfindung oder Problemlösung. Lassen Sie bei der Delegation von Aufgaben bewusst Freiräume für kreative Ansätze.
Ideen zuerst individuell (still für sich) und dann gemeinsam (im Gespräch) in der Gruppe zu entwickeln, führt zu besseren Ideen.	Paulus & Nijstad 2003	Lassen Sie Ideen immer zuerst individuell entwickeln, bevor sie in der Gruppe geäußert werden, so vermeiden Sie ‚Production Blocking' (die Störung des eigenen Denkens durch das Reden anderer) und eine gegenseitige vorschnelle Einengung des Denkraums.
Themenfremde Bilder stimulieren die Kreativität und führen zu kreativeren Ideen als Reizworte oder gar keine Anregungen.	Malaga 2000	Nutzen Sie Bilder (Fotografien, Gemälde, usw.) aus ganz anderen Bereichen, um Ihre Kreativität anzuregen, indem Sie Ihr assoziatives Denken aktivieren.
Ein Hauptgrund für mangelnde Kreativität ist die funktionale Fixiertheit (d. h. etwas nur mit einer Funktion versehen) der Ideenentwickler.	Duncker 1945 German & Barrett 2005	Machen Sie Aufwärmübungen, um sich von fixen Vorstellungen zu lösen. Zum Beispiel: Schreiben Sie zehn Maßnahmen auf, mit denen Sie Menschen dazu bringen, Abfall sachgerecht zu entsorgen. Oder alternativ: Erfinden Sie zehn neue Verwendungsweisen für eine Büroklammer.

Tabelle 3: Zehn Erkenntnisse aus vielzitierten Kreativitätsstudien und wie man sie nutzt

Erkenntnis	Studie	Umsetzung
Wir blockieren uns oft in der eigenen Kreativität, indem wir auf ‚die‘ geniale Eingebung warten. Es ist jedoch besser, einfach mal ‚kleine‘ Lösungen anzudenken und so der Kreativität freien Lauf zu lassen.	Cross et al. 1996	Überwinden Sie Ihre Denkträgheit, indem Sie sich fragen, was Sie in den nächsten 48 Stunden tun können, um Ihrem Ziel einen kleinen Schritt näher zu kommen. Daraus entstehen oft erstaunliche Ideen.
Originelle Problemlösungen beinhalten oft Umwege, indirekte Ansätze oder ein ‚um die Ecke‘ Denken.	Van Gundy 1981	Überlegen Sie sich, wie Sie Ihr Ziel indirekt erreichen können bzw. wie Sie durch Zwischenschritte oder Umwege ein Problem elegant lösen könnten.
Statt nur auf das Problem zu fokussieren, ist es oft besser, sich in die Lösungssituation einzufühlen und so Ideen von der Lösungssituation her abzuleiten.	Scharmer 2007	Versuchen Sie sich in den Gefühlszustand zu versetzen, in dem das Problem bereits gelöst ist. Wie fühlt sich das an? Beschreiben Sie die Elemente der neuen, zukünftigen Situation und ‚erspüren‘ Sie so neue Lösungsvarianten.
Ideenquantität führt zu Ideenqualität. Um gute Ideen zu haben, muss man viele haben.	Roy 1993	Schalten Sie Ihren inneren Kritiker aus und entwickeln Sie Ideen frisch von der Leber weg: Schreiben Sie dabei alles auf, was Ihnen in den Sinn kommt.
Skizzen (Handzeichnungen) unterstützen die Ideenentwicklung, indem Sie zur Revision und Erweiterung einladen und spontane Entdeckungen fördern.	Verstijnen et al. 1998	Zeichnen Sie drauf los – auch in Teams. Nutzen Sie dabei mehrdeutige Symbole oder Elemente und interpretieren Sie diese neu. Achten Sie bei der Präsentation von Ideen und Zwischenergebnissen darauf, dass diese nicht zu ‚fertig‘ oder schön aussehen. Denn: Ist die Zeichnung als Entwurf erkennbar, so lädt sie andere stärker zum Mitdenken und zur Weiterentwicklung ein.

und dem oberen Rand). Alternativ kann auch ein Wunschszenario formuliert werden (z. B. in Form eines Satzes "Wir sind in der Lage..."). Bei diesem Schritt ist es (für die Kreativität) wichtig, dass Soll bzw. Ziel möglichst generisch und nicht zu genau zu formulieren. Ein guter Soll-Satz wäre zum Beispiel die Formulierung „Ich arbeite extrem produktiv". Eine Zielformulierung wie die folgende ist jedoch bereits zu spezifisch: „Ich habe am Abend alle E-Mails bearbeitet".

3. **Flip-Flop:** Jeder Teilnehmer zeichnet nun einen Pfeil vom Ist- Kästchen nach unten und fragt sich: Wie kann die Ausgangssituation weiter verschlimmert werden? Notieren Sie also spontan Ideen neben dem Pfeil (zuerst alleine, dann im Gruppenaustausch), wie Sie den Status quo weiter verschlechtern können. Unterstreichen Sie zum Schluss dieses Schrittes alle Verschlechterungsmaßnahmen, die Sie oder ihre Organisation zur Zeit sogar praktizieren (und entsprechend verändern oder aufhören sollten). Nachdem die wichtigsten Ideen im Plenum vorgestellt wurden, streichen Sie auf Ihrem Blatt die für Sie beste Idee aus diesem Schritt mit dem Marker an.

4. **Analogien:** Zeichnen Sie nun einen Pfeil von rechts außen zum Ziel. Schreiben Sie ‚Analogien' darüber und notieren Sie Lösungsideen darunter, die Sie aus anderen Gebieten für die Zielerreichung übernehmen können (wie z. B. der Natur, dem Sport, dem Film oder der Wissenschaft). In welchen anderen Gebieten wurde dieses Ziel schon erreicht und wie? Wie würde z. B. Google Ihr Problem lösen? Was können Sie von Roger Federer lernen für Ihr Ziel? Was kann man sich aus der Pflanzenwelt abschauen und es auf Ihr Problem übertragen? Überlegen Sie sich mindestens drei derartige Analogien bzw. entlehnte Lösungsideen und teilen Sie diese anschließend im Plenum. Streichen Sie auch hier wieder die beste Idee gelb an.

5. **Zielerlebnis:** Zeichnen Sie nun einen Loopingpfeil oberhalb des Ziels (der also vom Ziel weg und wieder zu ihm zurück geht). Um diesen Pfeil mit Stichwörtern zu füllen, überlegen Sie sich folgendes: Wie fühlt es sich an, wenn das Ziel bereits erreicht ist? Woran erkennt man dann, dass es erreicht wurde? Wie würden Sie Ihre Situation dann beschreiben? Tragen Sie diese Stichworte oder Kriterien um den Pfeil herum ein und besprechen Sie diese anschließend kurz im Plenum.

6. **Barrieren:** Zeichnen Sie drei kleine Kreise zwischen Status quo und Ziel. Auf der Rückseite des DIN-A3-Blattes schreiben Sie nun Kandidaten für die drei Hauptbarrieren für die Zielerreichung auf. Danach diskutieren Sie im Plenum, welche drei Barrieren oder Blockaden gemäß Konsens in der Gruppe die wichtigsten sind. Platzieren sie diese als Hauptbarrieren in den drei Kreisen auf der Vorderseite.

7. **Barrierenreduktion:** Zeichnen Sie nun drei Pfeile vom Status quo zu den drei Barrieren und dann weiter zum Ziel. Welche Schritte können diese Barrieren reduzieren? Schreiben Sie entsprechende Ideen (wiederum zunächst für sich und dann im Plenum) neben die Pfeile. Jeder Teilnehmer markiert seine beste Idee gelb.

8. **Barrieren umgehen:** Zeichnen Sie nun einen Pfeil, der um die Barrieren herumgeht und fragen sich, wie die drei

Hindernisse gänzlich umgangen werden oder irrelevant gemacht werden können? Gelingt dies nicht, versuchen Sie mindestens eine der Barrieren zu umgehen: Was müsste gegeben sein, damit diese Barriere für Sie nicht mehr relevant ist? Notieren Sie entsprechende Ideen neben dem Pfeil und tauschen Sie diese sodann in der Gruppe aus. Der Moderator notiert auch hier wieder die Hauptideen gut sichtbar auf der gemeinsamen PS2-Abbildung. Jeder Teilnehmer streicht seine beste Idee gelb an.

9. Kurzfristige Neukombination: Zeichnen Sie nun einen Pfeil vom Status-quo nach rechts zu einem neuen Kästchen. Darin tragen Sie eine Idee ein, welche drei ihrer bisherigen besten Ideen (die gelb markierten aus den vorgängigen Schritten) kombiniert, und zwar so, dass sie innerhalb der nächsten drei Wochen umsetzbar ist. Jeder Teilnehmer wird dann gebeten, seine Kombinationsidee mit einem attraktiven kurzen Titel als 'Elevator Pitch' den anderen vorzustellen. Ein Elevator Pitch ist dabei ein einminütiger Vortrag, in welchem die Idee und ihre Vorzüge prägnant präsentiert werden.

Diskutieren Sie nun zum Schluss, welche der Ideen unbedingt weiterverfolgt werden sollten und wie. Erstellen Sie dazu eine kurze Liste von Ideen, die auf jeden Fall weiter ausgearbeitet werden sollten und definieren Sie entsprechend Verantwortlichkeiten und Fristen. Der Moderator führt diesen Priorisierungsprozess, indem er die gemeinsame Ideenwand mit den Teilnehmern noch einmal summarisch durchgeht und sie bittet, zu den erfolgten 'Elevator Pitches' der anderen (konstruktiv) Stellung zu nehmen. Eine mögliche Hilfe ist dabei eine Vierfeldermatrix auf einer Wand oder einem Flipchart, in welcher alle Ideen nach deren Umsetzbarkeit (leicht vs. schwer) und Nutzen (tief vs. hoch) platziert werden. Ideen, welche in der Beurteilung der Teilnehmer eine einfache Umsetzbarkeit und einen hohen Nutzen haben, werden dabei hoch priorisiert.

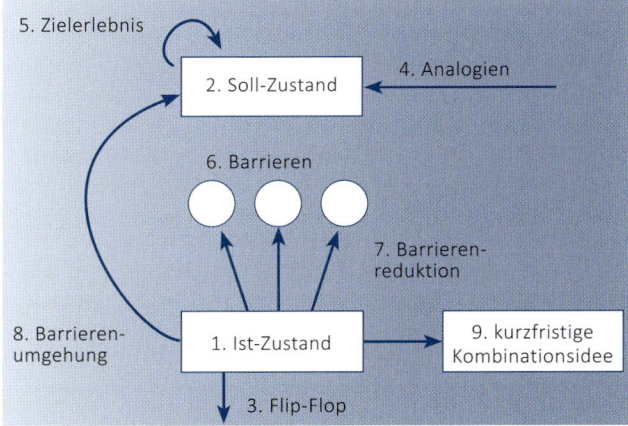

Abbildung 28: Die Erfolgspfad Methode und ihre Hauptschritte

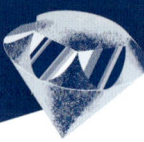

Bei jedem Schritt dürfen die Ideen der anderen als Anregungen aufgenommen werden. Jeder Teilnehmer darf also auch Ideen von anderen auf ‚seine' Erfolgspfad-Vorlage übernehmen (und z. B. als jeweils beste gelb anstreichen). Dafür ist es essenziell, dass der Moderator alle Ideen für jeden gut sichtbar festhält. Eine Möglichkeit dies zu tun, ist die Verwendung einer visuellen Moderationssoftware, wie etwa www.lets-focus.com. Alternativ kann man natürlich auch mit Kärtchen auf einer Pinnwand arbeiten.

In der Vorlagengrafik der Methode sehen Sie, dass wir den Hintergrund blau eingefärbt haben. In vielen Kreativworkshops arbeiten wir in der Tat mit blauen Hintergründen, da diese nachweislich der Kreativität zuträglich sind. Es scheint, als ob die Farbe Blau (und besonders die Meeresmetapher) dazu führt, dass Menschen sich freier fühlen, auch visionäre Ideen zu entwickeln. Die blaue Farbe ist aber überhaupt kein Muss für den Einsatz der Methode.

 BEISPIEL

In der *Abbildung 29* finden Sie ein Beispiel einer komplettierten Anwendung der Erfolgspfadmethode. Das Bild zeigt die Ideen eines 45-minütigen Workshops in einem Team zur Fragestellung, wie man die persönliche Arbeitsproduktivität massiv steigern kann.

Neben den neun Hauptpfaden zum Erfolg umfasst dieses Beispiel ein paar zusätzliche ‚Bonusschritte', welche die Kreativität in der Gruppe zusätzlich fördern können.

10. Ohne Restriktionen: Als weiterer Schritt wurde den Teilnehmern die Frage gestellt, was Sie denn tun würden, falls es keine Beschränkungen in Bezug auf finanzielle oder zeitliche Ressourcen gäbe. Diese sogenannte Krösusfrage kann zu sehr kreativen und umsetzbaren Ideen führen.

11. Alternativziel: Zudem wurde in diesem Workshop auch die zum Einstieg formulierte Zielsetzung in Frage gestellt und um ein Alternativziel (‚Traumaufgabe finden') ergänzt. Diese Ausweitung des Ziels kann ein besonders effektives ‚Reframing' oder Umdenkmittel sein, um eine Gruppe auf ganz neue Ideen zu bringen.

12. Reizbilder: An dem oberen Ende des Pfeils ganz links in der Beispielanwendung finden Sie die Ideen, welche durch das Zeigen von ausdrucksvollen Bildern entstanden sind.

13. Dreisprung: Ein letzter zusätzlicher Schritt, der in dieser Großgruppenanwendung zum Einsatz gelangte, ist der Dreisprung. Dabei mussten sich die Teilnehmer überlegen, was ein erster kleiner Schritt zu mehr Produktivität sein könnte. Danach mussten sie einen zweiten Schritt aufschreiben, der direkt daran anschließt, sie aber bereits wesentlich weiter bringt in punkto Produktivität. Dann mussten sie den Dreisprung komplettieren, indem sie sich einen längerfristigen (und radikaleren) dritten Schritt zu mehr Produktivität überlegten. In unserem Beispiel ist dies die Anwendung der Arbeitsmethode GTD (Gettings Things Done) von David Allen, welche neben der 3 als dritter Schritt notiert wurde.

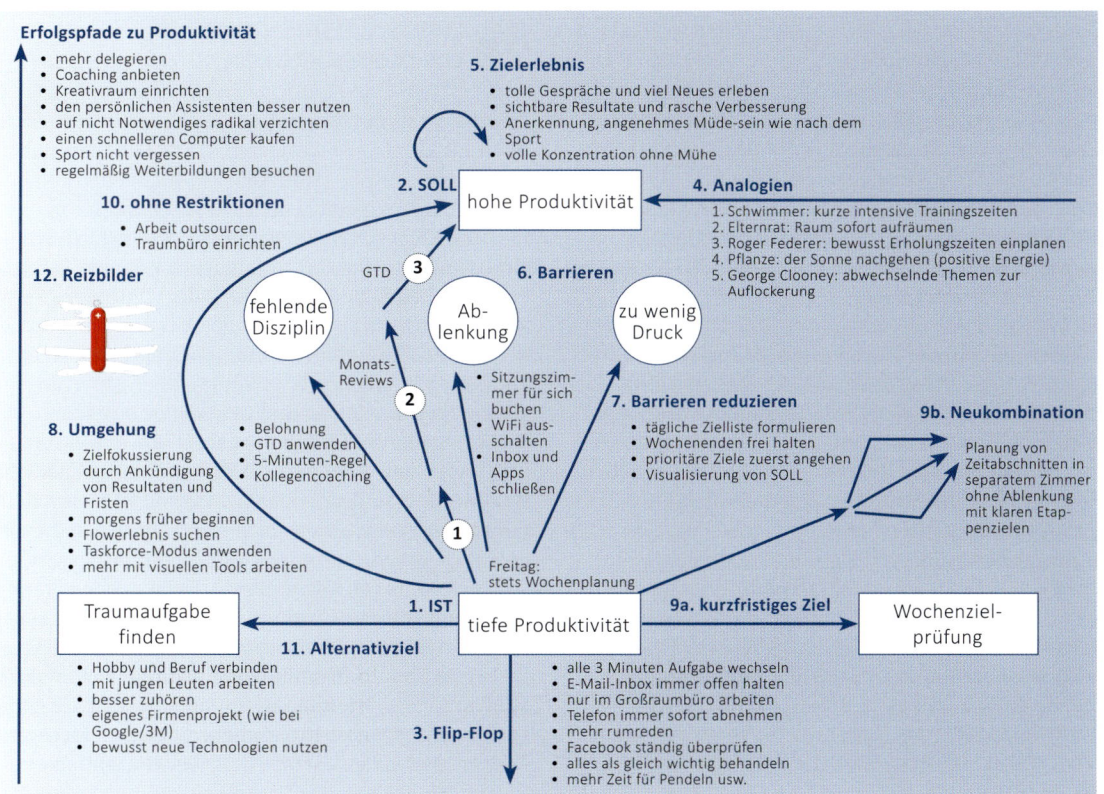

Abbildung 29: Beispielanwendung der Erfolgspfade-Methode

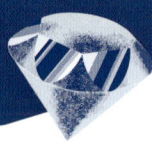

Sie finden diese und weitere Bonusschritte der Methode in der Sektion zu den Einsatzvarianten.

In diesem Beispiel wurde übrigens auch das Kombinationsziel und das kurzfristige Ziel separat ausgearbeitet (als Schritte 9a und 9b). Die Methode der Erfolgspfade bietet also verschiedene Ausgestaltungsmöglichkeiten und lädt die Teilnehmer bewusst dazu ein, die Methode anzupassen und selber weiterzuentwickeln. So wird die Methode zur eigenen Methode, die man vielseitig einsetzen und an den jeweiligen Kontext anpassen kann.

Als Hauptresultat dieses Workshops hatte zum Schluss jeder Teilnehmer eine eigene Zusammenstellung von mehr als 40 neuen und bekannten Ideen, um die eigene Arbeitsproduktivität gezielt zu steigern. Die Teilnehmer waren alle motiviert, ihre Kombinationsmethode bald auszuprobieren. Zudem waren alle Gruppenmitglieder motiviert dazu, sich in Zukunft gegenseitig zu unterstützen, um die eigene Arbeit erfüllter und produktiver zu gestalten.

Unter dem folgenden Videolink können Sie sich übrigens einen dynamischen Eindruck der Methode verschaffen: www.youtube.com/FachverlagZOE. Anhand eines Beispiels aus dem Bereich Change Management zeigen wir dort die wichtigsten Schritte der Methode in einer fünfminütigen Animation.

EINSATZRISIKEN UND ERFOLGSFAKTOREN

In unserer Erfahrung ist der wichtigste Erfolgsfaktor der Methode die Dynamik: Jeder Schritt der Methode sollte bei der Umsetzung in einer Gruppe nicht viel länger als fünf Minuten dauern und zwar inklusive Diskussion der Teilnehmerideen. Eine Ausnahme bildet dabei die IST-SOLL-Diskussion, welche mehr Zeit in Anspruch nehmen kann, wie auch die abschließende Besprechung der Umsetzungsprioritäten. Diese Schrittkürze und Intensität ist wichtig, um die Motivation und Energie der Teilnehmer aufrecht zu erhalten. So kann auch noch nach 40 Minuten Ideengenerierung Überraschendes, Innovatives und Originelles entstehen.

Ein Risiko der Methode besteht aus deren Anpassung an den jeweiligen Anwendungskontext. Denn: Die Schritte der P2S-Methode müssen nicht zwingend in dieser Reihenfolge durchschritten werden, auch wenn sie sich in dieser Abfolge bewährt haben (so ist z. B. der Flip-Flop-Schritt zu Beginn eine sehr gute Aufwärmübung). Es ist auch nicht notwendig, bei jeder Durchführung eines Kreativitätsworkshops alle fünfzehn Schritte zu verwenden.

In unserer Praxiserfahrung in ungefähr zwanzig Workshops mit der Methode hat es sich gezeigt, dass die ersten sieben Schritte den wesentlichen Teil der Methode ausmachen und nicht weiter verkürzt werden sollten.

Ein Moderator muss zur optimalen Nutzung der Methode also genau beobachten, wie die Teilnehmer reagieren und was sie mehr oder weniger anspricht und inspiriert. Je nachdem kann er einen Schritt verkürzen, überspringen oder auch spontan einen neuen Schritt ergänzen. Weitere mögliche Schritte finden Sie unten in den Einsatzvarianten.

Ein weiterer wichtiger Erfolgsfaktor zur Anwendung der Methode (neben der richtigen Dosierung der Schritte) ist das Erwartungsmanagement zu Beginn. Die Methode garantiert nicht für jede Situation einen Durchbruch und ihr Gelingen hängt im Wesentlichen vom Einsatz und der Energie der Teilnehmer ab. Das sollte zu Beginn eines Kreativitätsworkshop klar gestellt werden, sodass sich alle Teilnehmer ihrer Verantwortung für das Endergebnis bewusst sind.

EINSATZVARIANTEN

Folgende zusätzliche Schritte können einfach in den Prozess der Erfolgspfade integriert werden:

Kurzfristiges Ziel (9a): Platzieren Sie nun ein neues Kästchen rechts auf Höhe des Status-quo-Feldes und zeichnen Sie einen Pfeil vom Status-quo zu diesem Kästchen: Diskutieren Sie folgende Fragen im Plenum: Was wäre ein indirektes oder kurzfristiges Ziel, das uns helfen könnte, das Ziel zu erreichen? Was müssten wir tun, um dieses kurzfristige Ziel zu erreichen? Sollten sich aus diesem Schritt direkt kurzfristige Maßnahmen ergeben, notieren

Sie diese separat in einer To-Do-Liste als Teil des Sitzungsprotokolls.

Ohne Restriktionen (10.): Zeichnen Sie einen Pfeil um die Barrieren herum zum Ziel und stellen Sie sich folgende Frage: Wie würde man das Problem lösen, wenn Zeit (oder Geld) keine Rolle spielten? Notieren Sie entsprechende Luxuslösungen neben dem Pfeil und tauschen Sie diese dann im Plenum aus. Auch hier markieren Sie die beste Idee gelb.

Alternatives Ziel (11.): Platzieren Sie nun ein Kästchen links vom Status quo mit einem alternativen sinnvollen Ziel und platzieren Sie auf einem Pfeil dahin Wege. es zu erreichen. Diskutieren Sie sodann auch in der Gruppe alternative Ziele zu Ihrem ursprünglich formulierten Ziel aus Schritt 2. Ist das ursprünglich formulierte SOLL-Ziel das optimale oder müsste man nach jetzigem Kenntnisstand nicht ein alternatives Ziel anpeilen?

Reizbilder (12.): Ein weiterer, in unserer Erfahrung äußerst ergiebiger Schritt besteht darin, den Teilnehmern Bilder als Kreativimpulse zu zeigen und sie zu bitten, spontan Ideen dazu (auf einem Pfeil auf der linken Seite Ihrer Vorlage) zu notieren. Bei diesem unkonventionellen (projektiven) Schritt empfiehlt es sich, allen Teilnehmern ein Bild oder eine Fotografie zu zeigen, die nicht in direktem Zusammenhang mit der Themenstellung steht und so eine schöpferische Spannung aufbaut. Die Teilnehmer werden dann gebeten, dieses Reizbild in einen Zusammenhang mit dem zu lösenden Problem zu stellen und daraus neue Ideen abzuleiten. Man fragt die Teilnehmer dabei folgen-

des: „Welche Lösungsbotschaft steckt in diesem Bild für unsere Problemstellung? Schreiben Sie mehrere Varianten davon auf." Eigentlich können Sie beliebige Bilder für diesen Schritt auswählen. Wir haben jedoch gemerkt, dass diejenigen Bilder besonders gut als ‚Ideenprovokateure' funktionieren, die ungewöhnlich, humorvoll, überraschend und ambivalent (also weder klar positiv noch negativ) sind. Unten haben wir Ihnen drei Beispiele derartiger Provokativbilder oder Kreativstimuli zusammengestellt (sie stammen aus unserem Teamkartenset www.collabcards.com). In der Regel arbeiten wir mit drei bis vier derartigen Bildern, die wir nacheinander im Plenum zeigen. Für jedes Bild geben wir den Teilnehmern rund zwei Minuten Zeit, entsprechen-

de Ideen zu notieren. Nachdem wir alle Bilder gezeigt haben, sammeln wir die entwickelten Ideen pro Bild ein und besprechen diese gemeinsam. Dieser Bonusschritt ist übrigens auch als Remotivations- oder Auflockerungsübung sehr geeignet, z. B. wenn ein Workshop oder eine Sitzung bereits seit mehr als 45 Minuten läuft.

Dreisprung (13.): Zeichnen Sie nun drei vertikale, aneinander anschließende dicke Pfeile vom Status quo zum Ziel. Für den ersten Pfeil stellen Sie sich folgende Frage: „Was ist der erste Schritt, um sich dem Ziel innerhalb einer Woche anzunähern?" Oder noch radikaler: „Was könnten Sie innerhalb der nächsten 48 Stunden tun, um sich Ihrem Ziel zu nähern?" Tauschen Sie diese Ideen im Plenum aus. Notieren

Abbildung 30: Reizbilder für spontane Assoziationen und frische Lösungsideen (Fotos: iStock Photo)

Sie dann, welche zwei weitere Schritte daran anschließen müssten, um das Ziel zu erreichen? Leiten Sie aus diesen Schritten wenn möglich weitere Sofortmaßnahmen für die Gruppe ab, die Sie in einer separaten ‚To-Do-Liste‘ festhalten.

Sie können die Erfolgspfadmethode übrigens auch beliebig mit weiteren Pfeilen erweitern. Ergänzen Sie dazu die Methode mit ein bis zwei weiteren Erfolgspfaden. Tragen Sie dann entsprechende Ideen auf den Pfeilen stichwortartig ein. Auch diesen Schritt sollten Sie wiederum zuerst individuell für sich vornehmen und dann im Plenum präsentieren und diskutieren. Ein Beispiel für eine derartige Methodenerweiterung wäre ein Pfeil vom Ziel weiter nach oben (um die Vision hinter dem Ziel transparent zu machen) oder ein Pfeil vom Ziel zum Status-quo, um quasi im Reverse-Engineering-Modus Ideen vom Idealzustand abzuleiten. Ein Teilnehmer hat als zusätzlichen Pfad zum Beispiel eine Zickzack-Linie vom Ist zum Soll gezeichnet, um so eine möglichst robuste Lösung des Problems zu entwickeln, die auch bei ‚hartem Gegenwind‘ vorwärts kommt. So lädt die Methode zur spielerischen Erweiterung ein.

Bei derartigen fantasievollen Schritten ist jedoch darauf zu achten, wie offen die Gruppe für experimentelle Schritte ist. Es empfiehlt sich generell mit den eher analytischen Schritten zu beginnen und die eher unkonventionellen Pfade erst dann einzusetzen, wenn die Gruppe sich bereits voll auf die Methode eingelassen hat.

 **FAZIT**

Durch ihren lebendigen visuellen Ansatz, den abwechslungsreichen Rhythmuswechsel und durch die Nutzung bewährter Prinzipien der Gruppenkreativität ermöglicht die Erfolgspfadmethode Teams, quasi auf Abruf kreativ zu sein und in kurzer Zeit eine große Anzahl passender Ideen zu entwickeln. Dazu muss die Methode jedoch an den jeweiligen Gruppenkontext angepasst werden.

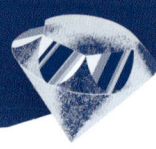

WEITERFÜHRENDE LITERATUR

Amabile, B. (1997): Motivating Creativity in Organizations. California Management Review, Nr. 1(40), S. 39–58.

Cross, N., Christiaans, H., Dorst K. (1996): Analyzing Design Activity, London: Wiley.

Duncker, K. (1945): On Problem Solving. Psychological Monographs, Nr. 58(5), S. i–113.

Eppler, M.J. (2013): Systematisch Routinen brechen: Die Methode der Erfolgspfade für die Ideenentwicklung in Teams. OrganisationsEntwicklung – Zeitschrift für Unternehmensentwicklung und Change Management, Nr. 1/2013, S. 82–87.

Eppler, M.J., Pfister, R. (2012): Sketching at Work. 35 starke Visualisierungs-Tools für Manager Berater, Verkäufer, Trainer und Moderatoren, Stuttgart: Schäffer-Poeschel.

German, T.P., Barrett, H.C. (2005): Functional Fixedness in a Technologically Sparse Culture. Psychological Science, Nr. 16, S. 1–5.

Malaga, R. A. (2000): The Effect of Stimulus Modes and Associative Distance in Individual Creativity Support Systems. Decision Support Systems, Nr. 29(2), S. 125–141.

Mumford, M. D., Baughman, W. A., Supinski, E. P., Maher, M. A. (1996): Process-based Measures of Creative Problem-solving Skills: II. Information Encoding. Creativity Research Journal, Nr. 9, S. 77–88.

Paulus, P.B., Nijstad, B. (2003): Group Creativity, Oxford: Oxford University Press.

Roy, R. (1993): Case Studies of Creativity in Innovative Product Development. Design Studies, Nr. 14(4), S. 423–443.

Scharmer, O. (2007): Theory U: Learning From the Future as it Emerges, Boston: SOL.

Schulz-Hardt, S., Brodbeck, F.C. (2007): Group Performance and Leadership (Kapitel 13), In: M. Hewstone, W. Stroebe, & K. Jonas (Hrsg.) Introduction to Social Psychology: A European Perspective, 4th Edition, Hoboken: Wiley-Blackwell, S. 264–289.

VanGundy, A. (1981): Techniques of Structured Problem Solving, New York: Van Nostrand Reinhold Company Inc.

Verstijnen, I. M., Van Leeuwen, C., Goldschmidt, G., Hamel, R., and Hennessey, J. M., (1998): Sketching and Creative Discovery. Design Studies, Nr. 19(4), S. 519–546.

KREATIVROULETTE
SETZEN SIE AUF IDEEN

CREABILITY-PRINZIPIEN:	Verflüssigen, verändern, verbinden
KREATIVPHASE:	Entwickeln
REDUZIERTE BARRIERE:	Status-quo-Falle, vorschnelles Beenden, Trittbrettfahren
ZEIT:	15–40 Minuten
TEILNEHMERZAHL:	2–20 Personen
INFRASTRUKTUR:	Roulettevorlagen, Stifte, evtl. Flipchart für die gemeinsame Ideendokumentation, ein bis zwei Würfel

HINTERGRUND UND VERWENDUNGSKONTEXT

Waren Sie schon einmal in einem Casino? Haben Sie vielleicht sogar schon einmal selbst ein Spiel am Roulettetisch gewagt? Dann kennen Sie den Nervenkitzel, die freudige Angespanntheit und die zahlreichen Überraschungen und Emotionen, die einem dieses gefährlich-verlockende Glücksspiel bieten kann. Da es sich dabei nur um ein Spiel handelt und die Einsätze (meist) überschaubar sind, ist man ein wenig mutiger und impulsiver als man es im normalen Leben ist. Lässt sich dieses Spielmoment sinnvoll für Kreativität nutzen?

Die Methode des *Kreativroulettes*, die wir Ihnen hier vorstellen möchten, versucht genau dies. Sie basiert auf dem sogenannten ‚Gamification'-Ansatz. Bei diesem mittlerweile recht bekannten Prinzip (auch bekannt als ‚Serious Games' – ernsthafte Spiele) werden Spielelemente systematisch für berufliche Arbeitsmethoden in Organisationen genutzt, um diese ergiebiger und müheloser zu gestalten. Typische Spielelemente sind beispielsweise Punktesysteme, spezielle Interaktionsregeln und Rollen oder auch Wettbewerbssituationen unter den Teilnehmern einer Sitzung. Bei der Methode des *Kreativroulettes* bedienen wir uns hierfür frei beim Casinokontext und veranstalten ein kleines Ideenglücksspiel.

Dieses Spiel kann immer dann sinnvoll sein, wenn Sie eine größere Gruppe in Kleingruppen aufteilen und dabei

Menschen, die ganz unterschiedlich sind, für eine intensive, ambitionierte Zusammenarbeit mobilisieren möchten. Die Methode eignet sich also speziell für Gruppenkonstellationen, in denen verschiedene Berufsgruppen zusammenarbeiten sollen, etwa Ingenieure und Betriebswirte (z. B. Produktentwickler und Marketingspezialisten), oder sehr erfahrene und neue Mitarbeiter gemeinsam von ihren unterschiedlichen Perspektiven profitieren sollen. Bezüglich der Themenstellung ist die Methode jedoch nicht für extrem komplexe, analytische Fragestellungen geeignet. Am besten wendet man die Methode nach einer kleinen kreativen Aufwärmübung an. Da die Methode auf den ersten Blick etwas verspielt und exotisch wirkt, ist sie vor allem für Gruppen geeignet, in denen der Moderator bereits ein gewisses Grundvertrauen besitzt. Es kann dabei auch von Vorteil sein, wenn sich die Gruppenmitglieder schon gut kennen. Wir empfehlen diese Methode allen Teams, die ‚wie im Spiel‘ Ideen entwickeln möchten und dabei auch gerne neue Kooperationsformen ausprobieren.

 VORGEHEN

Um ein *Kreativroulette* durchzuführen, benötigen Sie zwei Würfel (es geht zur Not auch ohne), um den Roulettekreisel bzw. die Kugel zu simulieren. Zudem sollte jeder Mitspieler vier kleine Münzen aus dem Geldbeutel auf dem Tisch bereit

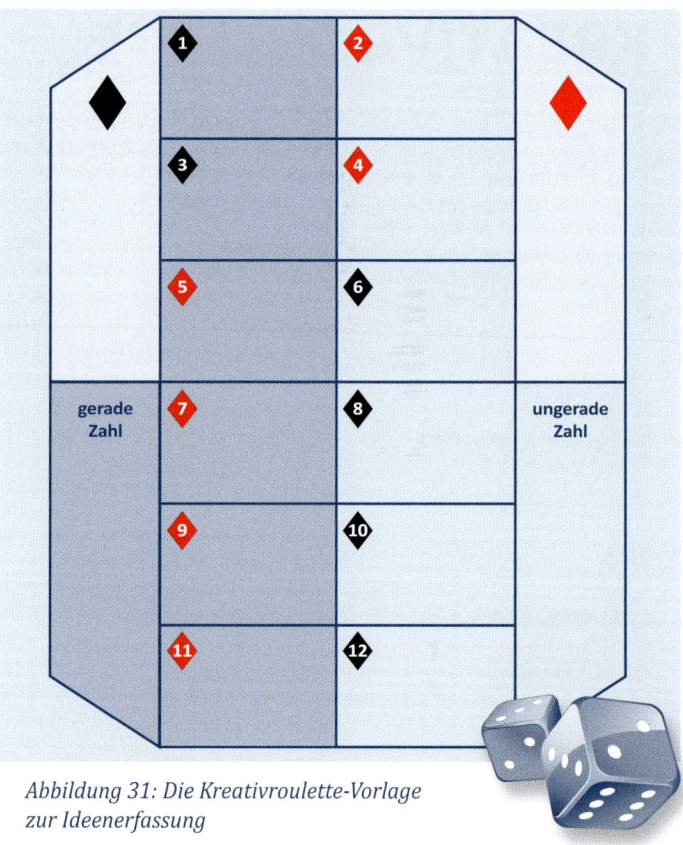

Abbildung 31: Die Kreativroulette-Vorlage zur Ideenerfassung

halten. Diese vier Münzen (pro Person) sind die Spielchips bzw. der Einsatz am Roulettetisch der Ideen.

Stellen Sie zunächst sicher, dass alle die gemeinsame Fragestellung, zu der Ideen entwickelt werden sollen, richtig verstanden haben und als stimmig bzw. relevant erachten. Bitten Sie sodann die Teilnehmer Ihres Kreativworkshops sich für die Übung bzw. Methode in Zweiergruppen aufzuteilen.

Teilen Sie nun die Feldervorlagen an die Teilnehmer aus (jeder Teilnehmer erhält sozusagen seinen eigenen Roulettetisch). Bitten Sie die Teilnehmer, zunächst individuell die Felder ‚Gerade' und ‚Ungerade', sowie ‚Schwarz' und ‚Rot' zu definieren und zwar als mögliche Typen oder Kategorien von Ideen. Falls dies nicht gleich verstanden wird, geben sie ein paar einfache Beispiele: Gerade Zahlen könnten z. B. für kurzfristige Lösungsideen stehen, ungerade entsprechend für längerfristige Lösungen.

Rote Felder könnten für günstige Ideen reserviert sein und schwarze Felder für (in der Umsetzung) aufwendige Ideen. Weisen Sie die Teilnehmer darauf hin, dass diese Beispielkategorien nicht mehr verwendet werden dürfen und sie neue erfinden müssen. Die Teilnehmer müssen dabei jeweils zwei konträre oder komplementäre Ideenkriterien festlegen. Jeder Teilnehmer muss sich also Folgendes fragen: In welche Richtungen möchte ich Lösungsideen entwickeln? Diese schreibt er oder sie nun in die vier entsprechenden leeren Felder der Vorlage.

Nun tauschen die beiden Mitglieder der Zweiergruppe ihre Bögen aus, denn sie müssen Ideen in den Kategorien bzw. Kriterien des Kollegen entwickeln. Bitten Sie sie dazu, ihre eigenen Kategorien kurz der jeweils anderen Person zu erklären.

Der Spielleiter würfelt jetzt die erste Zahl mit entweder einem Würfel oder beiden und generiert so eine Zufallszahl zwischen 1 und 12. Würfelt er zum Beispiel eine 5 und eine 4, so muss jeder Teilnehmer in das Feld 9 eine eigene Idee (still für sich) eintragen, die den beiden Kriterien des Feldes entspricht (also das Kriterium für schwarz und dasjenige für ungerade). Hat sein Kollege z. B. ungerade als ‚verrückte Ideen' und schwarz als solche, die bis morgen umgesetzt werden können' definiert, so muss er eine verrückte, sofort umsetzbare Lösungsidee erfinden und ins Feld 9 eintragen. Dieser Schritt wird nun ca. 5-10-mal wiederholt (je nach verfügbarer Zeit und Motivation der Teilnehmer). Jeder Teilnehmer arbeitet dabei wie gesagt mit dem Roulettebogen seines Kollegen. Wird eine Zahl erneut gewürfelt, so müssen die Teilnehmer versuchen, eine verbesserte Variante ihrer ursprünglichen Idee auf dem Feld zu entwickeln und diese stichwortartig im selben Feld zu notieren.

Wenn die Zweiergruppen ihre Ideen in den Kategorien des anderen Mitspielers entwickelt haben, präsentieren sie sich ihre Ideen gegenseitig. Die Partei, die zuhört, darf dabei ihre vier Münzen auf ihre Lieblingsideen der anderen Person setzen, indem sie eine Münze auf das

entsprechende Ideenfeld legt. Sie sollten jedoch auch mindestens eine der vier Münzen auf eine ihr besonders wichtige Ideenkategorie legen.

Abbildung 32: Die Kreativroulette-Vorlage zur Ideenkombination

Nach diesem Schritt sollten beide Gruppenmitglieder alle vier Münzen auf der Vorlage des anderen platziert haben. Diejenigen Ideen und Kategorien, welche nun die meisten Münzen erhalten haben, werden auf die zweite Vorlage übertragen, inklusive der Münzen, die darauf gesetzt wurden. Notieren Sie dazu die beliebtesten Ideen stichwortartig in den Kreissegmenten am Außenrand. Die Lieblingskategorien notieren sie in den Ovalen in der Mitte des Rings.

Bitten Sie nun das Zweierteam, gemeinsam nach Möglichkeiten zu suchen, um jeweils zwei Ideen auf dem Kreis miteinander zu kombinieren. Lassen Sie sie dazu eine Linie zwischen zwei kombinierbaren Ideen zeichnen und darauf notieren, wie denn eine stimmige Kombi-Idee aussehen würde. Die Münzen aus jeder der beiden kombinierten Ideen kommen nun in einen gemeinsamen Jackpot. ‚Gewonnen' hat das Roulette zum Schluss das Zweierteam mit den meisten Münzen im Jackpot.

Natürlich entsteht dadurch ein gewisser Druck in jedem Zweierteam, möglichst alle Ideen mit mindestens einer anderen Idee oder Kategorie zu kombinieren, um so alle Münzen in den Jackpot nehmen zu können. Falls alle Teams dies geschafft haben (das ist normalerweise der Fall), ist der nächste Schritt der folgende:

Bitten Sie jedes Zweierteam die zwei besten Kombi-Ideen zu identifizieren und im Rahmen eines kurzen ‚Pitches' (Verkaufsargumentes) der Gesamtgruppe vorzustellen. Notieren Sie diese Ideen für alle sichtbar stichwortartig auf einem Flipchart. Sozusagen als Schlussgeste legen Sie dann das Flipchart auf den Tisch und bitten jedes Team, sich auf eine Idee zu einigen, auf die sein gesamtes Jackpotgeld gesetzt werden soll (es darf jedoch nicht eine eigene Idee sein). Das Team mit den meisten Münzen erhält nun alle Münzen und ist dafür aber auch für die sorgfältige Dokumentation ihrer Idee verantwortlich. Mit der Auszahlung aller Jackpots an das Gewinnerteam endet das Spiel.

Hier nochmals die einzelnen Schritte des *Kreativroulettes* im Überblick:

1. Frage: Definieren Sie gemeinsam im Plenum die Fragestellung.
2. 2er-Teams: Teilen Sie die Teilnehmer in Zweiergruppen auf.
3. Kategorien: Teilen Sie die Vorlagen aus und bitten Sie jeden Teilnehmer, vier Ideentypen zu definieren
4. Kategorientausch: Lassen Sie die Zweierteams ihre Bögen austauschen. Bitten Sie die Teams, sich ihre Kategorien zu erklären.
5. Würfeln: Würfeln Sie mit einem oder zwei Würfeln.
6. Ideenformulierung: Lassen Sie die Teilnehmer das gewürfelte Feld mit einer passenden Idee ausfüllen.
7. Iteration: Wiederholen Sie die Schritte 5 und 6 mindestens 5-mal.
8. Ideenverbesserung: Kommt eine bereits gewürfelte Zahl erneut, müssen die Teilnehmer die Idee in diesem Feld leicht verbessern.
9. Ideenbewertung: Lassen Sie die Teilnehmer ihre Münzen auf die Ideen setzen, die ihnen am besten gefallen, sowie auf eine Kategorie.

10. Übertragung: Lassen Sie nun die beliebtesten Ideen der Gruppe auf die zweite Vorlage übertragen inklusive der gesetzten Münzen.
11. Kombinationsmöglichkeiten: Die Teilnehmer diskutieren nun, wie diese Ideen kombiniert werden können und zeichnen dies durch Verbindungslinien ein. Die entsprechenden Münzen werden dabei eingezogen.
12. Pitch: Das Team entscheidet nun, welche zwei Kombinationsideen es präsentieren möchte.
13. Endbewertung: Jedes Team darf seinen Jackpot auf eine der präsentierten Ideen setzen. Das Team mit den meisten Münzen gewinnt das gesamte Geld und muss die Idee dokumentieren.

 BEISPIEL

In einem interorganisationalen Kooperationsprojekt haben wir uns zum Schluss des Projektes (in dem es um neue Arbeitsformen ging) mit der *Kreativroulette*-Methode gefragt, wie wir es erreichen können, dass die Projektresultate weiterleben und die neuen Arbeitsformen auch ‚gelebt' werden. Mit anderen Worten ging es uns darum sicherzustellen, dass die Resultate des Projektes auch wirklich weiter genutzt werden und das Projekt somit nachhaltig Wirkung und Nutzen in den beteiligten Betrieben erzeugt. Im Rahmen des Abschlussworkshops des Projektes haben

wir dazu Zweiergruppen gebildet und während 30 Minuten die *Kreativroulette*-Methode angewandt.

Zuerst haben wir sichergestellt, dass alle die Fragestellung in der vorliegenden Form als stimmig und wichtig betrachten. Dann haben wir bewusst Vertreter aus den zwei beteiligten Firmen zusammen in Zweiergruppen eingeteilt. Der ‚Spielleiter' gab jedem Teilnehmer einen Roulettebogen und bat die Teilnehmer, die Kategorien gerade und ungera-

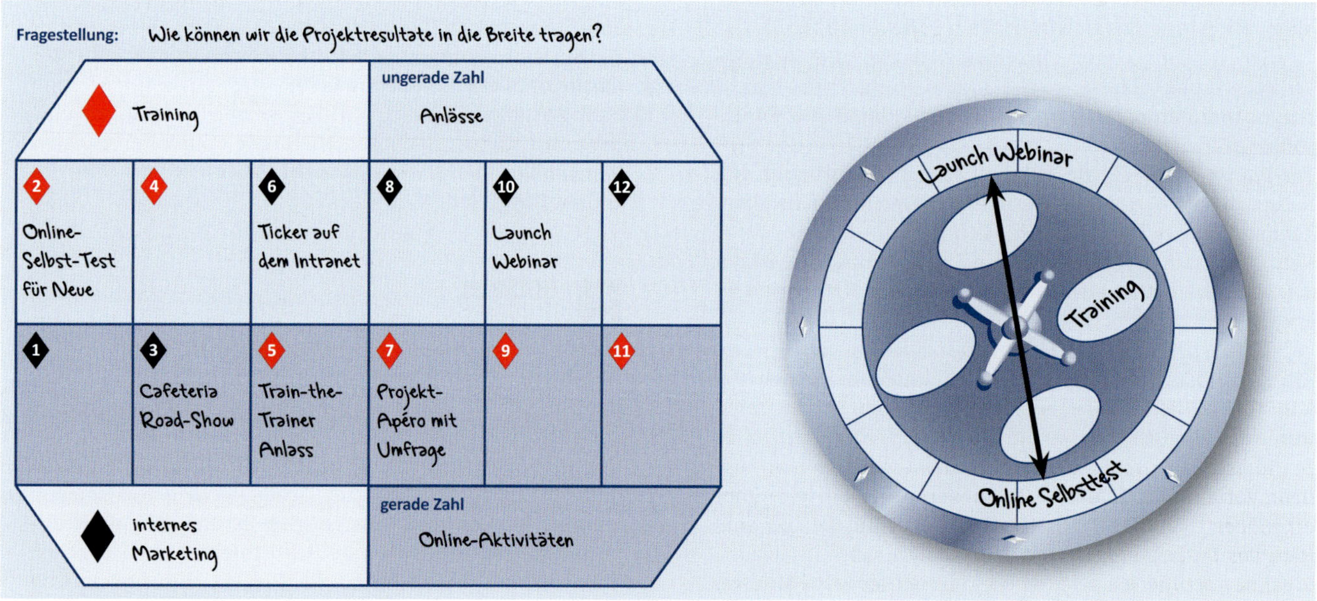

Fragestellung: Wie können wir die Projektresultate in die Breite tragen?

					ungerade Zahl
◆ Training					Anlässe
2 Online-Selbst-Test für Neue	**4**	**6** Ticker auf dem Intranet	**8**	**10** Launch Webinar	**12**
1	**3** Cafeteria Road-Show	**5** Train-the-Trainer Anlass	**7** Projekt-Apéro mit Umfrage	**9**	**11**
◆ internes Marketing					gerade Zahl Online-Aktivitäten

Abbildung 33: Beispielblatt eines Teilnehmers am Kreativroulette

de sowie schwarz und rot als mögliche eigene Ideenkategorien zur Fragestellung zu definieren. Einige Personen schrieben dazu ‚virtuell versus physische Möglichkeiten' auf, andere ‚Anlass vs. Dokumentation', wiederum andere ‚Trainings- oder Marketingaktivitäten'.

Dann tauschten die Teilnehmer die Bögen aus und erklärten sich gegenseitig ihre Ideenkategorien. Dabei war es interessant zu sehen, dass einige Teilnehmer in ganz anderen Kategorien dachten als die anderen. Einige dachten an Maßnahmen für das Team selbst oder für weitere Abteilungen, andere jedoch an sofortige oder zukünftige Aktivitäten. Doch es gab auch Überschneidungen bzw. oft genannte Kategorien, z. B. Online- und Offline-Aktivitäten zur Vermittlung der Projektresultate. Nun begann der Spielleiter zu würfeln und gab den Teilnehmern jeweils zwei Minuten Zeit, das entsprechende Feld auf der Vorlage mit einer eigenen Idee zu füllen. Nach sechsmal Würfeln bat der Spielleiter die Zweierteams, sich die sechs Ideen gegenseitig im Team vorzustellen und die eigenen Münzen auf die besten Ideen des jeweils anderen zu setzen. Nach ca. fünf Minuten waren die Teams bereit auf die zweite Vorlage zu wechseln. Die meisten Teams nahmen dabei etwa vier Ideen auf die neue Vorlage. Nur in einem Team waren es nur zwei ‚Lieblingsideen', da beide Teammitglieder drei Münzen auf eine Idee des anderen setzten. Nun machten sich die Zweierteams an die Ideenkombination. Dies nahm ungefähr zehn Minuten in Anspruch. Eine Teilnehmerin bemerkte dabei, dass sich das Team dazu zwang, sich immer wieder neue

Kombinationen auszudenken, um möglichst alles Geld in den Jackpot abzuräumen. „Das führte zu erstaunlich guten Ideen." Nach weiteren fünf Minuten präsentierten die Teams ihre besten Ideen im Plenum.

Als Endresultat setzten sich diese Kombinationsideen durch: Ein Webinar während der Mittagspause (Lunchwebinar) mit vorgängiger Umfrage und einem kleinen Selbsttest sowie der Möglichkeit für Fragen via Skype zu einem späteren Zeitpunkt (als virtuelles Coaching); außerdem eine Zusammenstellung von kurzen Webvideo-Testimonials zu den neuen Arbeitsweisen auf dem firmeneigenen Intranet.

Die Teilnehmenden schätzten am *Kreativroulette* die abwechslungsreiche Art der Ideenentwicklung sowie der quasi erzwungene Perspektivenwechsel bei der Ideenfindung anhand der Kategorien von jemand anderem. Sie fanden es auch nützlich, dass die Ideenbewertung, Kombination und Priorisierung in der Methode ‚eingebaut' ist.

EINSATZRISIKEN UND ERFOLGSFAKTOREN

Zwei Risiken gilt es beim Einsatz des *Kreativroulettes* zu beachten: Seine Verspieltheit sowie seine vielen Schritte. Beide Risiken können jedoch gut reduziert werden.

Zum Thema der übermäßigen Verspieltheit: Da die Methode in der Tat recht verspielt ist, kann es sein, dass sie bei gewissen Themenstellungen oder Personenkreisen als zu wenig ernsthaft wahrgenommen werden könnte. Sollte dieses Risiko bestehen, so kann die Methode auch gut ohne entsprechenden ,Metapherüberbau' verwendet werden. Die Teilnehmer füllen dann einfach statt eines Roulettetisches ein ,kriteriengeleitetes Kategorienschema' aus. Statt zu würfeln, gibt man die Zahlen nach dem Zufallsprinzip vor, und statt Münzen zu setzen, bittet man die Teilnehmenden durch Striche Punkte zu vergeben. Auch auf Jackpots und andere Wettkampfelemente sollte in besonders konservativen Kontexten vielleicht verzichtet werden. Nach unserer Erfahrung kann man jedoch die Spielvariante auch in konservativen Kontexten bewusst wählen und sich überraschen lassen, wie viel Auflockerung und positive Energie der Spielcharakter der Methode bewirken kann.

Zum Risiko des starken Erklärungsbedarfes: Die Methode ist mit rund 13 Schritten eine der aufwändigsten in unserem Werkzeugkasten. Nur die Methode der *Erfolgspfade* weist ähnlich viele Einzelschritte auf. Um das Risiko der schweren Vermittelbarkeit zu reduzieren, empfehlen wir die Methode zuerst in einer Moderatorengruppe selbst durchzuspielen, um so ein Gefühl für die Methode zu bekommen. In der Anwendung der Methode empfiehlt es sich dann, nur die Instruktionen für den jeweils anstehenden Schritt zu geben und nicht das Gesamtspiel mit all seinen Phasen zu Beginn zu erklären.

Ein wichtiger Erfolgsfaktor bei der Nutzung der Methode ist die Größe der zwölf Felder. Diese müssen so bemessen werden, dass darin auch Platz besteht, eine Idee auszuformulieren. Um Zeit zu sparen, sollten entsprechende Raster vorbereitet werden und dann spielbereit an die Teilnehmer ausgehändigt werden.

EINSATZVARIANTEN

Sie können das *Kreativroulette* je nach Gruppengröße und zur Verfügung stehender Zeit einfach anpassen. So lässt sich das Spiel auch zu zweit spielen, wenn man auf die letzten beiden Schritte verzichtet. Es lässt sich durch die Reduktion oder Erhöhung der Würfelwürfe verkürzen oder verlängern. Bei allen Varianten sollten jedoch die Fixpunkte Kategoriendefinition, Kategorienaustausch, Ideenausformulierung, Bewertung und Ideenkombination nicht ausgelassen werden.

Eine technologische Einsatzvariante des Spiels besteht daraus, statt zu würfeln ein roulette-ähnliches Zufallscomputerprogramm zu nutzen. Im Internet finden Sie verschiedene derartige Programme, z. B. SpinBottle.swf. Dies kann den Erlebniswert des *Kreativroulettes* zusätzlich steigern (und führt dazu, dass auch die Felder 1 und 2 belegt werden können).

 **FAZIT**

Spielerisch Ideen zu entwickeln, macht Spaß und befreit von fixen Grundannahmen und Denkverboten. Mit der Roulettemetapher sensibilisieren Sie Ihre Mitarbeiter für zufällige Entdeckungen und zwingen Sie, einmal in den Kategorien anderer Menschen zu denken. Sie schaffen einen Anreiz, sich mit anders Denkenden auszutauschen und Ideen miteinander zu kombinieren. Zudem schafft es die Methode, ein gesundes Maß an Konkurrenzkampf um die besten Ideen zu entfachen.

SWEET SPOT
KREATIVITÄT IN DER EXKLUSIVZONE

CREABILITY-PRINZIPIEN:	Verstehen, verändern
KREATIVPHASE:	Entwickeln
REDUZIERTE BARRIERE:	Status-quo-Falle, vorschnelles Beenden
ZEIT:	30–45 Minuten
TEILNEHMERZAHL:	1–16 Personen
INFRASTRUKTUR:	Ein großes Blatt Papier oder eine gemeinsame Pinnwand oder ein Projektor mit Laptop

⬛ HINTERGRUND UND VERWENDUNGSKONTEXT

Neue Ideen bringen oft dann besonders viel, wenn man sie als einziger hat und wenn sie vielen Menschen einen Nutzen bringen. Dies ist einer der Grundgedanken hinter der *Sweet-Spot*-Methode. Diese einfache Analyse- und Kreativitätstechnik geht zurück auf eine Idee der beiden Harvard-Professoren Collis und Rukstad. Diese definieren den sogenannten strategischen Sweet Spot (optimalen Bereich) als Schnittfläche zwischen Kundenbedürfnissen und eigenen Leistungen, die von der Konkurrenz nicht erbracht werden (können). Wir sollten also vor allem solche Produkte und Dienstleistungen erfinden, die von der Konkurrenz nicht oder nur schwer imitiert werden können und die wichtige (bestehende oder zukünftige) Kundenbedürfnisse befriedigen.

Dies ist aber nun wirklich keine neue Erkenntnis, werden Sie nun denken – zu Recht; doch die *Sweet-Spot*-Methode hat es trotzdem in sich und ist eine wahre Ideenmaschine für neue Produkt-, Dienstleistungs- und andere Angebote. Durch die geschickte Visualisierung und entsprechende Leitfragen lädt sie uns dazu ein, unsere Angebotspalette zu überdenken und anzupassen.

In unserer Erfahrung eignet sich diese Methode vor allem für Produkt-, Dienstleistungs- und Geschäftsmodellinnovationsworkshops, wie auch für Marketing-, Werbe- und Kommunikationsteams, die ihre Organisation besser von der Konkurrenz differenzieren möchten. Als Infrastruktur braucht es für die Methode einzig ein großes Blatt Papier und Stifte und schon kann es losgehen.

 VORGEHEN

Die *Sweet-Spot*-Methode besteht zunächst aus drei überlappenden Kreisen. Der erste bezeichnet dabei unser Angebot bzw. unsere Fähigkeiten. Der zweite Kreis steht für den Kunden und seine Bedürfnisse. Der dritte ist für die Konkurrenz und ihre Angebote reserviert. Dadurch entstehen drei große Zonen, die wir nun mit unseren Fähigkeiten und Produkteigenschaften, den Konkurrenzangeboten und den Kundenbedürfnissen befüllen können. Zudem entstehen aus den Überlappungen vier Schnittflächen.

Die für uns beste Schnittfläche nennen Collis und Rukstad den ‚sweet spot‘, denn sie ist für uns äußerst positiv: Sie bezeichnet nämlich exklusive Angebote von uns, die bestehende Kundenbedürfnisse ansprechen. Das negative Pendant dazu ist der ‚sour spot‘. Diese Zone ist für Angebote der Konkurrenz reserviert, denen wir nichts entgegenzusetzen haben, und dies, obwohl sie wichtige Kundenbedürfnisse adressieren. Eine weitere Schnittstelle ist diejenige zwischen unserem Angebot und demjenigen der Konkurrenz, jedoch ohne Überschneidung mit Kundenwünschen. Diese ‚Me-too‘-Zone birgt kein Differenzierungspotenzial und muss überdacht werden. Lohnen sich

diese Investitionen wirklich? In die Schnittfläche in der Mitte tragen Sie die wichtigsten Faktoren ein, die man haben muss, um überhaupt in diesem Markt ‚mitspielen‘ zu können. Dieses ‚Playing Field‘ (Spielfeld) besteht also aus Fähigkeiten oder Angebotselementen, die Sie und die meisten Konkurrenten besitzen und die von den Kunden auch unbedingt gefordert werden.

Abbildung 34: Die Elemente der Sweet-Spot-Vorlage

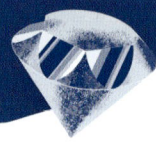
Hier nochmals die einzelnen Schritte der Methode der Reihe nach:

1. Zeichnen Sie drei Kreise und beschriften Sie diese mit „Unser Angebot", „Konkurrenzangebote" und „Kundenbedürfnisse".
2. Platzieren Sie Eigenschaften Ihres Produktes im Kreis „Unser Angebot". Falls es Eigenschaften sind, die dem Kunden sehr wichtig sind, platzieren Sie diese in der Schnittmenge mit dem Kreis „Kundenbedürfnisse"; dies aber nur, wenn die Vorteile nicht auch von Konkurrenten angeboten werden. Sind die Vorteile für den Kunden wichtig und werden auch von Konkurrenzangeboten abgedeckt, platzieren Sie diese in der zentralen Schnittmenge der drei Kreise.
3. In der Schnittmenge vom Kundenbedürfnis- und Konkurrenz-Kreis platzieren Sie Eigenschaften des Konkurrenzangebotes, die Ihr Produkt noch nicht erfüllt (das ist der ‚sour spot'). Besprechen Sie diese im Team. Spezifisch, wie Sie diese wichtigen Punkte selbst aufbauen oder kompensieren könnten.
4. Überlegen Sie nun, welche weiteren Elemente sie für den ‚sweet spot' nutzen könnten. Was können Sie exklusiv tun, das für den Kunden wertvoll ist?
5. Diskutieren Sie abschließend auch, was Sie in Zukunft nicht mehr anbieten sollten, weil es dem Kunden nicht wirklich wichtig ist (der äußere Teil des ‚Unser-Angebot,-Kreises). Besprechen Sie dabei aber auch, wie Sie diese Kompetenzen kundenrelevant machen können.

Um Ihnen die Arbeit mit dem *Sweet-Spot*-Diagramm zu vereinfachen, haben wir Ihnen nachfolgend eine Version zusammengestellt, in der Sie die wichtigsten Leitfragen für eine Diskussion im Team in der jeweiligen Zone verortet sehen. Die Reihenfolge der Beantwortung dieser Frage ist dabei nicht so entscheidend und Sie dürfen auch zwischen Fragen hin- und herspringen, wenn dies bei der Entwick-

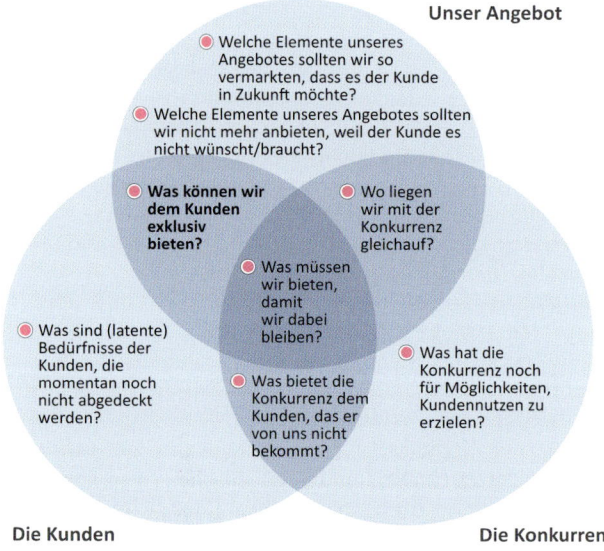

Abbildung 35: Die Leitfragen bei der Nutzung der Sweet-Spot-Methode

lung neuer Ideen hilft. Sie können die Methode übrigens auch gut mit einer anderen Methode kombinieren, nämlich der *Empathiekarte (siehe Seite 149)*. Diese hilft Ihnen dabei, den Kreis über die Kunden weiter auszuarbeiten, indem sie sich selbst in die Kundenperspektive versetzen.

Eine letzte Frage, die es bei der *Sweet-Spot*-Methode zu beantworten gilt, bezieht sich auf die notwendigen Schritte zur Umsetzung der entwickelten Ideen. Sie lautet: Was müssen wir aufgrund dieser Erkenntnisse als nächstes tun? Im folgenden Beispiel sehen Sie, wie diese und die weiteren Fragen anhand der *Sweet-Spot*-Methode konkret beantwortet werden können.

 BEISPIEL

Im Rahmen eines Innovationsworkshops haben wir mit einer Gruppe von Managern diskutiert, wie sich die Tageszeitung neu erfinden kann. Die sogenannten Printmedien stehen zur Zeit unter erhöhtem Innovationsdruck, da ihnen das Internet und zahlreiche andere Gratisangebote Abonnenten und Inserenten streitig machen. Wir haben deshalb im Rahmen einer einstündigen *Sweet-Spot*-Runde mögliche Innovationsbereiche untersucht. Der Fokus lag dabei bewusst auf dem Leser als Kunden und wir haben Inserenten als weitere wichtige Kunden vorerst ausgeblendet. Als positiven Einstieg ins Thema hat der Moderator die

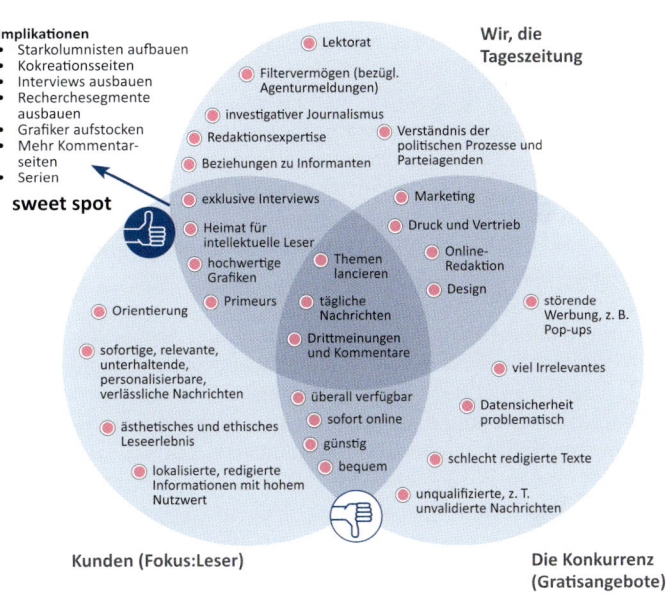

Abbildung 36: Ein Sweet Spot Beispiel aus der Medienindustrie

Teilnehmer gebeten, die Kompetenzen der Tageszeitung aufzuschreiben. Danach haben wir im Plenum diskutiert, welche davon einen direkten, hohen Kundennutzen stiften und welche einen eher indirekten, welche davon exklusiv sind und welche auch die Konkurrenten (z. B. Inter-

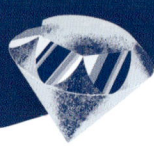

net-News-Portale) besitzen. Nach weiteren zehn Minuten hat der Moderator die Teilnehmer aufgefordert, die latenten und aktuellen Bedürfnisse der Leser an die Tageszeitung auszuformulieren. Dazu haben wir eine *Empathiekarte* verwendet und deren Resultate dann in den linken Kreis eingetragen. Als nächsten Schritt bat der Moderator die Anwesenden, die Online-News-Portale unter die Lupe zu nehmen und deren positive wie auch negative Eigenschaften aus Kundensicht zu identifizieren. Daraus wurde im Plenum auch der Sour Spot gefüllt.

In der Schlussdiskussion fokussierte der Moderator die Teilnehmer auf die Sweet-Spot-Zone und bat sie, mögliche Innovationsmaßnahmen vorzuschlagen. Er fragte sie dabei auch, ob man einige Formate der Online-Nachrichtenangebote im Printbereich neu erfinden könnte. Daraus entstand unter anderem die Idee von Kokreationsseiten, in denen Journalisten und Leser kooperieren, um sensible gesellschaftliche Themen im Sinne einer 360-Grad-Betrachtung gemeinsam zu beschreiben.

EINSATZRISIKEN UND ERFOLGSFAKTOREN

Auch wenn die *Sweet-Spot*-Methode ein ergiebiges Verfahren für neue Angebotsideen ist, so kann sie kreative Durchbrüche nicht garantieren. Deshalb ist es auch bei dieser Technik wichtig, Erwartungsmanagement zu betreiben und

die Teilnehmer darauf aufmerksam zu machen, dass es an ihnen liegt, gute Ideen einzubringen.

Neben diesem Risiko, sich nicht genügend einzusetzen, ist ein weiteres Risiko nur altbekannte Ideen einzubringen. Beide Risiken können durch eine gute Moderation reduziert werden. Idealerweise führt ein erfahrener Moderator eine Gruppe durch die Leitfragen der *Sweet-Spot*-Grafik, nimmt die Ideen der Teilnehmer auf und strukturiert sie (z. B. durch Kärtchen an einer Pinnwand mit den drei Kreisen). Er oder sie sollte dabei besonders darauf achten, genügend Zeit für die Frage des eigentlichen Sweet Spots einzuplanen („Was können wir dem Kunden bieten, das andere nicht haben?"). Je nach Resonanz aus der Gruppe und Diskussionsbedarf sollte er oder sie bei einigen Fragen länger verharren und bei anderen zügig weitergehen.

Wenn immer möglich, sollte der Moderator die Teilnehmer dabei im sogenannten Nominalgruppenmodus arbeiten lassen. Das heißt, dass jede Frage zuerst still und individuell beantwortet wird, bevor sie dann im Plenum gemeinsam diskutiert wird. Dies verhindert eine zu starke gegenseitige Beeinflussung und führt zu vielseitigeren Ideen.

Im Rahmen von Ideenworkshops konnten wir die *Sweet Spot* Methode in so unterschiedlichen Organisationen wie einer multinationalen Versicherungsgesellschaft, einem saudi-arabischen Finanzdienstleister, einer Entwicklungsorganisation und einem Start-Up-Unternehmen anwenden. Dabei hat es sich gezeigt, dass es kreativitätsfördernd ist, in die jeweiligen Felder des Diagramms spontane Impulse zu integrieren. Hier liegt es am Moderator, in den verschiedenen Zonen weitere Fragen (oder Provokationen) an die Gruppe heranzutragen. Eine besonders stimulierende Frageform ist dabei nach unserer Erfahrung die hypothetische Frage. Beispiele für derartige Fragen sind etwa diese: Was für Fähigkeiten müssten wir haben, um den Sweet Spot auszubauen? Was würde den Sour Spot zum Verschwinden bringen? Unter welchen Umständen wären die Kunden bereit, für diese Dienste zu bezahlen? Was müsste geschehen, damit alle unsere Fähigkeiten für den Kunden relevant werden?

Neben einer guten Moderation gibt es einen weiteren wichtigen Erfolgsfaktor für einen gelingenden Einsatz der Methode: das Wissen der Beteiligten über die Kunden und die Konkurrenz. Ohne diese Kenntnisse wird die Methode zum Blindflug und es wird schwierig, wirklich passende Ideen zu entwickeln. Wählen Sie also die richtigen Teilnehmer für einen *Sweet-Spot*-Workshop aus. Richtig heißt in diesem Kontext Personen, die den Kunden gut kennen, sowie Kollegen, welche die Konkurrenzangebote studiert haben. Zudem brauchen Sie Teilnehmer, die das eigene Angebot und die Fähigkeiten der Organisation sehr gut kennen. Natürlich ist es dabei auch hilfreich, verschiedene Persönlichkeiten am Tisch zu haben: vom alteingesessenen Fachspezialisten bis zum jungen Neuling mit frischer Perspektive.

EINSATZVARIANTEN

Beim Einsatz der Methode zur Optimierung einer Finanzdienstleistung erfanden unsere Kunden eine Einsatzvariante der *Sweet-Spot*-Methode, die uns generell nützlich erscheint: Sie erweiterten den ‚Unser-Angebot-Kreis‘ durch eine gestrichelte Linie um einen weiteren Halbkreis und bezeichneten diesen mit ‚Unsere Partner‘. So konnten auch Ideen auf dem Diagramm entwickelt und verortet werden, welche Kundenbedürfnisse zusammen mit externen Partnern erfüllen helfen. Diese Erweiterung der Methode ist vor allem dann sehr sinnvoll, wenn Sie gemeinsam mit Geschäftspartnern (etwa Lieferanten, Distributoren usw.) Innovationsmöglichkeiten ausloten. Doch auch in rein internen Teams kann es hilfreich sein zu überlegen, wie Kundenprobleme durch den stärkeren Einbezug von Partnern gelöst werden können. Dabei ist es natürlich wichtig, dass die Teammitglieder die Möglichkeiten und Grenzen ihrer Partnerfirmen kennen.

Eine zweite Erweiterungsmöglichkeit der Methode stammt von Collis und Rukstad selbst. Sie empfehlen, einen weiteren Kreis um die drei Hauptkreise herum zu zeichnen. In diesem Kreis sollen wichtige Kontextfaktoren festgehalten werden, die es bei der Ideengenerierung zu berücksichtigen gilt. Als Beispiele nennen sie wichtige gesetzliche Vorgaben, Industrietrends oder demografische Fakten und Entwicklungen.

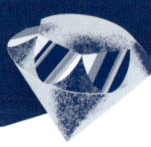

Eine dritte Variante der Methode bietet sich vor allem für größere Gruppen ab acht Personen an. In solchen Gruppen empfiehlt es sich, Untergruppen zu bilden und diese separat an eigenen *Sweet-Spot*-Diagrammen arbeiten zu lassen. Nach ca. 20 Minuten Gruppenarbeit präsentieren sich die Gruppen ihre Ergebnisse gegenseitig. Dadurch kommen unterschiedliche Sichtweisen und Ideen zustande. Zudem lassen sich die verschiedenen Ansätze nachher auch kombinieren.

▶▶ FAZIT

Ideen sollten nicht in einem luftleeren Raum entstehen, sondern sich an den konkreten Begebenheiten ausrichten. In vielen Organisationen sind diese Begebenheiten vor allem durch die Bedürfnisse der Kunden und die Angebote der Konkurrenz bestimmt. Die *Sweet-Spot*-Methode berücksichtigt dies, indem sie das eigene Angebot zu diesen beiden Faktoren in Beziehung setzt. Dadurch lädt sie einen ein, darüber nachzudenken, was einen einzigartig macht und wo man vielleicht in Zukunft auch etwas nicht mehr machen sollte. In dieser Weise eröffnet sie einen neuen Blickwinkel auf das eigene Innovationsverhalten und strukturiert dabei gleichzeitig die Ideendokumentation.

WEITERFÜHRENDE LITERATUR

Collis, D.J., Rukstad, M.G. (2008): Can You Say What Your Strategy is? Harvard Business Review Nr. 86 (4), S. 82–90.

SCAMPER
SIEBEN PERSPEKTIVEN
AUF IHR PROBLEM

CREABILITY-PRINZIPIEN:	Verflüssigen, verbinden
KREATIVPHASE:	Entwickeln
REDUZIERTE BARRIERE:	Vorschnelles Beenden, Trittbrettfahren
ZEIT:	45–60 Minuten
TEILNEHMERZAHL:	3–6 Personen
INFRASTRUKTUR:	Flipchart

HINTERGRUND UND VERWENDUNGSKONTEXT

Manchmal (ja das soll wirklich vorkommen, haben wir gehört!) ist Ideenentwicklung im Team harzig, mühsam und unergiebig. Dies ist genau der Moment, in dem Sie die Sitzung abbrechen müssen oder in dem Sie scampen können. *SCAMPER* ist eine Technik, die Sie dabei unterstützt, aus Bestehendem originelle, neue Ideen zu basteln. Der kreative Kick bei der Anwendung dieser Methode entsteht dadurch, dass die verschiedenen Fragen das Thema oder Problem jeweils von einer anderen Seite beleuchten.

Grundsätzlich eignet sich das Werkzeug zur Bearbeitung beinahe jeder Fragestellung im Sinne von: „Wie verbessern wir unser Produkt, unsere Methode, unseren Kundendienst usw.?" Die *SCAMPER*-Checkliste wird meist in der Arbeit mit Kleingruppen von drei bis sechs Personen eingesetzt. Sie können die Methode aber auch leicht für die Anwendung in Workshops mit vielen Teilnehmern anpassen.

Die *SCAMPER*-Maschine geht ursprünglich zurück auf Bob Eberle, der 1997 ein Buch dazu veröffentlicht hat. Dabei bezieht er sich jedoch stark auf die Ideen von Alex Osborn und seine Umkehrmethode. Wer nun *SCAMPER* wirklich erfunden hat, ist aber nicht die spannendste Frage. Was zählt ist, dass *SCAMPER* wirklich gut funktioniert.

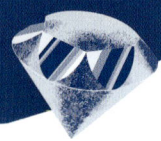

Die Bezeichnung *SCAMPER* ist eine englischsprachige Abkürzung und steht für:

1. **Substitute:** Ersetze – Komponenten, Materialien, Personen.
2. **Combine:** Kombiniere – vermische mit anderen Zusatzfunktionen oder Aggregaten, überschneide mit Service, integriere Funktionalität.
3. **Adapt:** Ändere ab, verändere Funktion, verwende ein Teil eines anderen Elements, einer Baugruppe, eines Aggregats
4. **Modify:** Steigere oder vermindere Größe, Maßstab, verändere Gestalt, variiere Attribute (Farbe, Haptik, Akustik...).
5. **Put to another use:** Finde weitere Verwendung(en), finde anderen Zusammenhang zur Nutzung, formuliere den Anwendungsbereich um.
6. **Eliminate:** Entferne Elemente, Komponenten, reduziere auf Kernfunktion, vereinfache so weit wie möglich.
7. **Reverse:** Kehre um, stülpe das Innere nach außen, stelle auf den Kopf, finde entgegengesetzte Nutzung.

Angewendet wird die Methode/Technik, indem Sie sich selbst oder Ihrem Team Fragen über ein bestimmtes Produkt stellen. Die Fragen, die Sie aufwerfen, sind dabei stets die sieben Begriffe der Buchstaben der Abkürzung. Genau diese Fragen werden Ihnen dabei helfen, dass Sie rasch kreative Ideen entwickeln, die Ihnen dabei helfen, neue Produkte oder Dienstleistungen zu entwerfen, oder Ihre bestehenden zu verbessern. Die sieben *SCAMPER*-Fragen sorgen dabei für ein Mindestmaß an Struktur, ohne die Kreativität der Teilnehmer einzuengen. Die Regeln des Brainstormings stellen dabei sicher, dass vielfältige Ideen generiert werden,

(fast) alles erlaubt ist, jeder sich einbringt und die Ideen nicht voreilig bewertet oder zerredet werden.

 VORGEHEN

SCAMPER ist in der Anwendung wirklich simpel, aber nicht banal. Beginnen Sie, indem Sie sich eines Ihrer bestehenden Produkte, Lösungen, Methoden, Verfahren usw. vornehmen. Dies kann zum Beispiel ein Produkt sein, das Sie verbessern möchten, eines, mit dem Sie aktuell Probleme haben, oder eines, von dem Sie den Eindruck haben, dass es eine gute Ausgangslage für zukünftige Entwicklungen darstellt. Achten Sie darauf, dass Sie das Problem und den Kontext für alle Teammitglieder eindeutig definieren.

Fahren Sie fort, indem Sie zum Produkt, welches Sie im vorangehenden Schritt identifiziert haben, Fragen stellen.

Bei den Fragen lassen Sie sich vom *SCAMPER* pampern, resp. deren Operatoren leiten. Brainstormen Sie dann so viele Fragen und Antworten wie Sie nur können (einige mögliche Fragen und Antworten finden Sie untenstehend). Stellen Sie sicher, dass Ihr Team am gleichen Schritt arbeitet, also immer nur einen Operator gleichzeitig anwendet. Schreiben Sie alle Ideen auf, die das Team findet (ohne sie zu bewerten: Zu diesem Zeitpunkt werden Ideen generiert, nicht evaluiert).

Gehen Sie zum Schluss alle Antworten durch. Stellt vielleicht eine Antwort bereits eine realisierbare Lösung dar? Oder können Sie eine Antwort dazu verwenden, ein neues Produkt zu entwickeln oder ein bestehendes weiterzuentwickeln? Untersuchen Sie anschließend jene Ideen weiter, die sich als brauchbar erwiesen haben.

Die Erfahrung zeigt, dass die reinen Überschriften vielen Menschen zu abstrakt sind, um dazu Ideen zu generieren. Deshalb sind die folgenden Beispielfragen bei der Anwendung der Technik nützlich:

Ersetzen
- Was kann man ersetzen?
- Was kann man stattdessen nutzen?
- Wer kann stattdessen eingebunden werden?
- Welchen Prozess könnte man stattdessen nutzen?
- Welches andere Material könnte man stattdessen nutzen?

Kombinieren
- Was kann kombiniert werden?
- Was kann man vermischen?
- Wie könnte man bestimmte Teile verbinden?
- Welche Zwecke könnte man kombinieren?

Anpassen oder Angleichen
- Welche anderen Ideen suggeriert das?
- Gibt es etwas, das ähnlich ist, das man auf das bestehende Problem anwenden kann?
- Gibt es aus der Vergangenheit ähnliche Situationen?

Modifizieren
- Welche Veränderung könnte man einführen?
- Kann man die Bedeutung verändern?
- Wie könnte man Farbe oder Form verändern?
- Was kann man vermehren?
- Was kann man verringern?
- Was könnte man modernisieren?
- Was war früher alles besser und warum?
- Kann man es vergrößern?
- Kann man es verkleinern?

Anders einsetzen
- Wofür könnte es im jetzigen Zustand noch eingesetzt werden?
- Wofür könnte man es einsetzen, wenn man es verändert?

Weglassen
- Was könnte man weglassen?
- Ohne was würde es besser funktionieren?

Neu anordnen
- Welche anderen Muster würden auch funktionieren?
- Welche Veränderungen könnte man einführen?
- Was könnte man austauschen?
- Was könnte man neu gruppieren?

 BEISPIEL

Als Beispiel für *SCAMPER* eignet sich der uns bestens bekannte Personal Computer. Die Geräte wurden in den vergangenen 20 Jahren massiv verändert. So wurden beispielsweise der Computer selbst und der Monitor miteinander in sogenannte All-in-One-Desktops verschmolzen. Apple machte dies schon lange mit ihren iMacs vor. Vor allem im professionellen Umfeld wurde neu kombiniert, indem beispielsweise mehrere Monitore anstatt nur ein einzelner Verwendung finden. Weitaus weiter ging dann die Kombination von Mobiltelefonen und PCs. Das Resultat: die allgegenwärtigen Smartphones. Unter dem Aspekt des Änderns wurden beispielsweise die Eingabegeräte in Angriff genommen: Elektronische Stifte, Touchscreens, Gesten-Steuerung oder Sprache werden heute oft eingesetzt. Zu guter Letzt einige Beispiele für Modifizieren: Alles, was in Bezug auf Größe verändert werden kann, wurde und wird verändert: Monitorgröße, Tastatur und natürlich der Computer selbst.

EINSATZRISIKEN UND ERFOLGSFAKTOREN

Damit Ihre Durchführung von *SCAMPER* auch von Erfolg gekrönt sein wird, an dieser Stelle einige Hinweise. Den ersten Hinweis sollten Sie sich zu Herzen nehmen, bevor

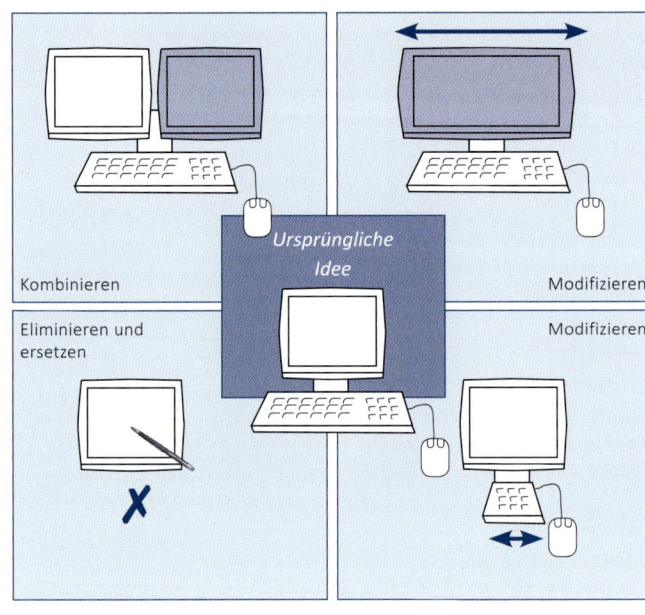

Abbildung 37: Ein Beispiel eines durchgeführten SCAMPERs anhand der ursprünglichen Idee des Desktop-Computers

Sie die Methode anwenden. Und zwar geht es darum, dass Sie sorgfältig auswählen, wer bei der Durchführung dabei sein soll. Die besten Resultate werden Sie erreichen, wenn Sie Menschen aus möglichst unterschiedlichen Bereichen

Ihres Unternehmens zusammentrommeln. Sind dann alle im Kreativraum, beginnen Sie mit einer lockeren Warm-up-Übung. Erstens, damit sich Ihre Teilnehmenden etwas kennenlernen, und zweitens, damit im folgenden Teil die Ideen nur so fließen.

Das Risiko dieser Methode? Na ja, achten Sie darauf, dass Sie nicht zu viel wollen. Sie müssen ja nicht alle sieben Perspektiven auf einmal durchgehen. Beginnen Sie vielleicht (so wie im Beispiel auf der gegenüberliegenden Seite) einfach mal mit drei oder vier.

EINSATZVARIANTEN

Eine mögliche Variante stellt die rein visuelle Version von *SCAMPER* dar. In dieser Anwendung arbeiten Sie zwar auch mit der Checkliste, skizzieren aber alle Änderungen, Modifikationen, Erweiterungen usw. direkt auf einem Bild, einem Bauplan oder einem Schema ein.

 ## FAZIT

Der große Nutzen dieser Methode besteht in der Verbindung von Interaktion, Tempo, Kreativität und Systematik. Im Gegensatz zur Brainstorming-Technik, bei deren An-

wendung schnell gemeinsam viele spontane Ideen generiert werden, werden bei *SCAMPER* die Nachteile des Brainstormings (chaotische Vielfalt ohne System) vermieden. Durch die Methode werden lediglich Ideen zur Verbesserung von Bestehendem abgefragt. Trotzdem hat die Methode das Potenzial, durchaus eine radikale Verbesserung auszulösen, denn die am Ende der Kreativsitzung zu treffenden Entscheidungen können von ‚geringfügig anpassen‘ bis ‚über Bord werfen und etwas ganz anderes tun‘ reichen.

Ob im Marketing oder in der Produktentwicklung – überall, wo permanente Veränderung von bereits Bestehendem gefragt ist, fördert die *SCAMPER*-Methode das Querdenken und ist in der Lage, überraschende, nicht vorhersehbare Resultate zu produzieren.

WEITERFÜHRENDE LITERATUR

Eberle, B. (1996): Scamper: Creative Games and Activities for Imagination Development, Waco: Prufrock Press Inc.

Michalko, M. (2010): Thinkertoys: A Handbook of Creative-Thinking Techniques, Berkeley: Ten Speed Press.

KREATIVITÄTS-SCHIEBER
KREATIVITÄT GEREGELT KRIEGEN

CREABILITY-PRINZIPIEN:	Verflüssigen, verändern, verbinden
KREATIVPHASE:	Entwickeln
REDUZIERTE BARRIERE:	Status-quo-Falle, vorschnelles Beenden
ZEIT:	20 Minuten
TEILNEHMERZAHL:	Maximal 4 Personen (in der analogen Nutzung; digital: bis zu 20 Personen)
INFRASTRUKTUR:	Eine Schere und dieses Buch (oder Moderationssoftware)

HINTERGRUND UND VERWENDUNGSKONTEXT

Beim sogenannten *Kreativitätsschieber* oder -regler handelt es sich um eine spielerische Variante des morphologischen Kastens. Der *Kreativitätsschieber* ist eine Kreativitätstechnik, die eine Problemstellung in ihrer ganzheitlichen Form betrachtet und analysiert. Die Methode der morphologischen Analyse eignet sich dabei für viele Innovationskontexte, sei dies die Konzeption eines neuen Produktes oder einer neuen Dienstleistung. Der Schweizer Astrophysiker Fritz Zwicky hat mit seiner ‚Methode des morphologischen Kastens' die morphologische Ideenfindung ins Leben gerufen. Bei diesem Problemlösungsansatz wird ein vielschichtiges Gesamtproblem in voneinander unabhängige Problemelemente (Teilprobleme) aufgeteilt. Für diese Teilprobleme werden Lösungen ermittelt und in einer Tabelle zusammengestellt. Durch die Kombination der Teillösungen ergeben sich viele neue Gesamtlösungen von unterschiedlicher Attraktivität. Anders als der traditionelle morphologische Kasten wird beim *Kreativitätsschieber* nicht mit einer Tabelle gearbeitet, sondern direkt mit den einzelnen Problemelementen gespielt. Das erfordert zwar ein wenig Bastelarbeit, führt dann aber zu mehr Experimentierfreude und interessanten Zufallsentdeckungen.

VORGEHEN

Bevor der *Kreativitätsschieber* zum Einsatz kommt, gibt es zwei vorangehende Arbeitsschritte: Erstens gilt es das Problem zu definieren und in einem Satz auf den Punkt zu bringen. Die Fragestellung sollte hierbei etwas allgemeiner gestaltet werden, um der Problemlösung mehr Möglichkeiten zu geben. Eine gute Frage wäre demnach beispielsweise: „Wie kann ein energieeffizientes Fahrzeug realisiert werden?", im Gegensatz zu einer zu konkreten Fragestellung wie beispielsweise: „Welche Eigenschaften muss die Karosserieform eines Fahrzeuges haben, um möglichst wenig Windwiderstand zu generieren, und wie kann der Verbrennungsmotor optimiert werden?"

Der zweite Arbeitsschritt, den Sie nun unternehmen müssen, ist eine kleine Bastelarbeit. Schneiden Sie die Streifen auf der Seite 131 entlang der gestrichelten Linien aus. So erhalten Sie vier gleiche Papierstreifen. Auf der Seite 133 schneiden Sie nun mittels eines Cutters die acht kleinen Striche sorgfältig aus, so dass Sie die vier Papierstreifen durchziehen können. In die Quadrate der Streifen schreiben Sie dann die Ausprägungen der Parameter, die wir nun gleich zusammen bestimmen.

Nachdem Sie einerseits die Frage gestellt und anderseits den handwerklichen Teil hinter sich gebracht haben, geht es nun um das Festlegen aller Parameter, welche der Problemlösung zuträglich sein könnten. Dies können beispielsweise Farbe, Größe, Oberflächenbeschaffenheit, Vertriebskanal und so weiter sein. Aufgrund dessen, dass Sie im vorgängigen Schritt vier Streifen geschnitten haben, muss die Anzahl Parameter auch dieser Zahl entsprechen. Im nächsten Schritt werden nun alle erdenklichen Varianten der beschriebenen Parameter in die Kästchen auf den ausgeschnittenen Streifen eingetragen. Beispielsweise könnten die Varianten des Parameters ‚Vertriebskanal' wie folgt aussehen: Läden, Online, Vertreter, Marktfahrer usw. Diese Varianten werden nun für jeden der Parameter bestimmt und auf fünf pro Parameter beschränkt. Ebenfalls wichtig ist, dass alle Varianten (in der Realität) kombinierbar sind.

Nun sind Sie soweit, dass Sie denkbare Lösungen zusammenstellen, indem Sie die einzelnen Parameter-Streifen nach oben und nach unten verschieben und auf einem Blatt oder einem Flipchart die jeweilige Kombinationslösung notieren. Beginnen Sie damit, dass Sie drei bis fünf Lösungsvarianten, welche intuitiv gefunden werden, für den nächsten Schritt notieren. Im letzten Schritt werden nun nämlich die unterschiedlichen Lösungen gegenübergestellt, analysiert und die beste Variante ausgewählt. Führt dieser letzte Schritt nicht zum erhofften Erfolg und keiner der ausgewählten Lösungsansätze erfüllt die Erwartungen, so beginnt man erneut mit Hoch- und Runterschieben der Parameterstreifen und wiederholt den Prozess.

Den einmal erstellten Regler können Sie übrigens immer wieder verwenden, indem Sie die Parameter ausradie-

ren und entsprechend ändern oder einfach neue Papierstreifen ausschneiden und die alten behalten. So entsteht ein interessanter Speicher von Lösungsaspekten, die man immer wieder verwenden kann.

 BEISPIEL

Stellen Sie sich vor, Sie wären der kreative Kopf eines Reiseveranstalters. Zusammen mit Ihrem Team möchten Sie während der kommenden Kreativsitzung neue Urlaubsangebote definieren. Als Vorbereitung erstellen Sie nun einen *Kreativitätsschieber* und bringen diesen in die Sitzung mit.

Sie erklären Ihrem Team das Vorgehen und beginnen gleich mit dem Erarbeiten der einzelnen Parameter. Der erste wäre nun das Verkehrsmittel: Es kommen Transportideen wie Flugzeug, individuelle Reise mit dem eigenen PKW, zu Fuß oder mit der Bahn. Der zweite Parameter bezieht sich auf die Wahl der Unterkunft: im Hotel, im Zelt, privat bei Familien oder in Jugendherbergen? Langsam wird es nun richtig kreativ, denn Ihr Team beschäftigt sich mit den Parametern der Reiseart: alleine, zusammen mit der Partnerin, mit einer großen Reisegruppe oder ganz zufällig in Kleingruppen? Schlussendlich wird der letzte Parameter diskutiert: Wie viel darf das Ganze kosten: „Bewegen Sie sich mit Ihrem Angebot auf der Budget-Stufe der Backpacker oder im Mittelklasse- oder Oberklasse-Bereich?"

Nun geht es ans Regeln, also ans Verschieben der einzelnen Parameter. Daraus entstehen quasi automatisch Ideen, wie die einer individuellen Reise im PKW von privater Unterkunft zu privater Unterkunft mit einer Person, die Sie erst während Ihrer Reise kennenlernen. Da sich das Ganze im Oberklassen-Bereich abspielt, würde es in einem nächsten Schritt darum gehen zu definieren, wohin diese Reise gehen wird und welche Leistungen darin inbegriffen sind. So erarbeiten Sie nun mit Ihrem Team verschiedenste Urlaubsformen und wählen dann jene Varianten aus, deren Weiterverarbeitung am Erfolg versprechendsten erscheint.

 **EINSATZRISIKEN UND ERFOLGSFAKTOREN**

Ein möglicher Stolperstein dieses Ansatzes besteht darin, nicht die richtige Frage zu stellen. Die Frage sollte jeweils möglichst allgemein gestellt sein. Ein weiterer wichtiger Punkt ist dieser: Oft wird der Entwicklung der einzelnen Parameter zu wenig Beachtung geschenkt. Dieser Prozess ist jedoch ausgesprochen anspruchsvoll und dessen Resultat ist ein entscheidender Punkt für das Gelingen der Methode. Schon mit wenigen Parametern ergeben sich sehr viele mögliche (oder auch unmögliche) Varianten. Je mehr Varianten Sie erarbeiten, desto schwieriger wird später die Ideenauswahl.

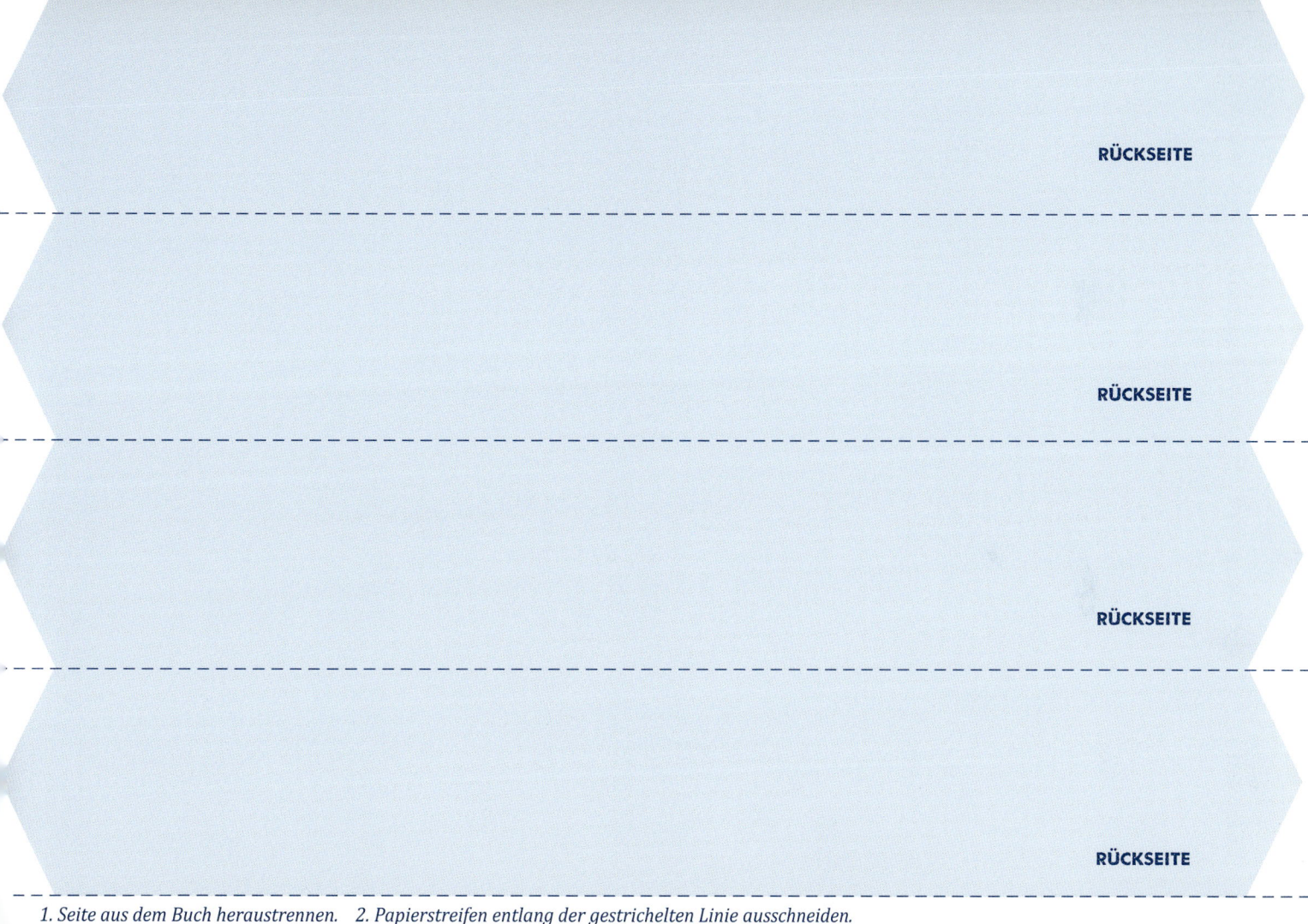

RÜCKSEITE

RÜCKSEITE

RÜCKSEITE

RÜCKSEITE

1. Seite aus dem Buch heraustrennen.   2. Papierstreifen entlang der gestrichelten Linie ausschneiden.

PARAMETER 1

PARAMETER 2

PARAMETER 3

PARAMETER 4

RÜCKSEITE

*3. Acht exakte Schlitze entlang
der Strichlinien schneiden.*

*4. Alle vier Papierstreifen mit
der Rückseite nach oben ein- und
ausfädeln, umblättern – fertig!*

RÜCKSEITE

PARAMETER 1   **PARAMETER 2**   **PARAMETER 3**   **PARAMETER 4**

Beschränken Sie sich deshalb bei der Bildung von Gesamtlösungen auf einige wenige. So behalten Sie einfacher den Überblick.

Ein kleiner Wermutstropfen der Methode ist vielleicht auch das benötigte Fachwissen über welches die einzelnen Teammitglieder zum jeweiligen Themengebiet verfügen müssen, denn fachfremde Teilnehmer können in Bezug auf die effektive Kombinierbarkeit von Parametern oft nicht mitreden.

EINSATZVARIANTEN

Eine attraktive Einsatzvariante des Schiebers ist die softwaregestützte Nutzung in einer Moderationsanwendung. Dabei wird der *Kreativitätsschieber* durch ein einfaches Programm simuliert und per Projektor visualisiert. Die folgende Abbildung zeigt ein Beispiel eines softwaregestützten *Kreativitätsschiebers*. Mit der Software lets-focus, die den Regler als sogenannter Ruler standardmäßig unterstützt, hat hier ein HR-Team ein neues Seminarangebot entwickelt. Nach einigen Versuchen und ‚Schiebereien' bekam man folgende Idee geregelt: Man bietet ein Seminar zur Konfliktlösung für Teams an, welche aus internen Mitarbeitern und externen bzw. Vertrieblern bestehen. Dieses Seminar richtet sich an erfahrene Spezialisten und dauert rund zwei Tage. Die Seminargebühr muss dabei von den beteiligten Abteilungen finanziert werden. Es findet in einem Seminarhotel

statt und sollte nicht mehr als zehn Teilnehmer umfassen.

Der Vorteil dieser Variante des *Kreativschiebers* ist, dass er auch bei größeren Gruppen mit mehr als vier bis fünf Teilnehmern sehr gut funktioniert. Zudem können auch sehr umfangreiche Varianten mit dem Ruler durchgespielt werden (mit mehr als 20 Parametern). Die digitale Variante des Schiebers erfordert aber einen Moderator, der schon ein wenig Erfahrung in der softwarebasierten Moderation hat.

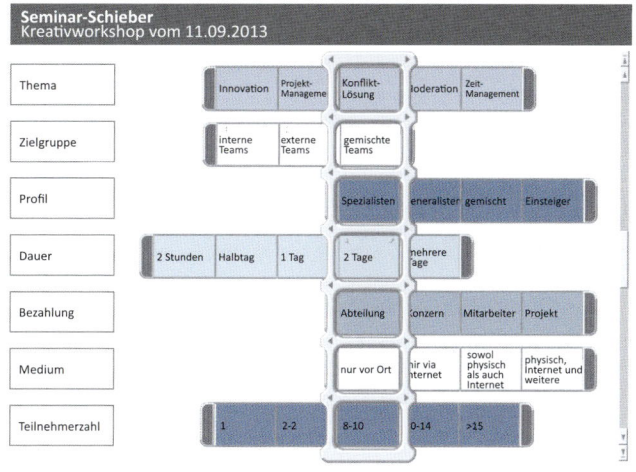

Abbildung 38: Die digitale Einsatzvariante des Kreativitätsschiebers

 **FAZIT**

Die spielerische Methode des *Kreativitätsschiebers* ist immer dann geeignet, wenn ein vielschichtiges (komplexes) Problem zu bearbeiten ist und innovative (Kombinations-) Lösungen gesucht werden, die einem bestimmten Grundmuster folgen oder bestimmte Rahmenbedingungen nicht durchbrechen sollen.

WEITERFÜHRENDE LITERATUR

Zwicky, F. (1966): Entdecken, Erfinden, Forschen im morphologischen Weltbild, Zürich: Droemer/Knaur.

REIZWORTBANDIT
DAS GLÜCKSSPIEL
DER ASSOZIATIONEN

CREABILITY-PRINZIPIEN:	Verändern, verbinden
KREATIVPHASE:	Entwickeln
REDUZIERTE BARRIERE:	Status-quo-Falle, Selbstzensur
ZEIT:	5–20 Minuten
TEILNEHMERZAHL:	1–6 Personen
INFRASTRUKTUR:	Ein großes Blatt Papier oder eine gemeinsame Pinnwand oder ein Projektor mit Laptop

HINTERGRUND UND VERWENDUNGSKONTEXT

An was denken Sie, wenn Sie den Begriff ‚Gummiboot' lesen? An den letzten Sommer, vielleicht den alten Schlager zum Thema, an aufblasbare Dinge, an Karl Weick (nicht? – googeln Sie ihn!) oder einfach an Erlebnisse am Fluss oder See?

Das passiert, weil wir in Assoziationen denken und dabei spontan von einem Gedanken zum anderen springen. Meist geschehen solche Gedankensprünge sehr rasch und ohne großes Überlegen. Für die Kreativität sind diese mentalen Verknüpfungen aber eine wichtige Ressource, die wir gezielt nutzen können. Alles, was es dazu braucht, ist ein wenig Zeit und eine Auswahl an (am besten mehrdeutigen) Wörtern. Durch ein planvolles Herbeiführen von interessanten Zufallswörtern (sogenannten Reizwörtern) können wir uns für neue Denkräume öffnen und so zu frischen Lösungen für eine Problemstellung gelangen. Das ist die Grundidee hinter dem *Reizwortbanditen*.

Wir nennen diese Inspirationsmethode Bandit in Anlehnung an die Spielautomaten der Klasse ‚einarmiger Bandit', bei denen man mit einem Hebel eine Zufallskombination von Bildern oder Texten auslöst und dadurch (im Glücksfall) Geld gewinnt.

Der *Reizwortbandit* funktioniert dabei ähnlich wie eine Slotmaschine: Viele Kombinationen lösen nichts aus, doch bei einigen kann man wertvolle Ideen gewinnen, vielleicht

sogar den Jackpot, sprich die Lösung für ein anstehendes Problem. Wie im Casino muss man dafür jedoch ein wenig Zeit und Energie investieren. Konkret braucht es dafür jedoch nur eine Reizwortliste, ungefähr zehn Minuten Zeit (und Konzentration) sowie – optimalerweise – eine Handvoll Kolleginnen und Kollegen.

VORGEHEN

Um das Potenzial von Reizwörtern für die kreative Problemlösung zu nutzen, empfehlen wir Ihnen ein einfaches Vorgehen in folgenden fünf Schritten.

1. Erstellen Sie eine (z. B. dreispaltige) Tabelle mit ca. 30 möglichen Reizwörtern oder verwenden Sie eine bereits bestehende Tabelle wie unseren *Reizwortbanditen*, den Sie nachfolgend finden.
2. Teilen Sie die Liste an Ihr Team aus. Die Schritte 3 und 4 führt nun jedes Teammitglied für sich alleine durch. Planen Sie hierfür 5–10 Minuten ein.
3. Betrachten Sie die Wörter im *Reizwortbanditen* im Überblick und streichen sie dann (ohne groß zu überlegen) je einen Begriff pro Spalte an. Bilden Sie so ein zusammengesetztes Wort, das aus den drei Begriffen von links nach rechts besteht. Wiederholen Sie dies bis Sie fünf bis zehn Kombinationswörter entwickelt haben.
4. Überlegen Sie nun: Welche Lösung beinhaltet jedes dieser

Kombinationswörter für Ihr Problem? Erzwingen Sie also eine Passung dieses Begriffes auf ihre anzustrebende Lösung. Notieren Sie diese Interpretation für jeden Kombinationsbegriff. Falls sich dabei nicht sofort eine Übertragungsmöglichkeit ergibt, stellen Sie folgende Fragen: Was ist das spannende oder ungewöhnliche an diesem Konstrukt bzw. Kombinationsbegriff?

5. Nun präsentiert jedes Teammitglied die besten (ergiebigsten) Wörter und ihre jeweilige Interpretation den anderen Teilnehmern der Gruppe. Warten Sie jedoch nach jedem Wort ein paar Sekunden bis Sie es erklären, um damit Ihren Kollegen die Möglichkeit eigener Assoziationen zu geben.
6. Diskutieren Sie jeden Begriff kurz in der Gruppe und loten Sie dabei mögliche neue Lösungsmöglichkeiten für Ihr Problem aus. Halten Sie gute Ideen dann gleich schriftlich fest.

Auf der Seite 140 finden Sie unseren Vorschlag für einen gut funktionierenden *Reizwortbanditen*, den Sie bei dieser Vorgehensweise verwenden können.

BEISPIEL

Nehmen wir an, Ihre Fragestellung lautet: Wie können wir auf kreative Weise mehr Kunden für unser Beratungsgeschäft gewinnen?

Zu dieser Fragestellung laden Sie drei Kollegen in einen zwanzigminütigen Kurzworkshop mit dem *Reizwortban-*

diten ein. Sie verwenden dazu die von uns bereitgestellte Tabelle, drucken diese auf einem DIN-A3-Blatt aus und hängen sie ans Flipchart im Sitzungszimmer. Nach einer kurzen Klärung der gemeinsamen Fragestellung schreibt nun jeder von Ihnen (still für sich selbst) fünf spannende oder zufällige Wortkombinationen aus den drei Spalten heraus. Danach überlegen Sie sich (wiederum jeder einzeln) zu jedem Wort dessen Relevanz oder Bedeutung für das Problem der Kundenakquisition. Sie schreiben diese Deutung neben jeden Begriff. Wenn Sie unsere Tabelle genutzt haben, dann könnten Ihre Begriffe diese sein:

Lateraler Annäherungsmarathon: Wir gehen zur Kundenakquise als Teilnehmer und Referenten an zahlreiche Fachkongresse, an denen potenzielle Kunden wahrscheinlich auch teilnehmen. Sind wir als Teilnehmer dabei, dann setzen wir uns oft um, um so möglichst viele Personen anzusprechen und so auf mögliche Mandate aufmerksam zu werden. Sind wir Referenten, so achten wir darauf, dass wir direkt vor der Kaffeepause referieren, um danach Zeit für die Kontaktaufnahme mit Interessenten zu haben.

Gratisnachfragecoach: Jeder von uns sucht sich einen Kollegen aus einer befreundeten Firma (z. B. aus einer Marketingabteilung), der oder die ihn gratis coachen kann, wie man die Nachfrage nach der eigenen Dienstleistung erhöhen kann. Im Gegenzug coachen wir diesen Kollegen zu unseren Fachgebieten. Der Gratisnachfragecoach liefert Hinweise, wie wir unsere Beratungsleistung auch für neue Kundengruppen interessant machen könnten.

Oberste Assistenzzentrale: Wir versuchen Kontakte zu den obersten Assistenten von CEOs herzustellen und zwar indem wir ihnen eine Art zentrale Austauschplattform zur Verfügung stellen. So können diese Assistenten dann uns als Berater ihren Chefs weiterempfehlen. Wir bieten also eine Erfa-Gruppe spezifisch für junge Hochschulabsolventen an, die als Assistenten von Geschäftsführern arbeiten. Durch unser Seminarangebot an diese noch nicht erschlossene Berufsgruppe erfahren wir auch mehr über die momentanen Firmenbedarfe und interessante neue Beratungsleistungen.

Mit diesen und weiteren Vorschlägen gehen wir nun nach ungefähr fünf Minuten ins Plenum. Dabei geben wir jedoch bei jedem Begriff den Kollegen zuerst ca. 20 Sekunden Zeit eigene Spontanassoziationen zu jedem Begriff zu notieren. Erst dann legen wir unsere Interpretation dar und diskutieren sie mit den anderen. Jede Idee wird am Flipchart stichwortartig festgehalten. Zum Schluss des Workshops darf jeder Teilnehmer drei Punkte für diejenigen Ideen vergeben, die weiterverfolgt werden sollen.

Ein zweites Beispiel:

Sie planen eine neue Marketinginitiative für ihr Produkt, doch es fehlt ihnen an originellen Verkaufsargumenten. Wie könnten Sie dazu vorgehen? Aus unserem *Reizwortbanditen* entnehmen Sie zufällig den Begriff Überverbindungsgarantie. Was sagt ihnen dieser Begriff für ihre Kampagne? Vielleicht, dass Sie Ihr Produkt mit einer neuen Art von Garantie anpreisen, nämlich einer Garantie, den

Kunden mit einem anderen Kunden zu verbinden, und zwar über eine beiden Kunden wichtige Eigenschaft. Stellen Sie sich z. B. vor, Sie kaufen einen Squashschläger und erhalten beim Kauf eine Mitspielergarantie des Herstellers, d. h. der Hersteller wird Sie beim Finden eines Spielpartners (z. B. online oder im physischen Verkaufsladen unterstützen). Oder Sie erwerben ein Online-Computerspiel und erhalten dann automatisch einen (echten) Sparrings- oder Trainingspartner, der ihnen hilft, rasch besser zu werden.

EINSATZRISIKEN UND ERFOLGSFAKTOREN

Der Erfolg des *Reizwortbanditen* steht und fällt mit der Bereitschaft einer Gruppe, sich auf diese spekulative und experimentelle Methode einzulassen. Betreiben Sie also ein entsprechendes Erwartungsmanagement: Wie immer bei Kreativitätsmethoden garantiert die Methode per se keinen Durchbruch und liefert auch nicht automatisch gute Ideen. Sie erfordert das Engagement und die Offenheit aller Beteiligten.

Nehmen Sie bei dieser Technik das jeweilige Reizwort wirklich nur als ersten Ausgangspunkt und spinnen sie die Idee schnell so weit fort, bis sie für Ihr Problem auch Sinn ergibt. Verharren Sie auch nicht zu lange bei einem Begriff, der sie nicht wirklich inspiriert oder motiviert.

Frühzeitige(r)	Weg-	manipulation
Kooperative(r)	Lösungs-	ansatz
Indirekte(r)	Loyalitäts-	beeinflussung
Gratis-	Qualitäts-	beschleuniger
Luxus-	Nachfrage-	erhöhung
Über-	Beziehungs-	korrektur
Reversible(r)	Anti-	coach
Meta-	Angebots-	ergänzung
Plastische(r)	Lieferungs-	liquidation
Transparente(r)	Kollegen-	zentrale
Automatische(r)	Assistenz-	pfad
Oberste(r)	Verbindungs-	stop
Leichte(r)	Fehler-	umgehung
Stete(r)	Arbeits-	unterhaltung
Perfekte(r)	Optimierungs-	maschinerie
Sofortige(r)	Defizit-	garantie
Laterale(r)	Annäherungs-	strategie
Verdeckte(r)	Überraschungs-	initiative
Vorauseilende(r)	Fokus-	umweg
Konfrontative(r)	Aufstellungs-	marathon
Abgestufte(r)	Anpassungs-	versuche

Abbildung 39: Vorschlag für einen Reizwortbanditen, den Sie sofort verwenden können

Falls Sie selbst eine neue Reizwortliste erstellen möchten, so achten Sie bitte darauf, dass Ihre Wörter nicht zu nahe an Ihrem eigentlichen Problem oder Thema dran sind. Sie müssen eine gewisse kreative Spannung und Distanz aufbauen, damit die Reizwörter ihre volle Wirkung entfalten können.

EINSATZVARIANTEN

Natürlich gibt es viele weitere Varianten der Reizwortmethode: Sie können z. B. Reizwörter auch durch einen Zufallsblick in ein Lexikon generieren. Eine weitere Möglichkeit zu Reizwörtern zu gelangen ist es, das Sachwortregister eines spannenden Buches durchzugehen und interessante Wörter darin anzustreichen bzw. auf das eigene Thema zu übertragen. Im Internet finden Sie zudem einige speziell vorbereitete Reizwortlisten die sie nutzen können (z. B. auf Seite 9 dieses Dokuments: http://et.fh-duesseldorf.de/a_aktuelles/c_personen/a_professoren/jacques/MAN_ V2010. pdf).

Die meisten Reizwortlisten arbeiten dabei nicht wie unser Reizwortbandit mit Kombinationswörtern, sondern mit relativ einfachen Begriffen, die als Stimuli genügen sollen. Nach unserer Erfahrung bieten aber gerade Neologismen (also neu geschaffene Begriffe) ein großes Inspirationspotenzial, denken Sie etwa an Innovationen, die aus Kombinationswörtern entstanden sind, etwa Wikipedia (wiki=schnell, Pedia=Lekixon), Blog (Weblogbuch) oder Nutraceutical (ein Nahrungsmittel mit Medikamentenwirkung). Sie finden übrigens eine interessante Zusammenstellung solcher Wortneuschöpfungen auf dieser Webseite: www.wortwarte.de.

Es gibt mittlerweile auch speziell entwickelte Softwareprogramme und Apps, um Kombinationswörter als Kreativreize bequem per Computer oder Handy herzuleiten. So können Sie rasch möglichst viele verschiedene Wortkombinationen nutzen, um zu neuen Ideen zu gelangen. Eine besonders ästhetische Variante von Reizwörtern finden Sie z. B. in der iPhone/iPad-App ‚Create-O-Mat' im Apple-App-Store (jedoch nur auf Englisch).

Eine letzte interessante Variante der Reizwortmethode ist der Reizwortwettbewerb (auch bekannt als Force-Fitting). Dabei stellt der Moderator ein Reizwort vor, mit dem zwei Gruppen unter Zeitdruck eine möglichst gute Lösung für das anstehende Problem entwickeln müssen. Bei jedem Wort bzw. jeder Spielrunde bekommt jeweils ein Team einen Punkt für die bessere Lösung pro Reizwort.

Sie können mit der folgenden kleinen Tabelle eine erste, eigene Kreativ-Slotmaschine erfinden. Achten sie dabei darauf, lösungsorientierte Begriffe zu verwenden, die möglichst viele Assoziationen auslösen können. Wie erwähnt dürfen die eingetragenen Wörter nicht zu nahe an ihrem eigenen Arbeitsgebiet liegen.

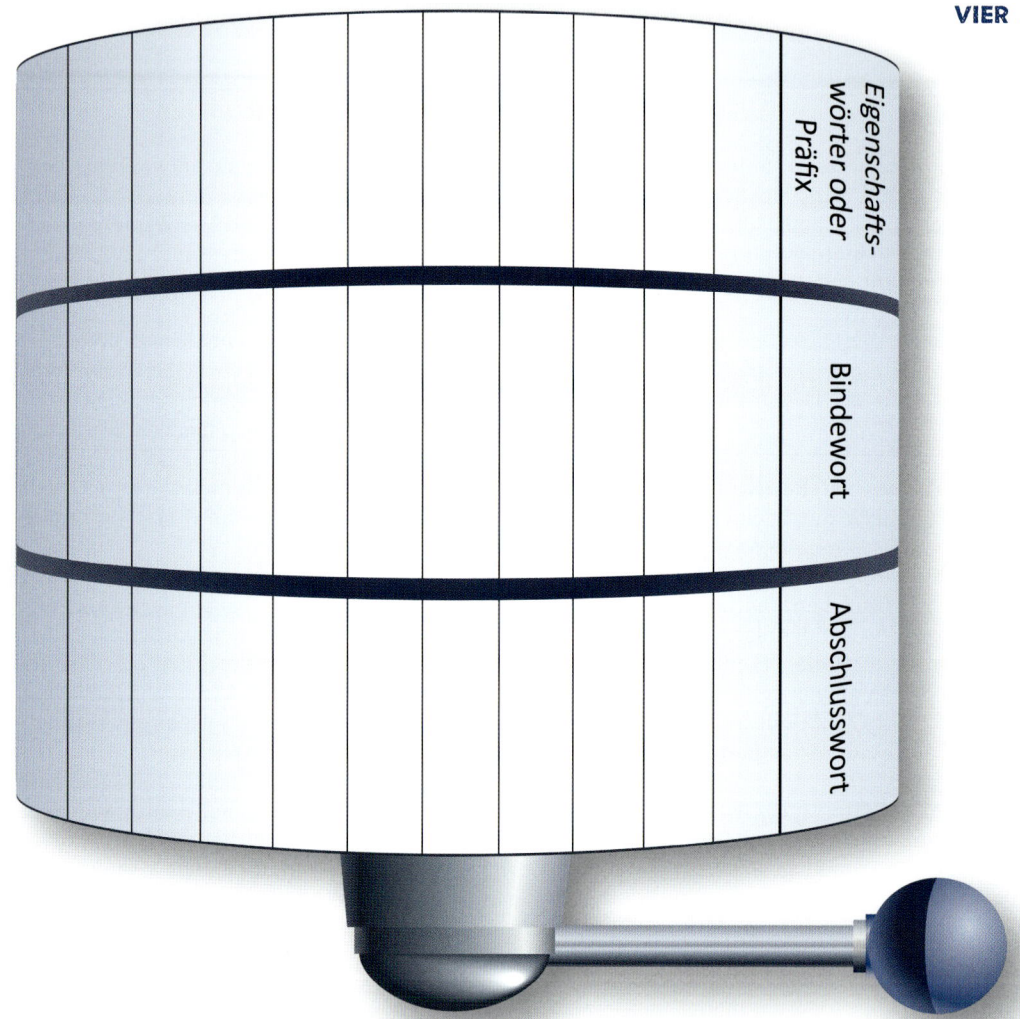

 **FAZIT**

Unser Hirn ist eine wahre Assoziationsmaschine. Lassen Sie diese nicht im Leerlauf, sondern nutzen Sie bewusst die Stärke des assoziativen Denkens. Verknüpfen Sie Wörter zu neuen Begriffen und lassen Sie sich von diesen zu neuen Lösungen inspirieren. Sie werden erkennen, dass sie dem Reiz des einarmigen Banditen nicht lange widerstehen können.

WEITERFÜHRENDE LITERATUR

de Bono, E. (1996): Serious Creativity: Die Entwicklung neuer Ideen durch die Kraft des lateralen Denkens, Stuttgart: Schäffer-Poeschel.

Schlicksupp, H. (1999): 30 Minuten für mehr Kreativität, Offenbach: Gabel.

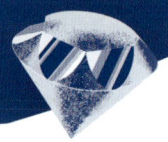
BILDMAPPEN
WIE BILDER ZU NEUEN IDEEN INSPIRIEREN

CREABILITY-PRINZIPIEN:	Verflüssigen, verbinden
KREATIVPHASE:	Entwickeln
REDUZIERTE BARRIERE:	Status-quo-Falle, funktionale Fixiertheit, Selbstzensur
ZEIT:	2–4 Stunden
TEILNEHMERZAHL:	5–8 Personen
INFRASTRUKTUR:	Bilder, Post-it®-Zettel, Stifte, Pinnwand oder Whiteboard

HINTERGRUND UND VERWENDUNGSKONTEXT

Kann man Ideen gemeinsam und systematisch generieren? Das klingt fast zu gut, um wahr zu sein, ist mit dieser Methode aber möglich. Durch die Verbindung eines strukturierten Vorgehens und der inspirierenden Wirkung von Bildern, die in *Bildmappen* den Teilnehmern präsentiert werden, können Teams die Kraft der Analogiebildung nutzen, um neue Ideen zu generieren. Gleichzeitig hilft die Vorgabe, basierend auf den Bildern eine Beziehung zum Problem zu schaffen – das ist nichts anderes, als die unwahrscheinliche Kombination von zwei bekannten Dingen zu etwas Neuem herzustellen –, um auf neue, bisher nicht bedachte Ideen zu kommen. Wichtig ist dafür, wie bei allen Ideengenerierungsmethoden, dass ein sicherer Raum geschaffen wird, in dem die Teilnehmer sich wohl fühlen, auch verrückte Ideen auszusprechen.

Erinnern Sie sich an ein Bild, das Ihren Denkprozess angeregt hat? Vielleicht war es ein Bild von einem Südseestrand oder einem schneebedeckten Berg, der Sie zu möglichen Urlaubszielen inspiriert hat – oder das Bild von besonders leckerem Essen auf dem Weg nach Hause, wo der leere Kühlschrank wartet? Die *Bildmappen*-Methode macht nichts anderes – sie nutzt die Inspirationskraft von Bildern und bringt uns durch konkrete Schritte dazu, Analogien zwischen einem Bild und einer Problemstellung zu suchen und dann eine Beziehung zwischen dem Problem und Aspekten des Bildes herzustellen.

Entwickelt wurde diese Methode vom renommierten Battelle-Institut in Frankfurt, das aufbauend auf bereits existierenden Methoden wie der Synectics-Methode die Kraft von Bildern erkannt und geschickt genutzt hat. Für die *Bildmappen*-Methode eignen sich grundsätzlich alle Problemstellungen, besonders aber komplexe und schwierige Probleme oder Fragestellungen, für die es nicht leicht ist, Inspiration im Arbeitsumfeld zu finden.

Der vorgegebene Ablauf und die Kombination verschiedener Kreativitätstechniken innerhalb dieser Methode strukturiert das Vorgehen des Teams so gut, dass sich alle Teilnehmer voll und ganz auf die wichtigste Aufgabe konzentrieren können: die Entwicklung neuer Ideen. Sie entwickeln Ideen gemeinsam, alleine und dann wieder gemeinsam.

 **VORGEHEN**

Die *Bildmappen*-Methode strukturiert das Vorgehen des Teams in sieben Schritte, die von der gemeinsamen Problemdefinition bis zur gemeinsamen Lösungsentwicklung reichen:

1. Die Problemstellung wird dem Team laut vorgelesen.
2. Das Team entwickelt mit einem klassischen Brainstorming erste spontane Lösungen die auf Post-it®-Zetteln gesammelt und auf ein Board im Raum gepinnt werden. Ziel ist es, bei diesem Schritt bewusst bekannte und einfache Lösungsideen zu sammeln.
3. Im nächsten Schritt wird das Problem umformuliert. Leitende Fragen für die Neuformulierung können sein: Welche Aspekte des Problems wurden bisher außer Acht gelassen? Was ist für die Lösung besonders wichtig, was nicht? Damit nähert sich das Team einer gemeinsamen Problemdefinition an, die Grundlage für die nächsten Schritte ist.
4. Nach der gemeinsamen Problemdefinition folgt die Präsentation von vorher ausgewählten Bildern. Jedes Teammitglied bekommt eine Bildmappe mit acht bis zehn Bildern, die nichts mit der Problemstellung zu tun haben. Je nachdem wie groß Ihr Team ist, sollte sich auch die Bildauswahl präsentieren: Die Angabe, wie viele Bilder gewählt werden sollten, kann zwischen drei und zwanzig liegen.
5. Jedes Teammitglied analysiert die vorliegenden Bilder für sich und entwickelt basierend auf den Bildern neue oder ergänzende Ideen. Ziel ist es, Analogien zu suchen und Teile, Aspekte, Eigenschaften des Bildes auf das Problem zu übertragen: ‚Force-Fit'. Die Ideen werden schriftlich festgehalten.
6. Anschließend wird jedes Bild einzeln im Team gezeigt. Jeder Teilnehmer beschreibt und interpretiert, was er sieht. Insbesondere sollen auch beeindruckende Elemente, Assoziationen und Gefühle genannt werden. Anschließend stellen die Teammitglieder der Reihe nach ihre Ideen, die sie basierend auf dem Bild entwickelt haben, der Gruppe vor.

7. Im letzten Schritt werden gemeinsam Lösungsansätze aufbauend auf den vorgestellten Ideen entwickelt.

Die Bilder können Sie dem Team ausgedruckt vorlegen. Sie können die Bilder an Stellwände pinnen oder Sie können die Bilder in einer Power-Point-Präsentation zeigen. Bilder finden Sie nicht nur im Internet, auch Zeitschriften wie National Geographic/GEO können Ihnen inspirierende Bildvorlagen liefern. Bei der Bildauswahl sollten Sie Folgendes berücksichtigen:

- Nutzen Sie Bilder, die leicht verständlich sind (wie Berge oder Kaffeetassen) und etwas darstellen, das passiert (zum Beispiel Extremsportler oder Arbeiter auf einer Baustelle oder in einer Fabrik). Vermeiden Sie zu abstrakte Darstellungen, die wenig Interpretationsspielraum lassen.
- Wählen Sie Bilder aus, die ganz bewusst nichts mit der Problemstellung zu tun haben und so möglichst breite Interpretationen zulassen, zum Beispiel Sportszenen oder Tierbilder. Damit helfen Sie dem Team, eigene Szenarien für Ihre konkrete Problemstellung zu entwickeln.
- Wählen Sie die Bilder aus, die aus möglichst vielen unterschiedlichen Bereichen kommen. Achten Sie darauf, dass Sie sowohl einfache Bilder haben (zum Beispiel Darstellungen von Früchten) als auch komplexe (bspw. Comicszenen). Grundsätzlich sollten alle Bilder, die Sie auswählen, einen positiven Grundton haben. Vermeiden Sie Bilder, die negative Emotionen wie Ärger oder Trauer wecken, wie Kampfszenen.

 BEISPIEL

Stellen Sie sich folgende Situation vor: Ihre Problemstellung ist, dass Sie im Unternehmen durch einen schmerzhaften Wandelprozess nach einer Restrukturierung gegangen sind und die Mitarbeiter unmotiviert und distanziert sind.

Sie erhalten ein Bild in der Bildmappe auf dem ein Spitzensportler bei der Skiabfahrt zu sehen ist.

Abbildung 40: Das Bild eines Skifahrers als Impuls fürs Change Management (Foto: Shutterstock)

Daraus ergeben sich spontan folgende Ideen:

- Schwung beibehalten – immer wieder remotivieren.
- Barrieren vorausschauend identifizieren und umgehen.
- Auf gute Ausrüstung (Budget und Tools) achten.
- Erfolge bzw. ersten Lauf/Phase nach Abschluss feiern.
- Mannschaftsdenken stärken (Zusammengehörigkeitsgefühl).

EINSATZRISIKEN UND ERFOLGSFAKTOREN

Um den Erfolg der Kreativitätssitzung zu unterstützen, bietet es sich an, im Vorfeld ein Treffen im kleinen Rahmen mit den Hauptverantwortlichen für die Problemstellung in der Organisation abzuhalten.

Nutzen Sie das Meeting um herauszufinden, was alles zum Problembereich gehört, warum bisher keine Lösung gefunden werden konnte und wer mit in die Kreativitätssitzung einbezogen werden sollte. So stellen Sie zum einen sicher, dass die Lösung auch genügend Unterstützer hat, die bei der Ideenfindung beteiligt waren und darum auch die Umsetzung nicht behindern werden. Zum anderen können Sie die Erwartungen des Teams abholen und bei der Auswahl der Bilder berücksichtigen – die Bilder sollen so weit wie nur möglich vom eigentlichen Thema der Kreativsitzung entfernt sein.

Wichtig ist zudem, dass sich die Teilnehmer darauf einlassen, sich von Bildern inspirieren zu lassen. Achten Sie darauf, dass Sie eine Atmosphäre schaffen, in der sich die Teilnehmer vom Arbeitsalltag lösen können. Da es in der Methode auch das klassische Brainstorming gibt, sollten Sie zudem darauf achten, dass sich das Team nicht zu stark unterbricht und trotzdem jeder Teilnehmer gehört wird. Gerade der letzte Teil der Methode, in der – basierend auf den Bildern – die Ideen vorgestellt und diskutiert werden, kann schnell von besonders eifrigen Teilnehmern unterbrochen werden. Hier ist es wichtig, ohne Unterbrechung des kreativen Flusses alle zu Wort kommen zu lassen.

EINSATZVARIANTEN

Sie können zum einen die Anzahl der Bilder variieren, die Sie in einer Kreativitätssitzung nutzen möchten. Zum Beispiel können Sie sich auf nur drei Bilder konzentrieren oder versuchen, bis zu 20 Stück in einer Sitzung zu analysieren. Wenn Sie sich für besonders wenige Bilder entscheiden, können Sie auch Teilteams bilden, die die gleichen Bilder analysieren und am Ende ihre Lösungen präsentieren. Diese Variante eignet sich in größeren Teams und bringt die Herausforderung mit sich, dass sich die Teams danach auf eine Lösungsmöglichkeit einigen müssen.

Anstatt Bildern können Sie die Methode auch mit Reizwörtern durchführen. In der Vorbereitung sollten Sie dann ähnlich wie bei den Bildern möglichst unterschiedliche Wörter nehmen und eine Vielzahl bereitstellen. Beispiele sind folgende Wörter: Krankenhaus (Was können wir von einem Krankenhausablauf für unsere Prozesse lernen?), Schauspieler (Wie bereiten sich Schauspieler auf neue Herausforderungen vor?) oder Hamster (Wie überbrückt der Hamster wirtschaftlich schwierige Zeiten?).

 **FAZIT**

Um Ideen in Teams zu generieren, ist es eine Möglichkeit, visuelle Stimuli zu nutzen in Kombination mit Restriktionen wie Force-fit. Kreativität ist oft nicht leicht im Arbeitsalltag zu erreichen und nichts ist schwerer, als außerhalb der Box zu denken, wenn man muss. Die Bildung von Analogien aus anderen Bereichen hilft dabei, die eigene Situation und Problemlage aus einem anderen Blickwinkel wahrzunehmen – und mögliche Lösungswege zu erkennen. Der große Vorteil von Analogien ist hier, dass sie sich auch gleich für die Kommunikation der Idee eignen – die gleichen Bilder, die geholfen haben, die Idee zu entwickeln, helfen auch, sie weiter zu verbreiten.

WEITERFÜHRENDE LITERATUR

Geschka, H. (1990): Visual Confrontation: Ideas through pictures. In: M. Oakley (Ed.) Design Management: A Handbook of Issues and Methods, Oxford: Basil Blackwell.

VanGundy, A.B. (1981): Techniques of Structured Problem Solving, Heidelberg: Springer.

EMPATHIEKARTE
IDEEN VOM NUTZER HER GEDACHT

CREABILITY-PRINZIPIEN:	Verstehen
KREATIVPHASE:	Entwickeln
REDUZIERTE BARRIERE:	Status-quo-Falle, vorschnelles Beenden
ZEIT:	30 Minuten
TEILNEHMERZAHL:	1–10 Personen
INFRASTRUKTUR:	Ein großes Blatt Papier oder eine gemeinsame Pinnwand oder ein Projektor mit Laptop

 HINTERGRUND UND VERWENDUNGSKONTEXT

Gute Ideen helfen anderen Menschen. Um solche Einfälle zu ermöglichen, müssen wir uns jedoch gut in die Menschen hineinversetzen können, denen wir helfen möchten. Wir brauchen Empathie oder die Möglichkeit, uns ganz auf ihre Sichtweise einzulassen. Wie macht man das?

Scott Matthews von der Designfirma XPLANE hat dafür eine einfache Methode entwickelt: Die *Empathiekarte* (englisch: Empathy Map). Diese erfreut sich mittlerweile auch in Managementkreisen großer Beliebtheit und existiert bereits in verschiedenen Varianten.

Die Karte kommt immer dann zum Einsatz, wenn es darum geht, die Kundenperspektive einzunehmen oder generell die Welt aus der Sicht einer bestimmten Person oder Zielgruppe zu verstehen.

VORGEHEN

Um eine *Empathiekarte* zu erstellen, muss man zunächst entscheiden, welche Person oder Personengruppe die eigenen Ideen in Zukunft nutzen soll. Es geht in einem vorbereitenden Schritt also darum, die zukünftigen Anwender einer Idee zu identifizieren. Zudem sollte man definieren, für welches Thema oder (Kunden-)Bedürfnis man die *Em-*

pathiekarte ausfüllt. Man notiert diese Bezeichnung der Person(engruppe) und des Themas im schematischen Kopf.

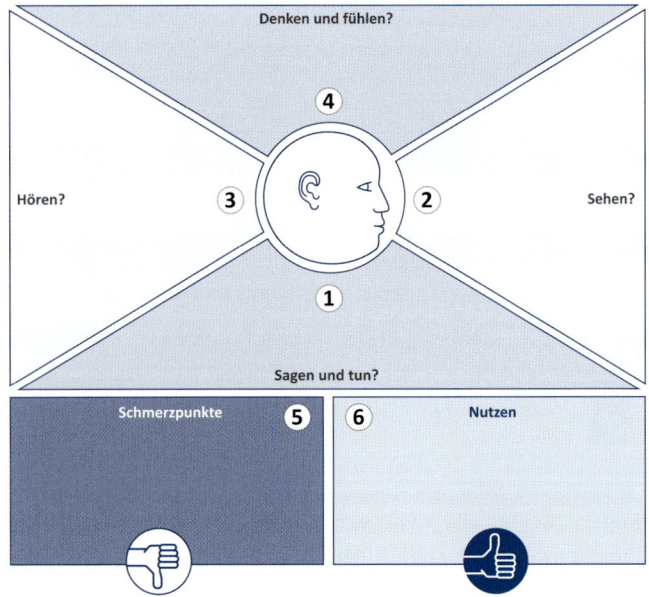

Abbildung 41: Das Vorlagenschema der Empathiekarte

Auf dieser Basis beginnt nun die eigentliche Methode. Wir starten dabei mit relativ gesichtetem Wissen und gehen erst dann zu den spekulativeren Schritten:

1. Man fragt die Teilnehmer, was die entsprechende Person zu diesem Thema bereits gesagt oder getan hat. Dies wird in die entsprechende untere Zone eingetragen (beim Mund).

2. In einem weiteren Schritt fragt man die Teilnehmer, was diese Person zu dem Thema bereits an Resultaten oder Beispielen gesehen hat (beim Auge).

3. Danach wird es spekulativer und man fragt sich, was diese Person wahrscheinlich von anderen über dieses Thema gehört habe (beim Ohr).

4. Im nächsten Schritt sollen die Teilnehmer im oberen Teil aufschreiben, was die Person vermutlich über die aktuelle Situation denkt. Hier können Annahmen, Meinungen oder auch offene Fragen der Person notiert werden. Im nächsten Schritt wird in dieser Zone die Gefühlslage der Person in Bezug auf das Thema skizziert. Was für Ängste und Befürchtungen hat die Person in Bezug auf die Themenstellung?

5. In einem vorletzten Schritt werden in den beiden Rechtecken mögliche Frustrationspunkte der Person (was sie nervt) aufgeschrieben, wie auch Ideen, die der Person das Leben erleichtern. Im englischen Original werden diese beiden Zonen als ‚Pain Points' bzw. ‚Gain Points' bezeichnet.

Nun streicht man die wichtigsten Aussagen in der Abbildung an und überlegt bzw. diskutiert im Team, wie man diesen Bedürfnissen und Erwartungen am besten entsprechen könnte: Wie holt man eine Person in dieser Situation ab?

Was benötigt sie? Welchen Mehrwert können wir ihr bieten? Was müssen wir ihr unbedingt mitteilen? Diese Ideen können auf der *Empathiekarte* selbst oder auf einem separaten Flipchart erfasst werden. Zum Schluss der *Empathiekarten*-Übung sollten Sie auch kurz in der Gruppe erörtern, ob Sie (basierend auf dem vorhandenen Wissen) wirklich genügend über die entsprechende Person oder Gruppe in Erfahrung bringen konnten oder ob Ihnen durch das Ausfüllen der Karte gewisse Informationslücken bewusst geworden sind, die es im Nachgang zu füllen gilt.

Das nachfolgende Beispiel verdeutlicht diese Schritte und Leitfragen.

 BEISPIEL

Viele Personalabteilungen sehen sich heute mit der Herausforderung konfrontiert, der Generation Y eine attraktive Arbeits- und Entwicklungsumgebung zu ermöglichen. Diese sogenannten digitalen Eingeborenen bzw. nach 1980 Geborenen haben eine andere Arbeitseinstellung und andere Prioritäten als bisherige Generationen (z. B. die Babyboomer oder die Generation X). Um für diesen Teil der Belegschaft passende Trainings- und Personalentwicklungsmaßnahmen zu konzipieren, erstellen die Spezialisten einer Personalabteilung im Rahmen einer Sitzung eine *Empathiekarte* für die 20-35-Jährigen, welche ihre Arbeit neu im Betrieb beginnen. Sie hoffen, damit die Grundlage für gute Entwicklungsideen zu schaffen.

1. Sie beginnen damit, die Zone mit dem Mund auszufüllen und diskutieren, welche Aussagen sie von diesen jungen Mitarbeitern bereits gehört haben; was diese also schon konkret über den Betrieb (und ihre Entwicklungsmöglichkeiten) gesagt haben. Ein Rekrutierer erzählt, dass er in vielen Bewerbungsgesprächen Folgendes von den jungen Bewerbern hörte: „Ich möchte mich selbst verwirklichen." „Ich brauche Freiraum." „Ich will mit meinen Freunden in Kontakt bleiben, auch am Arbeitsplatz, z. B. via Facebook." Eine Kollegin ergänzt, dass viele das Reisen extrem schätzten. Darüber hinaus bemerkt eine Personalfachfrau, dass viele junge Neueinsteiger erstaunlich viele Praktika absolviert hätten; oft schon mehr als vier und dies in verschiedenen Branchen.

2. Nun bittet das Personalteam (im Rahmen des gleichen Workshops) eine junge, 28-jährige Kollegin selbst Stellung dazu zu nehmen, wie sie den Betrieb wahrnimmt bzw. was sie so sieht. Sie erzählt: „In dieser Unternehmung sind die meisten älter als ich. Viele meiner Kollegen arbeiten schon sehr lange hier. Ich sehe auch einiges, was ich mir anders vorgestellt hätte, z. B. recht großen bürokratischen Aufwand und viele rein regionale Themen."

3. In einem dritten Schritt diskutieren alle Teilnehmer gemeinsam, was diese Mitarbeiter wohl von Kollegen in der Unternehmung, aber auch aus anderen Firmen zu hören bekommen. Jemand meint, dass es ein offenes Geheimnis

sei, dass in anderen Branchen höhere Löhne gezahlt würden. Dafür würde man aber Leute in dieser Branche beneiden, da sie in einem sehr innovativen Feld tätig sind. Auch hätten die Jungen vielleicht von Kollegen gehört, dass die IT-Abteilung sehr restriktiv und konservativ sei und sich überlege, die Zugänge zu Social-Media-Kanälen zu sperren.

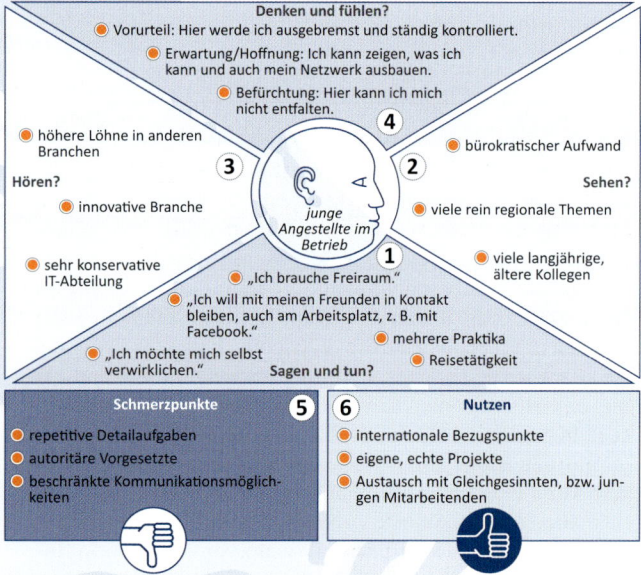

Abbildung 42: Beispiel einer komplettierten Empathiekarte

4. Nun steht der schwierigste und spekulativste Schritt in der Methode an. Das Team diskutiert nun, wie sich diese Generation in der Unternehmung fühlt und was sie wohl über den Betrieb denkt. Spezifisch wird besprochen, welche Erwartungen und Hoffnungen die Generation Y hat und welche Vorurteile und Befürchtungen bestehen. Zuerst wird ein Vorurteil besprochen, nämlich, dass man als junge Person in dieser Firma ausgebremst und ständig kontrolliert werde. Die Befürchtung vieler jüngerer Mitarbeiter ist vielleicht, dass man sich in einer so rigorosen Kultur nicht frei entfalten kann. Eine Hoffnung bzw. Erwartung der jungen Mitarbeiter ist hingegen, dass man zeigen kann, was man kann, und seine Kontakte stetig erweitert.

5. Nun werden die Pain-Punkte besprochen, d. h. was diese Generation besonders nervt. Hier entsteht eine lebendige Diskussion unter den Personalern. Man einigt sich darauf, dass die digitalen Eingeborenen manchmal mit repetitiven Detailaufgaben Mühe bekunden und dass sie auf sehr autoritäre Chefs allergisch reagieren. Zudem nerven sie Einschränkungen bei ihrem elektronischen Kommunikationsverhalten.

6. Als Nutzenpotenziale der HR-Arbeit für diese Neulinge sehen die Personalfachleute das Angebot internationaler Bezugspunkte, sprich Kontakte im Ausland, die Möglichkeit eigene Projekte zu gestalten und den Austausch mit anderen zu ermöglichen.

Auf diesen Erkenntnissen aufbauend, entwickeln die Teilnehmer noch im Workshop ein Entwicklungsprogramm für diese Starter, welches es vorsieht, dass jede neu eingestellte Person ein Miniprojekt mit internationalem Bezug gestalten darf. Zu diesem Projekt gibt es elektronische Austauschmöglichkeiten mit anderen jungen Fachkräften im Betrieb, welche sehr dezent durch die HR-Abteilung moderiert werden. An einer Abschlusskonferenz dürfen die besten Projekte durch die Verantwortlichen vorgestellt werden.

EINSATZRISIKEN UND ERFOLGSFAKTOREN

Wir haben in verschiedenen Kreativitätsworkshops sehr gute Erfahrungen mit der *Empathiekarte* gemacht (gerade wenn schon einiges über die Zielgruppe bekannt war). Einige Male ist es uns jedoch passiert, dass die Workshopteilnehmer die Methode kritisiert haben, weil sie ‚zum Spekulieren verleitet', wie es ein Teilnehmer formuliert hat. Dies ist in der Tat ein Einsatzrisiko der Methode, gerade wenn es um die Kategorien „hören", „denken" und „fühlen" geht. Je weniger man über eine Zielgruppe oder eine Person weiß, desto mehr ist man bei dieser Methode dazu gezwungen zu spekulieren und gewisse Annahmen zu treffen. Dessen sollte man sich beim Einsatz der Methode bewusst sein und jeweils klar unterscheiden, was Fakt bzw. direkt

erlebtes Verhalten der Person ist und was nur Vermutung. Der Erfolgsfaktor, der sich daraus ableiten lässt, ist, die Methode nur für Zielpersonen oder Gruppen anzuwenden, welche man schon relativ gut kennt (aufgrund zahlreicher Interaktionen oder Marktforschungsstudien). Bei gänzlich neuen Zielpersonen oder -gruppen kann die Methode in der Tat zu einem Übermaß an Spekulation führen.

EINSATZVARIANTEN

Die ursprüngliche Variante der *Empathiekarte* kennt die beiden unteren Sektionen mit den Schmerzpunkten und Nutzenpotenzialen nicht und fragt einzig nach dem „sagen", „sehen", „hören", „denken" und „fühlen". Von daher ist die oben beschriebene *Empathiekarte* bereits eine weiter entwickelte Variante. Je nach Einsatzkontext können Sie selbst entscheiden, ob diese Erweiterung um Schmerz- und Nutzenpunkte interessante weitere Ideen generieren kann.

Beim Einsatz der *Empathiekarte* in einem Innovationsteam eines weltweit tätigen Finanzdienstleisters haben die beteiligten Mitarbeiter eine interessante Einsatzvariante der *Empathiekarte* erfunden: Statt für den Zielkunden eines neuen Produktgenres nur eine *Empathiekarte* zu entwerfen, haben sie deren zwei entworfen, und zwar eine für die Ist-Situation, d. h., wie sich der Kunde momentan fühlt bzw. die Firma erlebt, und eine für die Zukunft, d. h., was der Kunde sehen, hören, sagen und denken würde, wenn die neue Finanzdienstleistung bereits existieren würde. Gerade diese zweite Sollversion der *Empathiekarte* hat zu vielen interessanten Erkenntnissen und Ideen geführt.

Eine Alternative zur *Empathiekarte* ist die sogenannte Personamethode, bei der (meist auf einem großen leeren Poster oder Flipchart) ein Steckbrief eines möglichen Kunden erstellt wird, um dessen Erwartungen und Bedürfnisse besser zu verstehen und daraus neue Produktideen zu entwickeln. Auch bei der Personamethode werden dazu mögliche Aussagen des Kunden in Form von Zitaten sowie seine typischen Handlungen und Annahmen festgehalten. Darüber hinaus beschreibt man seine Ziele, Werte und sein (Kauf- oder Entscheidungs-)Verhalten. Im Gegensatz zur *Empathiekarte* versucht man das Personaposter mit Bildern bzw. Fotografien zu ergänzen und entwickelt so eine Collage eines archetypischen Kunden. Die Methode geht z. T. so weit, dass man in Rollenspielen verschiedene Personas miteinander interagieren lässt, um so Ideen für neue Produkte zu entwickeln.

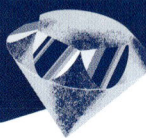 **FAZIT**

Wir haben in diesem Buch oft betont, dass es für Kreativität unerlässlich ist, seine Perspektive zu wechseln und neue Blickwinkel auszuprobieren. Die *Empathiekarte* ermöglicht diesen Perspektivenwechsel in einer einfachen Weise, indem Sie uns dazu einlädt, uns selbst (bzw. unser Produkt) aus der Sicht einer anderen Person zu betrachten.

WEITERFÜHRENDE LITERATUR

Eppler, M.J., Pfister, R. (2012): Sketching at Work. 35 starke Visualisierungs-Tools für Manager Berater, Verkäufer, Trainer und Moderatoren, Stuttgart: Schäffer-Poeschel.

Gray, D., Brown, S., Macanufo, J., Nitz, E. (Übersetzerin) (2011): Gamestorming: Ein Praxisbuch für Querdenker, Moderatoren und Innovatoren, Köln: O'Reilly.

IDEENMARATHON
TRAINIEREN SIE IHRE KREATIVITÄT

CREABILITY-PRINZIPIEN:	Verflüssigen, verbinden, veredeln
KREATIVPHASE:	Entwickeln
REDUZIERTE BARRIERE:	Status-quo-Falle
ZEIT:	5 Minuten pro Tag
TEILNEHMERZAHL:	1–2 Personen
INFRASTRUKTUR:	Papier und Stift sowie dieses Buch

HINTERGRUND UND VERWENDUNGSKONTEXT

Können Sie sich vorstellen, jeden Tag eine Idee zu entwickeln? Und das nicht nur eine Woche lang oder einen Monat lang – sondern über Jahre hinweg? Der Japaner Takeo Higuchi hat seit 1984, dem Jahr, in dem er den *Ideenmarathon* entwickelt hat, insgesamt 374.216 Ideen entwickelt und in 399 Notizbüchern gesammelt. Er ist nach Jahren des Trainings überzeugt, dass Sie und Ihr Team das auch können.

Mit dem *Ideenmarathon* werden Sie eine neue Gewohnheit entwickeln: Sie werden jeden Tag mindestens eine Idee aufschreiben; direkt nach dem Aufstehen, beim Kaffee, im Gespräch mit Kollegen, im Supermarkt, auf der Fahrt nach Hause – dadurch wird es jeden Tag leichter werden, neue Ideen zu entwickeln und rasch festzuhalten.

Wie kommt man auf neue Verkaufsideen, wenn die Konkurrenz groß ist und die Zeit knapp? Takeo hat 1984 als Angestellter im Verkauf in Saudi-Arabien gearbeitet und stand vor genau dieser Herausforderung. Er musste der Konkurrenz einen Schritt voraus sein und in den Verhandlungen mit immer neuen Ideen glänzen, um die Kunden zu überzeugen. Und so hat er sich vorgenommen mindestens eine Idee pro Tag zu entwickeln und in ein Notizbuch zu schreiben, das er immer bei sich trug. Die Idee ist so einfach wie genial. Es waren nicht immer Ideen, die besonders gut waren oder die sich auch umsetzen ließen. Aber Takeo

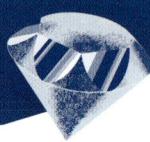

hat jede Idee aufgeschrieben, mindestens eine pro Tag, und hat so eine kreative Gewohnheit geschaffen. Mit der Zeit wurde es immer einfacher, eine oder mehrere Ideen pro Tag zu entwickeln. Takeo hat sich selber für die Wahrnehmung von Problemen und die Suche nach Lösungen in seinem Umfeld sensibilisiert: In seinem Notizbuch war immer mindestens eine Idee dabei, die ihm dann im Verkauf tatsächlich weitergeholfen hat.

Abbildung 43: Takeos Notizbücher in denen 374.216 Ideen gesammelt sind (Bild mit freundlicher Genehmigung von Takeo Higuchi)

Wie die Ausdauer für einen Marathon kann man auch Kreativität trainieren, wichtig ist jedoch auch hier die Regelmäßigkeit, mit der wir Ideen entwickeln und aufschreiben.

Weil Takeo so von seinem *Ideenmarathon* überzeugt ist, führt er den *Ideenmarathon* seit vielen Jahren in Unternehmen weltweit ein, um deren Innovationsfähigkeit zu fördern. Aber nicht nur in Unternehmen braucht man neue Ideen, auch an Universitäten und in Forschungsgruppen unterrichtet Takeo, um die Ideengenerierung von Beginn an zu trainieren. Man könnte meinen, dass für Forscher neue Ideen das tägliche Brot sind, aber auch Forschern fällt es schwer, auf Anhieb neue Ideen zu entwickeln. Nicht zuletzt deswegen hat es sich auch für uns gelohnt, ein Interview mit Takeo zu führen.

 VORGEHEN

Das Vorgehen beim *Ideenmarathon* ist so einfach wie überzeugend: Die eigentliche Ideengenerierung findet alleine statt, jeder hat ein Notizbuch und zwingt sich, jeden Tag mindestens eine Idee aufzuschreiben. Am Ende der Woche werden dann in einer kurzen Sitzung alle in der Woche festgehaltenen Ideen geteilt.

Anfangen kann jedes Team sofort, es braucht keine besondere Einführung, Vorbereitung oder komplizierte Hilfsmittel, ein einfaches Notizbuch (das auch online geführt werden kann) reicht vollkommen aus. Takeo ist überzeugt, dass Papier und Stift die besten Hilfsmittel für einen schnellen Start sind. Um uns bei der Durchführung zu unterstützen, hat Takeo sechs Regeln aufgestellt, die am Anfang des *Ideenmarathons* ausgedruckt und z. B. im Teamraum oder Büro aufgehängt werden können.

Diese einfachen Regeln lauten wie folgt:

1. Entwickeln Sie mindestens eine Idee pro Tag und schreiben Sie Ihre Idee in ein Notizbuch so kurz und knapp wie möglich auf. Nehmen Sie Ihr Notizbuch überall hin mit.

2. Wann immer möglich, fügen Sie kleine Skizzen zu den Ideen hinzu.

3. Schreiben Sie zu jeder Idee das Datum dazu und nummerieren Sie Ihre Ideen. Takeo empfiehlt ebenfalls eine Kategorie zur Idee hinzuzufügen (z. B. Software, Marketing, Auto, Projekt usw.)

4. Reden Sie über Ihre Ideen mit Ihrem Team, Ihrer Familie und Ihren Freunden – Ihre Ideen werden sich dadurch verdoppeln.

5. Schauen Sie Ihre Ideen regelmäßig wieder an. Ergänzen und verbinden Sie Ihre Ideen, setzen Sie Ihre besten Ideen um.

6. Das wichtigste ist, dass Sie den *Ideenmarathon* keinen Tag unterbrechen, schreiben Sie jede noch so kleine Idee auf.

Diese Regeln, so einfach sie klingen mögen, unterstützen Sie dabei, eine Gewohnheit zu entwickeln. Nach ein paar Wochen können Sie gemeinsam im Team überlegen, welche Kategorien für Ihre Ideen und Ihr Team sinnvoll sind. Diskutieren Sie Ihre Ideen so oft wie möglich. Takeo empfiehlt einen wöchentlichen oder zweiwöchigen Rhythmus. Die Nummerierung der Ideen hilft Ihnen dabei, Ihren Erfolg zu messen und ihre Motivation aufrecht zu erhalten. Im ersten Jahr werden Sie mindestens 365 Ideen entwickeln! Beginnen Sie langsam, Sie werden sehen, dass Ihre Ideen mit der Zeit komplexer werden und Sie von selber Beschreibungen und kleine Skizzen hinzufügen wollen, damit sie sich später besser an Ihre Ideen erinnern können.

Beginnen Sie damit, den *Ideenmarathon* selber auszuprobieren und ziehen Sie, wenn Sie selbst von der Methode überzeugt sind, so schnell wie möglich Ihr Team hinzu. Der *Ideenmarathon* lässt sich im ganzen Unternehmen ausrollen und ist eine perfekte Ergänzung zu bestehenden kontinuierlichen Verbesserungsinitiativen oder Ideenplattformen im Unternehmen. Beginnen Sie dazu in einem Bereich, in dem gute Ideen stets willkommen und nützlich sind, z. B. auf neuen Wegen Kunden zu gewinnen oder Kosten zu sparen.

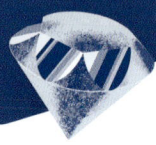

 BEISPIEL

Eine japanische Teleshopping-Firma hat den *Ideenmarathon* im Jahr 2006 eingeführt und alle 650 Mitarbeiter führen jeweils eigene Ideentagebücher. Eine japanische Drogeriekette mit über 3.000 Mitarbeitern hat im Jahr 2009 den *Ideenmarathon* ebenfalls unternehmensweit eingeführt und entwickelt so im Schnitt 20.000 Ideen pro Jahr. Viele davon werden auch umgesetzt.

Die beste Möglichkeit für einen andauernden Erfolg ist es, alle neuen Mitarbeiter beim Eintritt in das Unternehmen in den *Ideenmarathon* einzuführen. In Japan machen das bereits fünf Firmen regelmäßig. Eine davon ist Toshiba, die jeden Neuzugang zuerst im *Ideenmarathon* unterrichtet, bevor er Mitglied eines Teams wird.

Takeo selber hat seit dem Jahre 1984 sage und schreibe 374.216 Ideen entwickelt und seine Notizbücher aufgehoben. Das klingt unerreichbar, wenn Ihnen sonst nicht einmal eine Idee einfällt – und ist doch möglich. Bis zu 20.000 Ideen werden pro Unternehmen, das den *Ideenmarathon* eingeführt hat, entwickelt, Patente werden angemeldet und die Motivation der Mitarbeiter steigt. Takeo empfiehlt unternehmensweite Ideenausstellungen, auf denen die besten Ideen prämiert und die Entwickler ausgezeichnet werden.

 **EINSATZRISIKEN UND ERFOLGSFAKTOREN**

Beim *Ideenmarathon* ist die Gewohnheit des Ideentrainings entscheidend. Gerade zu Beginn ist es ungewöhnlich und schwierig, ständig Ideen zu generieren und das Notizbuch auch noch ständig bei sich zu führen.

Helfen Sie Ihrem Team, indem Sie regelmäßig nachfragen: Wie viele Ideen wurden diese Woche generiert? Welche Ideen wurden vielleicht schon umgesetzt? Machen Sie sich eine Notiz im Kalender, um immer wieder nachzufragen oder reservieren Sie fünf bis zehn Minuten zu Beginn eines regelmäßig stattfindenden Meetings für den *Ideenmarathon*.

Und halten Sie das Vorgehen so einfach wie möglich, damit es auch eine Gewohnheit werden kann. Zwingen Sie Ihr Team nicht, viele aufwändige Listen zu führen oder die Qualität der Ideen messbar zu machen.

Der wichtigste Erfolgsfaktor sind darum auch Übung und Konsequenz. Wie jeder Sportler muss auch Ihr Team erst trainieren, bevor es richtig gut wird. Regelmäßiges Kreativitätstraining ist der Schlüssel zum Erfolg: Stellen Sie sich Herausforderungen, die zu bewältigen sind – entwickeln Sie eine Idee pro Tag. Und gehen Sie mit gutem Beispiel voran.

EINSATZVARIANTEN

Statt Ideen nur aufzuschreiben, visualisieren Sie Ihre Ideen wann immer möglich. Sie können beispielsweise mit einer ,Visualisierungswoche' beginnen: In dieser Woche werden alle Ideen visualisiert, danach wird wieder geschrieben. Schauen Sie, was gut funktioniert hat und wann die nächste Woche stattfindet, bis Ihr Team von ganz alleine immer mehr zeichnet, auch in den ,Visualisierungspausen'.

Beginnen Sie mit dem *Ideenmarathon* am besten in Ihrem Team – fangen Sie lieber kleiner als größer an.

Sie können auch in zwei Parallelteams beginnen, die gegeneinander antreten, und vergleichen, wer wie viele Ideen z. B. in der letzten Woche generiert hat. Ein kleiner Wettbewerb motiviert Teams oft zusätzlich.

Eine weitere Einsatzvariante ist es, statt eines physischen Notizbuchs ein elektronisches Notizbuch zu nutzen. Microsoft OneNote kann z. B. vom ganzen Team genutzt werden, Wunderlist ist eine gute kostenfreie App, um einfache Ideenlisten zu führen. Schauen Sie mit Ihrem Team, was am Besten zu Ihnen und Ihrem Unternehmen passt.

FAZIT

Der *Ideenmarathon*, den Takeo Higuchi entwickelt hat, um immer wieder gute Ideen zu haben und in seinem Job voranzukommen, basiert ebenfalls auf unseren Kreativitätsprinzipien. Verflüssigen ist nämlich eines der Hauptprinzipien des *Ideenmarathons*: Durch das Training kommen unsere Ideen in Fluss, wie von alleine sehen wir Herausforderungen und Lösungen. Weil die Ideen im Notizbuch festgehalten werden, lassen sie sich leichter verbinden – wenn wir sie wieder ansehen, fallen uns auf einmal Gemeinsamkeiten und Unterschiede auf. Dadurch unterstützt der *Ideenmarathon* auch die Veredelung der Ideen und macht es somit leichter, die besten Ideen zu identifizieren und umzusetzen.

Wie kann denn der *Ideenmarathon* so einfach sein, werden Sie sich vielleicht fragen? Nun, wie beim Training für einen Marathon ist es einfach: Man muss regelmäßig trainieren. Aber so einfach ist das im Alltag dann doch wieder nicht und wie beim Training sind wir Weltmeister darin, Ausreden zu erfinden, warum es heute mit dem Training nicht klappt. Takeo hat bewusst die Analogie zum Sport gewählt: Das Durchhaltevermögen am Anfang ist wichtig, um später Erfolge sehen zu können. Man erreicht immer wieder ein Plateau, auf dem man keinen Trainingserfolg sieht. In derartigen Situationen man muss an die Methode glauben, um weiterzumachen. Dabei ist es nicht immer

leicht, sich zu motivieren. Darum empfehlen wir, dass Sie mit Ihrem Team beginnen – motivieren sie sich wie in einer Laufgruppe gegenseitig. Der *Ideenmarathon* besticht durch seine Einfachheit – Sie können sofort damit beginnen und ihn in Ihren noch so vollen Arbeitsalltag integrieren. Es wird Ihnen so immer leichter fallen, Ideen zu entwickeln, sie begeistert zu teilen und den Mut zu haben, Ihre Ideen mit Ihrem Team umzusetzen. Sie werden aus Fehlern lernen und immer bessere Ideen entwickeln je länger Sie den Marathon laufen. Und Sie werden das Kreativitätsprinzip der Serendipity („glücklicher Zufall') erleben: Sie werden ohne großen Aufwand, ganz beiläufig in Ihrem täglichen Kreativitätstraining etwas Neues von großem Mehrwert entdecken, ohne dass Sie sich dafür anstrengen müssen.

Sie werden erleben, dass Kreativität Spaß macht und sich im Unternehmen und Ihrem Privatleben als mühelose Routine ausbreitet.

WEITERFÜHRENDE LITERATUR

Higuchi, T., Yuizono, T., Miyata, K. (2012): Creativity Improvement by Idea-Marathon Training, Measured by Torrance Tests of Creative Thinking (TTCT) and Its Applications to Laboratories. Conference Paper, KICSS 2012: 7th International Conference on Knowledge, Information and Creativity Support Systems, Melbourne, Australien.

Higuchi, T. (2001): Ideas in Action: Digital Achievement of Idea Marathon System (IMS), Tokyo: Adarsh Books.

Inspirierende Übersicht und Zusammenfassung:
www.youtube.com/watch?feature=player_embedded&v=W9AWOpwmywE

www.idea-marathon.net (Englisch und Japanisch)

PROTOTYPING
IDEEN ANFASSBAR MACHEN

CREABILITY-PRINZIPIEN:	Verändern, verbinden, veredeln
KREATIVPHASE:	Entwickeln, ausarbeiten
REDUZIERTE BARRIERE:	Status-quo-Falle, vorschnelles Beenden
ZEIT:	20–60 Minuten
TEILNEHMERZAHL:	Mindestens 2, bis zu 5 Personen
INFRASTRUKTUR:	Büro- und Bastelmaterial – je mehr desto besser

HINTERGRUND UND VERWENDUNGSKONTEXT

Haben Sie schon einmal die Aussagen einer Studie oder Umfrage studiert und wussten nachher genauso wenig wie vorher, was Ihre Kunden eigentlich brauchen? Oder haben Sie in einem Meeting eine Power-Point-Präsentation gezeigt, in die Sie viel Arbeit gesteckt haben, und haben kein brauchbares Feedback bekommen? Und kennen Sie ein Unternehmen, welches ein Produkt oder einen Service entwickelt hat, der vorher wunderbare Testergebnisse hatte und dann auf dem Markt komplett gefloppt ist?

Natürlich gibt es viele Ursachen für diese Probleme. Einer der Hauptgründe ist, dass die Idee für das Produkt oder den Service nicht zusammen mit dem Kunden entwickelt und getestet wurde. Wenn wir mit festen Annahmen über das, was Kunden wollen, unsere Arbeit beginnen, werden wir uns davon nicht mehr weit entfernen. Wenn wir allerdings ohne großen Aufwand Ideen schnell in Prototypen abbilden und mit Kunden testen, bekommen wir die ungeschminkte Wahrheit – weil wir es nicht nur uns, sondern auch den Kunden einfach machen, Feedback zu geben. Wir schaffen ein Erlebnis, etwas, das uns mit einer Umfrage nie gelingen wird.

Aus dem Design und der Produktentwicklung kommt eine Methode, die an diese Anforderungen bestens angepasst ist: *Rapid Prototyping* oder die schnelle Entwicklung von ersten Prototypen. Ideen zu entwickeln ist eine Sache,

aber woher weiß man, ob es auch eine gute Idee ist? Wie kann man immer schneller Ideen entwickeln, Kundenfeedback einholen und die Idee weiterentwickeln? Dafür bietet *Rapid Prototyping* eine Lösung.

Die Prototypen, die ‚entwickelt' werden, sind nicht perfekt. Sie sind noch weit vom fertigen Produkt oder Service entfernt, eignen sich aber hervorragend, um zentrale Elemente einfach darzustellen und dann schnell (‚rapid') zu testen. Egal, was Sie dabei lernen – und Sie werden viel lernen –, damit ist die Entwicklung der Prototopyen noch lange nicht vorbei, sondern geht in den nächsten Zyklus. Sie werden viele neue Prototypen bauen, um das Gelernte aufzunehmen und erneut zu testen. Braucht es vielleicht eine Kombination von verschiedenen Dingen? Was ist am Wichtigsten? Und wie könnte eine Lösung dafür aussehen? So testen Sie nicht nur Ihre Ideen, sondern entwickeln sie nahe am Kunden kontinuierlich weiter.

 VORGEHEN

Es gibt verschiedene Arten von Prototypen, die Sie bauen können, z. B. Skizzen von einer Webseite, die Sie planen und deren Aufbau Sie auf einer oder mehreren Seiten einfach dargestellt zeigen. Papier-Prototypen wie Skizzen oder Comics sind vermutlich die einfachsten Prototypen. Sie können mit Lego, Holz oder z. B. Knetmasse physische Prototypen

bauen und Services nachstellen oder auch virtuelle Prototypen wie Wireframes, klickbare Prototypen oder Videos erstellen, um Ihre Idee zu kommunizieren und zu testen.

Die folgenden drei Schritte sind einfach und lassen sich mit wenigen Mitteln schnell umsetzen. Das Besondere ist daran, dass *Prototyping* nie wirklich endet – sobald der Zyklus einmal durchlaufen ist, beginnt er wieder von vorn und das Gelernte wird in neue Ideenprototypen integriert, die wieder getestet werden...

1: PROTOTYPING

Wählen Sie z. B. nach einem Brainstorming eine Idee aus und bauen Sie so schnell wie möglich einen oder mehrere Prototypen, die diese Idee darstellen.

Hierzu können Sie sich auch im Team aufteilen – jeder baut einen Prototypen und Sie vergleichen dann und besprechen Gemeinsamkeiten und Unterschiede. Oft merkt man hier schon eine unterschiedliche Schwerpunktsetzung – jeder im Team nimmt die Idee ein bisschen anders wahr und beurteilt bestimmte Aspekte wichtiger als andere.

2: TESTEN SIE

Nehmen Sie Ihren Prototypen und gehen Sie zu Ihren Kunden, raus auf die Straße, in andere Büros oder zu Ihrer Familie und Ihren Freunden.

Zeigen Sie den Prototypen, geben Sie ihn dem Tester in die Hand und lassen Sie sich zuerst sagen, was Ihre Tester denken. Was ist das und was kann es? Wie sollte es funktionieren? Was macht der Tester damit? Beobachten Sie! Geben Sie am Anfang so wenig Information wie möglich und lassen Sie sich vom Tester führen.

Es kann auch sinnvoll sein, etwas Kontextinformationen zu geben, gerade wenn man auf der Straße ohne bestimmte Zielgruppe testet. Das könnte beispielsweise so aussehen: „Darf ich Sie bitten, das kurz zu halten? Können Sie mir kurz beschreiben, was Sie in der Hand halten? Wie fühlt es sich an?" Erfolgreiches Testen gibt so wenig wie möglich vor und lenkt den Tester nicht in eine bestimmte Richtung (Nicht: „Könnten Sie sich vorstellen, das zu kaufen?"), sondern hilft, viele Kontextinformationen zu sammeln.

Wenn möglich, filmen Sie Ihre Tests und schauen Sie sie immer wieder an. Wie haben Sie gefragt, welche Antworten haben Sie bekommen? Achten Sie auch auf Mimik und Gestik: Hat der Tester gesagt, was er meinte oder was Sie in dem Moment hören wollten? Haben Sie ihn in eine Richtung gedrängt? Sie werden sehen, es wird Ihnen mit der Zeit immer leichter fallen hinauszugehen und zu testen.

Sie wollen einen neuen Service testen und kein neues Produkt? Zeigen Sie die Webseite, und wie man sich als Kunde durchklickt, oder bereiten Sie im *Bodystorming (siehe dazu Seite 177)* ein kurzes Rollenspiel vor, dass Sie Kunden zeigen können – wie wird sich der neue Service anfühlen, welches Problem löst er für den Kunden?

3: FEEDBACK SAMMELN, AUSWERTEN UND NEUE PROTOTYPEN BAUEN

Treffen Sie sich mit Ihrem Team nach den Tests und werten Sie gemeinsam die Ergebnisse aus. Was hat Sie überrascht, was haben Sie gelernt und was beobachten können? Welche neuen Ideen sind entstanden? Sammeln Sie die neuen Ideen, verbinden Sie die Ideen und wählen Sie gemeinsam mit Ihrem Team die Ideen aus, die als nächstes getestet werden können.

Reflektieren Sie auch die Art des Prototypen, den Sie getestet haben. Was haben die Tester sofort verstanden, was mussten Sie erklären? Warum war das so? Wie könnten die nächsten Prototypen aussehen? Experimentieren Sie, es gibt keine richtigen und falschen Prototypen.

 BEISPIEL

Stellen Sie sich vor, Sie sollen für ein großes schwedisches Möbelhaus eine Tasse designen, welche die Menschen begeistert.

Brainstormen Sie mit Ihrem Team und bauen Sie gleich die ersten schnellen Prototypen zusammen, um Ihre Annahmen und Ideen zu testen. Dabei beantworten Sie die ersten Fragen: „Wie muss sich die Tasse anfühlen, welche Form passt gut in unsere Hände – gibt es Unterschiede je nach Handgröße?"

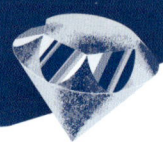

Sie können zum Beispiel eine neu an die Form der Hand angepasste Tasse aus Papier oder Knetmasse herstellen und direkt den Kunden in die Hand geben, um herauszufinden, ob das etwas ist, was Kunden brauchen. Vielleicht lernen Sie dabei, dass es unterschiedliche Tassengrößen geben sollte – je nachdem wie groß die Hand ist, oder Sie lernen, dass es nicht auf die Anpassung an die Hand ankommt, sondern wichtiger ist, dass das Material rutschfest ist, egal, ob kalte oder warme Flüssigkeit in der Tasse ist.

Oder Sie lernen, dass sich Ihre Kunden vor allem mit dem Getränk in der Tasse bewegen und aus diesem Grund einen Deckel auf der Tasse brauchen, damit nichts überschwappt.

Nach den ersten Tests tauschen Sie mit Ihrem Team die gemachten Erfahrungen aus. Nutzen Sie hierfür wenn möglich die *Empathiekarte (siehe dazu Seite 149)*, um Ihre Beobachtungen betreffend an den Testpersonen festzuhalten:

Was haben Sie gelernt, war die Ansprache von Passanten einfacher als von Besuchern eines Restaurants? Wer war besonders offen, wer hat sich besonders für die Lösung interessiert? Und welche nächsten Prototypen sollen nun gebaut werden – wollen Sie Deckellösungen testen oder bereits mit speziellem Tassenmaterial experimentieren? Wird das Überschwappen des Getränks durch einen Deckel am besten verhindert oder durch ein höheres Gefäß? Oder muss der Rand der Tasse nur anders gestaltet werden? Bauen und testen Sie Ihre neuen Prototpyen schnellstmöglich und verbinden Sie gute Ideen, auch wenn es am Anfang verrückt klingen mag (warum kann es nicht wiederverwertbare Pa-

piertassen geben, die in der Tasche trocknen und sich ganz klein falten lassen?).

Sie sind bereits auf dem besten Wege, den nächsten Kassenschlager zu entwickeln.

EINSATZRISIKEN UND ERFOLGSFAKTOREN

Die schnelle Entwicklung sehr einfacher Prototypen erlaubt Ihnen Ideen, schnell und unverbindlich zu testen. Sie werden ehrliches Feedback bekommen – vor allem je einfacher der Prototyp gemacht ist. Je perfekter er erscheint, desto wahrscheinlicher ist es, dass sich Ihre Kunden zurückhalten – man merkt dem Prototypen an, dass Sie viel Mühe in die Konzeption gesteckt haben und will Sie nicht enttäuschen.

Auch bei dieser Methode besteht das Risiko, dass Ihr Team sich auf dem ungewohnten Terrain nicht wohl fühlt und ungern teilnimmt. Wer normalerweise Präsentationen erstellt und sich künstlerisch für nicht besonders begabt hält, reagiert vermutlich zurückhaltend auf die Aufgabe, jetzt Ideen in Prototypen umzusetzen und diese mit Kunden zu testen.

Beginnen Sie darum auch hier mit einfachen Warm-up-Übungen. Kennen Sie das Spiel Montagsmaler? Diese Aufwärmübung ist eine Abwandlung davon. Statt Wörter zu malen, baut ein Teammitglied Stichwörter, die Sie auf kleinen Zetteln austeilen, z. B. mit Legosteinen nach und lassen dann die anderen Teammitglieder raten, was es ist. So beginnen Sie bereits mit den Händen zu arbeiten und werden sehen, dass es Ihnen leichter fällt, danach erste Prototypen zu bauen. Oder schauen Sie ein paar YouTube-Videos, wie andere es gemacht haben, oder nehmen Sie ein so einfaches Beispiel wie das Design der Tasse der Zukunft als erste Aufgabe. Schauen Sie was Ihr Team baut!

EINSATZVARIANTEN

Sie können *Rapid Prototyping* für die Entwicklung neuer Produkte und Services nutzen, aber auch um Ihre Ideen und Konzepte Ihren Kollegen zu präsentieren. Warum zeichnen Sie nicht schnell auf, wie die neue Teamzusammenstellung aussehen könnte, um Feedback einzuholen? Je perfekter Ihre Power-Point-Präsentation ist, umso schwerer wird es, ehrliches und konstruktives Feedback einzuholen. Beginnen Sie so früh und einfach wie möglich, Ihre Ideen zu kommunizieren und gemeinsam weiterzuentwickeln.

Das aufgenommene Testfeedback ist zudem wunderbares Material für Ihre nächste Vorstandspräsentation, in der Sie zeigen können, warum eine bisher bevorzugte Lösung nicht umgesetzt werden sollte – und eine andere, neu entwickelte Lösung genau auf ein Kundenbedürfnis trifft, das bisher nicht adressiert wurde.

 FAZIT

Sie möchten nicht nur Ideen entwickeln, sondern auch herausfinden, welche Ideen am Markt am Erfolg versprechendsten sind? Suchen Sie nach einem Weg, Ihre Ideen einfach und effektiv zu kommunizieren? Dann ist *Rapid Prototyping* die richtige Methode für Sie. Durch die schnelle Entwicklung einfacher Prototypen und das kontinuierliche Testen und Verbessern Ihrer Ideen bleiben Sie nicht nur flexibel, sondern finden auch heraus, was Ihre Kunden wirklich brauchen – intern wie extern.

WEITERFÜHRENDE LITERATUR

Stickdorn, M., Schneider, J. (2012): This Is Service Design Thinking, Amsterdam: Bis Publishers.

Kumar, V. (2012): 101 Design Methods: A Structured Approach for Driving Innovation in Your Organization, Hoboken: John Wiley & Sons.

AUFEINANDER AUFBAUEN

WERFEN SIE DEN ERSTEN STEIN!

CREABILITY-PRINZIPIEN:	Verflüssigen, verbinden, veredeln
KREATIVPHASE:	Entwickeln, ausarbeiten
REDUZIERTE BARRIERE:	Gegenseitige Beeinflussung und Behinderung
ZEIT:	10–20 Minuten
TEILNEHMERZAHL:	2 Personen
INFRASTRUKTUR:	Papier und Stift sowie dieses Buch

 HINTERGRUND UND VERWENDUNGSKONTEXT

Haben Sie schon einmal einen Stein ins Wasser geworfen? Dann werden Sie sich an die kreisförmigen Wellen erinnern, die dabei entstehen. Wenn man den Stein in einem bestimmten Winkel in einen See wirft kann er auch ‚springen‘. Er gleitet mühelos über das Wasser, fast so als würde er fliegen. Uns fliegen Ideen meistens nicht zu, aber wir können die beiden Bilder als Inspiration nehmen, um mit der hier vorgestellten Methode neue Ideen zu entwickeln. So wie der Stein im Wasser springt und das Wasser Wellen wirft, können Ideen besonders gut entstehen und springen, wenn man aufeinander aufbaut.

Das ist leichter gesagt als getan. Unser Reflex ist es eher, auf eine neue Idee mit Einwänden, Befürchtungen und dem Hinweisen auf Barrieren zu reagieren. Statt: „ja, und…" sagen wir schnell „ja, aber…" zu einer neuen Idee.

Die Visualisierung, die wir Ihnen hier vorstellen, hilft Ihnen und einem weiteren Teammitglied dabei, zusammen eine Idee systematisch weiterzuentwickeln und sich nicht gegenseitig zu blockieren. Diese schnelle und einfache Methode können Sie in einer Sitzungspause anwenden, oder wenn Sie den bisherigen Rhythmus eines Gesprächs in eine andere Richtung lenken möchten. Sie brauchen kaum Vorbereitungen zu treffen: Suchen Sie einen Partner, einen Stift und ein Thema, die Vorlage finden Sie in diesem Buch.

VORGEHEN

Setzen Sie sich an einen Tisch und klappen Sie das Buch auf. Ihr Teammitglied sollte möglichst neben Ihnen sitzen.

Schreiben Sie Ihre Problemstellung in die Mitte und beginnen Sie auf Ihrer Seite mit der ersten Idee. Lesen Sie Ihre Idee laut vor. Nun ist Ihr Teammitglied an der Reihe – es muss Ihre Idee berücksichtigen und ergänzen. Am besten funktioniert dies, wenn man die neue Idee mit „Ja, und…" beginnt. Ihr Teammitglied liest die eigene Idee laut vor – und nun sind Sie wieder an der Reihe.

Sollten die Wellen nicht ausreichen – nehmen Sie weiteres Papier hinzu, lassen Sie sich nicht vom Platz limitieren.

 BEISPIEL

Der Stein, der ins Wasser geworfen wird, ist die neue Idee, die Sie diskutieren möchten.

Stellen wir uns vor, die Idee Ihres Mitarbeiters ist es, Lebensmittel online zu verkaufen und auszuliefern. Der Stein wurde ins Wasser geworfen und breitet die erste kleine Welle aus.

Nun sind Sie an der Reihe: „Das ist eine spannende Idee. Wir könnten uns zum Beispiel auf eine bestimmte Zielgruppe konzentrieren." Ihr Teammitglied nimmt Ihre Idee

auf und führt sie weiter: „…zum Beispiel Familien mit kleinen Kindern und/oder berufstätige Singles, die keine Zeit haben." Nun kommt die nächste, größere Welle und Sie sind wieder an der Reihe: „Diese Zielgruppen sorgen sich um gesunde Ernährung, wir könnten uns auf Biolebensmittel konzentrieren." Und geben damit wieder an Ihr Teammitglied weiter: „Großartig, und dafür könnten wir Biobauern aus der Region einbinden." Die Idee gefällt Ihnen immer besser: „Und wir könnten die Angebote verschiedener lokaler Bioanbieter verbinden, z. B. Milch, Eier, Gemüse, Obst und Fleisch anbieten, damit heben wir uns auch von der Konkurrenz ab."

Sobald der Stein im Wasser ist und das erste Mal, „ja, und…" gesagt wurde, gibt es eine neue Welle und springt der Stein (und Ihre Idee) meist von ganz alleine weiter.

JA, UND

....

....

....

....

....

....

IDEE/PROBLEM

JA, UND

....

....

....

....

....

....

 EINSATZRISIKEN UND ERFOLGSFAKTOREN

Es ist nicht immer leicht, sich bei der Ideengenerierung an eine strenge Reihenfolge zu halten. Achten Sie wenn möglich darauf, dass Sie die Reihenfolge einhalten, die Systematik der Methode ermöglicht es dabei, gezielt aufeinander aufzubauen. Wir wissen aber auch, dass dies nicht immer möglich ist, wenn die Ideen zu fließen beginnen: Wenn Sie bei einer bestimmten ‚Welle' oder neuen Idee (die Ihnen gerade eingefallen ist, ohne einen direkten Bezug zur behandelten Thematik zu haben) weiterarbeiten wollen, dann empfehlen wir Ihnen, ein neues Blatt zu nehmen und darauf weiterzuarbeiten, damit Sie Ihre Ideen nicht vergessen.

Diese Methode braucht ein bisschen Übung. Sobald Sie es ein paar Mal probiert haben, werden Sie sehen – der Stein springt wie von alleine über und die nächste Welle wird Ihre Idee weitertragen.

FAZIT

Diese Methode möchten wir Ihnen gerne für Ihr nächstes Treffen mit einem Kollegen oder einer Kollegin ans Herz legen. Sie lässt sich schnell und einfach anwenden – und wird Ihnen auch die Weiterarbeit einfacher machen. Nehmen Sie doch die ausgefüllte Vorlage und hängen Sie sie im Anschluss an das Treffen als Erinnerung für die Weiterarbeit auf. Sie werden Ihre Idee nicht so schnell aus den Augen verlieren.

COLLABORATIVE SKETCHING
EINDEUTIG MEHRDEUTIG

CREABILITY-PRINZIPIEN:	Verflüssigen, verändern, verbinden
KREATIVPHASE:	Entwickeln, ausarbeiten
REDUZIERTE BARRIERE:	Status-quo-Falle, Selbstzensur
ZEIT:	30–45 Minuten
TEILNEHMERZAHL:	Mindestens 2, bis zu 5 Personen
INFRASTRUKTUR:	Papier, unterschiedlich farbige Stifte

HINTERGRUND UND VERWENDUNGSKONTEXT

Ideen im Team zu entwickeln, gleicht manchmal einem Hürdenlauf, bei dem wir uns die Hürden gegenseitig zuschieben: Wir blockieren uns gegenseitig, engen unsere Sichtweise ein oder verharren bei der immer gleichen Idee. Wie können wir hier auf Neues kommen und unserer Diskussion neuen Schwung geben?

Eine Möglichkeit, gemeinsam neue Ideen zu entwickeln, ist es, etwas zu tun, was wir sonst in unserer täglichen Arbeit meistens nicht tun: Nämlich statt zu reden und zu schreiben, einfach mal still zu zeichnen. Die Methode, die wir hier vorstellen möchten, heißt übersetzt ‚gemeinsames Skizzieren' und eignet sich besonders für die Entwicklung komplexer Ideen.

Das gemeinsame Skizzieren oder auf Englisch *Collaborative Sketching* ist eine Methodenkombination, die aus zwei unterschiedlichen Gebieten stammt: Das Skizzieren von Ideen stammt aus dem Ingenieurwesen, wo neue Konstruktionen schnell gezeichnet werden, um sie dem Team und dem Kunden unkompliziert erklären zu können. Der zweite Teil der Methode basiert auf dem Brainwriting-Prinzip aus der Kreativitätsforschung. Das heißt, dass die Teilnehmer erst alleine an ihren Ideen arbeiten, ohne miteinander zu reden. Erst wenn sie ihre Ideen aufgeschrieben oder wie im *Collaborative Sketching* gezeichnet haben, dürfen sie diese mit anderen teilen. Der Vorteil dieses Brainwritings

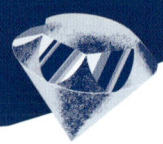

bzw. Brainsketching-Prinzips ist, dass sich alle Teilnehmer auf ihre Ideen konzentrieren können und das, ohne durch die Ideen der anderen Teilnehmer abgelenkt und in ihrem Gedankengang unterbrochen zu werden.

Im *Collaborative Sketching* wird grundsätzlich also erst alleine gezeichnet. Dann werden die Skizzen weitergegeben, damit die anderen Teilnehmer etwas hinzufügen oder ändern können. Erst ganz zum Schluss, wenn alle etwas zu den Skizzen der anderen Teilnehmer beigetragen (also grafisch ergänzt) haben, wird die Idee im Team vorgestellt und erläutert. Alle Teilnehmenden können jetzt ihre Interpretationen der Skizzen erläutern und diskutieren, oft ergänzen Teams die Skizzen dann noch gemeinsam. Wir nutzen also ganz bewusst die Mehrdeutigkeit von Handzeichnungen und erhoffen uns durch Falschinterpretationen ganz neue Ideen.

VORGEHEN

Collaborative Sketching verläuft in einer festen Anzahl von Zyklen – in der Regel gibt es genauso viele Durchgänge wie Teilnehmende.

Die Teilnehmenden setzen sich im Kreis um einen großen Tisch. Jeder Teilnehmende (mindestens zwei bis drei, aber bis maximal acht) erhält einige Blätter Papier und einen jeweils andersfarbigen Stift. Die Aufgabenstellung wird laut vorgelesen und könnte wie folgt lauten: „Entwickelt so viele neue Geschäftsmodellideen wie möglich."

Pro Idee verwenden die Teilnehmer jeweils ein Blatt, jeder skizziert seine Ideen. Es ist dabei nicht erlaubt zu schreiben oder miteinander zu reden.

ZYKLUS 1

Sobald alle Teilnehmer fertig sind (z. B. nach vier Minuten), geben Sie Ihre Ideenskizzen im Uhrzeigersinn an den nächsten Teilnehmer weiter und erhalten gleichzeitig die Ideen eines anderen Teilnehmers. Nun müssen Sie die Ideen zu verstehen versuchen – wieder ohne miteinander zu reden.

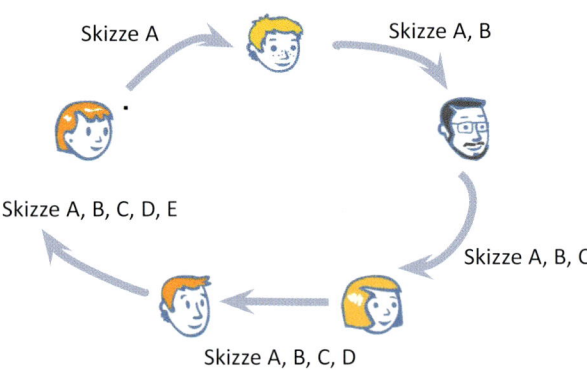

Abbildung 44: Der Ablauf von Collaborative Sketching grafisch dargestellt

Zudem müssen sie etwas hinzufügen, kommentieren, verändern oder sogar löschen. Sie dürfen allerdings nicht die ganze Skizze löschen.

ZYKLUS 2-X, MAX. 8

Anschließend geben Sie die Skizzen weiter und studieren bzw. ergänzen das nächste Blatt bis jeder zu jeder Skizze etwas beigetragen hat und die Blätter wieder bei der Person angelangt sind, die sie am Anfang erstellt hat. Durch die unterschiedlichen Farben sieht man, dass jeder etwas beigefügt oder entfernt hat.

Abbildung 45: Beispielskizzen aus dem Workshop zum Thema Geschäftsmodell für Tageszeitungen

ABSCHLUSS/ERGEBNIS

Derjenige, der die Ideen ursprünglich entwickelt hat, beginnt nun seine Ideen zu erklären. Alle anderen fügen ihre Interpretation mündlich an bzw. kommentieren ihre Ergänzungen. So entstehen durch die (Fehl-)Interpretation der Skizzen oft noch einmal ganz neue kreative Ideen, die unbedingt festgehalten werden sollten.

 BEISPIEL

Wir haben in Workshops mit Managern nach einem neuen Geschäftsmodell für eine klassische Tageszeitung gesucht und sehr erfolgreich diese Methode angewendet. Nach einer kurzen Einführung, in der wir grundsätzlich über Geschäftsmodelle gesprochen haben, haben wir den Teams das oben beschriebene Vorgehen kurz erläutert und schon begonnen.

Die Teams haben sehr konzentriert gearbeitet und nach der ersten Weitergabe der Skizzen auch viel gelacht. Sie haben sich zunehmend entspannt, obwohl keiner der Teilnehmer vorher viel in der täglichen Arbeit skizziert hat. Auf dem Foto auf der linken Seite sehen Sie beispielhaft eine solche Skizze.

Die unterschiedlichen Farben helfen zu erkennen, dass alle mitgearbeitet haben an der Entwicklung der Geschäftsmodellideen, und die unterschiedlichen Zeichenstile brin-

gen Leben in die Visualisierung! Die Ideen, die gemeinsam entwickelt wurden, reichen von Zeitungen für bestimmte Zielgruppen wie Expats, Firmenkunden, Reisende, Banker und Jugendliche über neue Distributionskanäle wie Automaten, welche die Zeitung nach den Kundenwünschen gleich drucken, über Freundeskreise, nur online oder nur im besonders handlichen Papierformat.

Ein weiterer Vorteil der Methode ist, dass sich die Teilnehmenden schnell wieder an den Inhalt erinnern, wenn sie die Skizzen bei einem Folgemeeting wieder hervornehmen.

EINSATZRISIKEN UND ERFOLGSFAKTOREN

Der größte Vorteil der Methode besteht darin, dass die Teammitglieder in Ruhe ihre Ideen zuerst alleine entwickeln können und so ein tiefes Verständnis vom Problem erarbeiten. Die anschließende Analyse und Interpretation der Skizzen der Teammitglieder führt oft noch zu neuen eigenen Ideen und gerade die Fehlinterpretation der Lösungsvorschläge anderer bringt oft kreative neue Lösungen hervor.

Durch die Entwicklung von Skizzen werden die Teilnehmer zudem gezwungen, in Bildern über ein Problem oder eine Fragestellung nachzudenken und ihre Lösung unkonventionell zu kommunizieren. Dadurch wagen sie Dinge darzustellen, die sie im Plenum vielleicht nicht zur Sprache bringen würden.

Der Nachteil der Methode ist, dass wir es oft nicht gewohnt sind, in Bildern zu denken, Skizzen zu entwickeln („ich kann nicht zeichnen") und mit Zeichnungen Ideen zu kommunizieren. Teilnehmer, welche die Methode zum ersten Mal verwenden, können daher verunsichert reagieren. Aus diesem Grund lohnt sich eine kurze Aufwärmrunde vor dem Start. Zum Beispiel würde eine kurze Skizzierübung für fünf Minuten reichen, die wie folgt aussehen könnte: „Zeichnet, was ihr heute Morgen zum Frühstück gegessen und getrunken habt", oder diese hier: Bitten Sie alle Teilnehmer, erst einen Hund zu zeichnen, dann eine Katze und dann eine Maus. Dann zeigen sich alle ihre Skizzen und sie schauen gemeinsam, was gut funktioniert hat und was eben nicht. Unser Tipp ist: Konzentrieren Sie sich auf das Wesentliche. Hund, Katze und Maus haben alle vier Beine und einen Schwanz – wenn die Formen auf wesentliche Charakteristika reduziert werden, unterscheiden sich alle drei deutlich voneinander. Sie werden sehen, danach geht es viel schneller los!

EINSATZVARIANTEN

Drei Variationen der Methode möchten wir gerne vorstellen:
1. Eine mögliche Variation dieser Methode ist es, eine bestimmte Zeit (z. B. 5, 10 oder 15 Minuten) für die Ideengenerierung festzulegen, danach müssen die Blätter weitergereicht werden.

Abbildung 46: Beispiele aus der Aufwärmübung zum Thema Hund, Katze und Maus

2. Eine weitere Restriktion ist es, die Anzahl der Ideen vorzugeben (fünf Ideen pro Teilnehmer) und dafür genauso viele Blätter auszuteilen.
3. Eine weitere Ergänzung zu dieser Methode ist es, am Ende der Ideengenerierung alle Blätter aufzuhängen und von allen Teilnehmern die beste(n) Idee(n) auswählen zu lassen um dann gemeinsam an den Ideen weiterzuarbeiten und sie auch umzusetzen. Diese Vernissage bildet einen schönen Schluss der gemeinsamen Kreativsitzung.

 FAZIT

Collaborative Sketching fördert Kreativität in Teams durch die Kombination von zwei Kreativitätstechniken: Die Teilnehmer arbeiten erst in Ruhe für sich und dann gemeinsam, wenn die Ideen sich schon etwas entwickelt haben, und sie dürfen nicht schreiben, sondern müssen ihre Ideen in einer Skizze visualisieren. In den meisten Tätigkeiten arbeiten wir heute nicht sehr visuell und meist alleine. Dass bei der Anwendung dieser Methode skizziert werden muss, ermöglicht ein anderes Denken und hilft, neue Ideen zu generieren. Die (Fehl-)Interpretation der Skizzen anderer bringt oft neue, kreative Lösungsmöglichkeiten hervor, an die sonst niemand gedacht hätte. Damit eignet sich die Methode besonders für komplexe Problemstellungen wie die Generierung von neuen Geschäftsmodellideen oder für

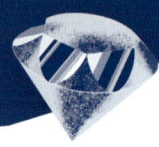

verfahrene Probleme, an denen schon lange gearbeitet wurde, ohne eine zufriedenstellende Lösung zu finden. Beachtet werden sollte, dass sich für diese Methode ein vorheriges kurzes Warm-up besonders anbietet, da viele Teams es nicht gewohnt sind, nur mit Skizzen zu kommunizieren, und verunsichert reagieren können. Wenn diese Hürde überwunden ist, haben Teams viel Spaß bei der Generierung neuer Ideen mit dieser Methode!

WEITERFÜHRENDE LITERATUR

VanGundy, A.B. (1994): Brain Boosters for Business Advantage. New York: Pfeiffer Wiley.

Shah, J.J., Vargaz-Hernandez, N., Summers, J.D., Kulkarni, S. (2001): Evaluation of Collaborative Sketching (C-Sketch) as an Idea Generation Technique for Engineering Design. Journal of Creative Behavior Nr. 35(3), S. 168–198.

BODYSTORMING
DAS SPIEL DES ER-LEBENS

CREABILITY-PRINZIPIEN:	Verstehen, verflüssigen, verbinden
KREATIVPHASE:	Entwickeln
REDUZIERTE BARRIERE:	Status-quo-Falle
ZEIT:	20–60 Minuten
TEILNEHMERZAHL:	Mindestens 3, bis zu 8 Personen (größere Gruppen aufteilen)
INFRASTRUKTUR:	Ein Raum, der groß genug ist für freie Bewegung

HINTERGRUND UND VERWENDUNGSKONTEXT

Sie haben genug vom simplen Brainstorming, der intensiven Konzeptentwicklung und wollen mit Ihrem Team Ideen entwickeln, die näher am Kunden und am Markt sind? Dann stehen Sie vom Tisch auf, lassen Sie Computer, Papier und Stift hinter sich und machen Sie vielleicht ein paar einfache Streckübungen, schon kann es losgehen.

Bodystorming ist eine Art Brainstorming, aber nicht mit dem Kopf – sondern wie es der Name sagt mit dem Körper. Ihr Team kommt dabei auf neue Ideen, indem es sich physisch in die Problemstellung begibt und ausprobiert, wie es ist, vor einem bestimmten Problem zu stehen. Damit umfasst *Bodystorming* die Ideengenerierung, den Aufbau von Empathie und die Schaffung von Prototypen, hier in der Form der physischen Darstellung einer Situation. *Bodystorming* ist damit eine Art Rollenspiel, das mit oder ohne festes Skript funktionieren kann.

Weiterentwickelt wurde diese Kreativmethode von unserem Kollegen Dave Gray aus den USA. Er hat sich angeschaut, wie wir spielerisch Ideen entwickeln können und dabei auch noch Spaß haben und viel über ein bestimmtes Problem und eine bestimmte Nutzer- oder Kundengruppe lernen können. Denn das ist doch, was wir oft wollen: Kundennahe Lösungen entwickeln, die wirklich gebraucht werden.

 VORGEHEN

Um *Bodystorming* umzusetzen, müssen Sie eigentlich nur aufstehen und loslegen und sich voll auf eine bestimmte Rolle oder Situation einlassen. Um Sie bei den ersten Anwendungen zu unterstützen, empfehlen wir Ihnen die folgenden Schritte zu gehen:

1: GEHEN SIE AN DEN ORT DES GESCHEHENS UND BEOBACHTEN SIE

Wenn Sie Ideen für einen neuartigen Weinladen entwickeln möchten oder eine Lösung für einen Brückenbau brauchen oder das Einkaufzentrum der Stadt umgestalten wollen, dann gehen Sie direkt an den Ort des Geschehens.

Normalerweise würden Sie vielleicht mit Interviews und der Sammlung von Hintergrundinformationen beginnen. Darauf sollten Sie nicht verzichten, doch führen Sie diese Arbeit am Ort des Geschehens selbst durch. Gehen Sie los und setzen Sie sich mit Ihrem PC in einen Weinladen, in das alte Einkaufzentrum oder fahren Sie die Brücken in Ihrer Umgebung ab. So laufen Sie nicht Gefahr, aufgrund Ihrer Recherche schon alles theoretisch über das Problem zu wissen, sondern Sie erleben den Ort des Geschehens und sind weiterhin offen für Hinweise, Ideen und Erlebnisse, die Ihnen im Büro nicht begegnen würden. Kommen die Menschen in den Weinladen, um sich auszutauschen? Stellen sie viele Fragen? Oder kommen sie hinein und wissen schon genau, was sie kaufen möchten? Kommen viele ältere oder jüngere Menschen? Warum bestellen sie nicht im Internet oder kaufen den Wein im Supermarkt zusammen mit anderen Lebensmitteln? Wenn Sie die Brücken abfahren, was fällt Ihnen auf? Ist Ihr Fahrweg kürzer oder länger? Staut es sich oft vor den Brücken? Oder nur zu bestimmten Zeiten?

Stellen Sie sich so viele Fragen wie möglich und beobachten Sie Ihre Umgebung so genau wie möglich. Teilen Sie sich im Team auf und vergleichen Sie Ihre Beobachtungen und Erlebnisse.

2: SPIELEN SIE MÖGLICHE SITUATIONEN DURCH

Um neue Ideen mittels *Bodystorming* zu entwickeln, empfehlen wir Ihnen das Rollenspiel zu nutzen. Besprechen Sie vorab mit Ihrem Team, worauf sie besonders achten sollen. Benennen Sie auch einen Beobachter, der nur zuschaut und sich Notizen macht. Beginnen Sie dann damit eine bestimmte Erfahrung oder Situation im Team nachzuspielen. Nutzen Sie dafür nur die notwendigsten Requisiten. Es muss nicht perfekt sein, um ein gutes Ergebnis zu erzielen.

Als nächstes überlegen Sie im Team, welche Rollen erforderlich sind und verteilen die Rollen. Gehen sie hier so schnell wie möglich vor, die spontanen Ideen sind oft die besten.

Daraus ergibt sich folgendes Vorgehen:

1. Definieren Sie das Thema des Rollenspiels und die dafür notwendigen Räumlichkeiten und Requisiten.
2. Identifizieren Sie die wichtigsten Rollen und verteilen Sie

diese im Team. Besonders wichtig ist die Rolle des Kunden oder Nutzers – das ist auch ein guter Startpunkt für Ihr Rollenspiel.

3. Improvisieren Sie das *Bodystorming* Erlebnis. *Bodystorming* ist ein physisches Erlebnis, das sich im Rollenspiel weiterentwickelt. Wenn Ihr Team zu spielen beginnt, werden wie von allein die einfachen und gleichzeitig wichtigsten Fragen gestellt, die oft in eine unerwartete neue Richtung führen.

4. Reflektieren Sie nach der Szene, was passiert ist und warum. Nehmen Sie sich nach dem *Bodystorming* Zeit, um über die gemachten Erfahrungen im Team zu sprechen. Durch das Nachspielen und Erleben einer bestimmten Situation entwickelt Ihr Team neue Lösungsmöglichkeiten, entdeckt Probleme und eigene Annahmen, und wie man diese überwinden kann.

 **BEISPIEL**

Sie können zum Beispiel Ihrem Team die Aufgabe stellen, ein neues Kindergartenkonzept zu entwickeln. Das Team überlegt dazu vorerst, welche Rollen es zu besetzen gibt: Kinder, Eltern (entspannte und sehr besorgte vielleicht), eine Erzieherin, eine Leiterin des Kindergartens, Essenslieferanten, Nachbarn usw. Dann beginnen Sie zu improvisieren: Wie läuft der Alltag im neuen Kindergarten ab? Gibt es noch weitere Rollen, die man braucht (vielleicht eine Chinesischlehrerin), und braucht man neue Umgebungen? Vielleicht wird Ihr Kindergarten regelmäßige Ausflüge in den Wald machen oder die Kinder können in benachbarten Firmen in kleinen Projekten mitarbeiten, kochen das Essen selber. Während des *Bodystormings* kommen Sie immer stärker in Ihre Rollen hinein und achten genau auf die Bedürfnisse Ihrer Zielgruppe. Was haben z. B. die Eltern für Sorgen und Wünsche? Wann Sind die Kinder glücklich und ausgelastet? Was bedeutet das für die Erzieher und das Management vom Kindergarten?

Sie achten beim Spielen besonders auf die Rolle des Kunden oder Nutzers. Ist Ihr Kunde das Kind oder/und die Eltern? Oder gar die wunderbaren Erzieher, die Sie anwerben wollen? Der Kunde oder Nutzer ist das Zentrum im *Bodystorming*. Weitere Rollen folgen oft von selbst und können auch mal abstrakt sein. Wir hören z. B. häufig die Frage: „Wer möchte das Internet sein?" Die Grundregel lautet dabei: Spielen Sie darauf los! Die Fragen, die sich in unserem Kindergartenbeispiel daraus ergeben, sind z. B.:

Erzieherin: „Wie haben Sie unseren Kindergarten gefunden?"

Vater: „Im Internet, er wurde als der beste in dieser Gegend bewertet."

Erzieherin: „Ah, Sie haben sich die Bewertungen angeschaut – können wir uns ansehen, wie Sie gesucht haben und was Ihnen bei den Bewertungen am wichtigsten war? Wer spielt das Internet?"

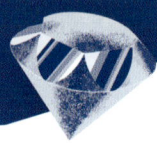

Eine weitere wichtige Regel ist die Reflexion durch Fragen. Stellen Sie Fragen dieser Art um die Diskussion anzuregen:

- Was haben Sie in der Situation gelernt, was Sie nicht anders gelernt hätten? Zum Beispiel: „Ich konnte mich richtig gut in die Eltern hineinversetzen, auch wenn ich keine eigenen Kinder habe".
- Was war überraschend? („Ich hätte gedacht, dass der Kindergarten weniger komplex ist, durch die Verbindung von neuen Technologien haben wir wirklich tolle Möglichkeiten uns weiterzuentwickeln!").
- Auf welche weiteren Probleme/Projekte können wir das Gelernte übertragen? („Warum wenden wir diese Methode nicht in der nächsten Marketingsitzung gemeinsam mit unseren Kunden an?").

In unserem Beispiel gehen die Ideenentwickler noch einen Schritt weiter: Sie lassen das *Bodystorming* beobachten und auf Video aufnehmen, so gehen keine Erkenntnisse und Ideen verloren. Klären Sie jedoch zuerst mit Ihren Kollegen ab, ob das für sie auch wirklich in Ordnung ist. Nicht jeder möchte ein Video von sich als Erzieher auf YouTube wiederfinden.

EINSATZRISIKEN UND ERFOLGSFAKTOREN

Im *Bodystorming* erlebt Ihr Team eine wichtige Problemsituation aus der Sicht verschiedener Betroffener. Diese Erfahrung führt dazu, dass bisher getroffene Annahmen hinterfragt werden und neue, kundennahe Lösungen entwickelt werden. Des Weiteren haben Sie mit *Bodystorming* auch eine wunderbare Präsentationsmethode, die sich dafür eignet, die kritischen Erlebnispunkte auch außerhalb des Teams zu verdeutlichen.

Dabei ist es besonders hilfreich, wenn Sie Ihr Team an Folgendes erinnern: Baut auf euren Ideen auf – sagen Sie „ja, und…" – nicht immer nur „schon, aber…". So bleiben Sie im Fluss und das *Bodystorming* wird zu einem Selbstläufer.

Nicht jeder wird begeistert sein, wenn Sie *Bodystorming* als Kreativitätsmethode in einem ungeübten Team vorschlagen. Es ist für die meisten Teams ein großer Schritt aus Ihrer Komfortzone weg vom klassischen Bürotisch.

Zu Anfang mag es Ihnen daher helfen, wenn Sie dem Team etwas Struktur vorgeben. Arbeiten Sie gemeinsam ein kurzes Skript mit den wichtigsten Rollen aus. So reduzieren Sie Unsicherheiten („Ich kann nicht schauspielern", „Ich mache mich doch nicht vor meinen Kollegen lächerlich") und motivieren alle zur Teilnahme. Einfache Requisiten helfen ebenfalls. Legen Sie zum Beispiel ein paar Flipchart Blätter auf den Fußboden als Spieldecke für die Kinder, stellen Sie einen Tisch und einen Stuhl für den Leiter vom Kindergarten in seinem ‚Büro' bereit. Sollten Sie die Möglichkeit haben, empfehlen wir Ihnen grundsätzlich, das Büro zu verlassen und wann immer möglich auch nach draußen, z. B. in einen Park, zu gehen

 **FAZIT**

Wer sich etwas traut, wird auch belohnt – das gilt besonders beim *Bodystorming*. Was am Anfang etwas ungewöhnlich klingt, wird Ihr Team, wenn es sich denn traut, mit kreativen und kundennahen Ideen belohnen. Dadurch lösen Sie klassische Kreativitätsblockaden, die uns am Schreibtisch oft nicht einmal mehr auffallen, und gehen mit Ihrem Team neue Lösungswege, die uns im Nachhinein sogar naheliegend erscheinen. Aber ohne den Umweg über das *Bodystorming* wären Sie nicht darauf gekommen.

Für diese Methode empfehlen wir eine kurze Aufwärmübung und einen graduellen Einstieg, am besten nachdem Sie schon andere Kreativitätsmethoden (wie zum Beispiel *Collaborative Sketching*) aus dem Buch verwendet haben: Beginnen Sie mit einem Skript und arbeiten Sie sich langsam vorwärts zur Improvisation. Haben Sie einen Mitarbeiter, der privat in einer Laienschauspielgruppe spielt? Oder jemanden, der Musiker ist und gerne auf der Bühne steht? Wunderbar, binden Sie ihn früh mit ein. Er wird Ihnen helfen, das Team zu motivieren.

Mit *Bodystorming* generieren Sie Ideen, die Ihnen beim Reden oder Skizzieren nicht einfallen würden. Sie schaffen Empathie (Einfühlungsvermögen) für ein bestimmtes Problem und eine Kundengruppe und erarbeiten Ideen, die in weiteren Schritten zu Prototypen ausgebaut werden können. Wenn Sie mit anderen Kreativitätsmethoden nicht mehr weiter kommen, sind Sie bereit für das *Bodystorming*, um so den Kontext eines Problems greifbar und erlebbar zu machen. So werden aus vagen Konzepten konkrete Lösungen.

WEITERFÜHRENDE LITERATUR

Gray, D., Brown, S., Macanufo, J., Nitz, E. (Übersetzerin) (2011): Gamestorming: Ein Praxisbuch für Querdenker, Moderatoren und Innovatoren, Köln: O'Reilly.

VISUAL CAFÉ
TISCHGESPRÄCHE VISUALISIEREN UND VERNETZEN

CREABILITY-PRINZIPIEN:	Verbinden
KREATIVPHASE:	Entwickeln
REDUZIERTE BARRIERE:	Trittbrettfahren, Selbstzensur
ZEIT:	60–120 Minuten
TEILNEHMERZAHL:	12–50 Personen
INFRASTRUKTUR:	Einen Raum mit kleinen Tischen, Papiertischdecken, Stifte, Kärtchen, eventuell Stellwände für die Vernissage der Tischtücher

HINTERGRUND UND VERWENDUNGSKONTEXT

In einem Kaffeehaus wird philosophiert, reflektiert, Zeitung gelesen, getratscht, geknutscht, Schach gespielt, mit Fremden über Gott und die Welt diskutiert und vieles mehr – und natürlich auch Kaffee und Kuchen genossen. Auf kulinarische Genüsse wollen wir aber an dieser Stelle nicht eingehen – auf die angenehme und anregende Atmosphäre jedoch schon, denn bei Kreativität in Gruppen geht es auch um das Ambiente.

Stellen Sie sich vor, Sie hätten eben an einem dieser kleinen Tische Platz genommen. Können Sie den Kaffee riechen? Hören Sie das Klappern des Geschirrs und die vielen Stimmen im Hintergrund? Ja? Gut, denn dann sind Sie in einem Kaffeehaus angekommen. Haben Sie auch schon einmal ein Kaffeehaus besucht, um Ihren Gedanken freien Lauf zu lassen, um sich mit anderen Menschen zu treffen oder einfach um mal abzuschalten? Noch besser, denn in diesem Fall werden Sie mit dieser Methode sehr rasch vertraut sein.

Die Methode des visuellen Cafés nutzt die Stimmung eines Kaffeehauses. Es handelt sich hierbei um eine einfache Methode, die es ermöglicht, innerhalb eines Teams ein lebendiges Netzwerk kooperativen Dialogs zu kreieren. Im Zentrum steht das Gespräch. Erstaunlicherweise vergessen wir bei all den Kreativmethoden, wie kraftvoll Gespräche sein können. Liegt dies vielleicht daran, dass Gespräche unsichtbar und natürlich sind? Führen Sie sich einmal vor Augen, welche Möglichkeiten und Ideen zusammenkommen, wenn Menschen verschiedene Gespräche führen, z. B. mit Lieferanten, Kunden und anderen in der größeren Gemeinschaft, also sowohl innerhalb als auch außerhalb einer Organisation. Die Idee des visuellen Cafés ist es nun, alle diese Gespräche als großes dynamisches Café zusammenzufassen. An jedem Tisch in Ihrem Café sitzt ein Vertreter jeder Funktion sowohl innerhalb als auch außerhalb Ihrer Organisation. Die Idee, die dahinter steckt: Wenn wir die Kraft von Gesprächen als Kern des Unternehmensprozesses entdeckt haben, können wir sie effektiver zu unserem gemeinsamen Nutzen einsetzen.

Bei dieser Methode gehen wir davon aus, dass Ihre Teammitglieder bereits die Weisheit und Kreativität besitzen, auch die schwierigsten Herausforderungen zu meistern. Diese positive Philosophie beruht auf dem Dialogkonzept des Erfinders der Methode David Isaacs. Er hat 1995 zusammen mit Juanita Brown den sogenannten World-Café-Ansatz entwickelt. Seit dieser Pionierzeit wurde die Methode in Tausenden von Workshops auf der ganzen Welt ausprobiert. Sie wird sowohl in Vereinen und Verbänden wie auch in Unternehmen angewandt, und zwar immer dann, wenn man breitflächige Beteiligung, regen Austausch und starkes Engagement bei der Entwicklung von Ideen in Großgruppen erreichen will. Dazu braucht es aber eine klare Leitfrage, die alle Beteiligten auch wirklich interessiert und berührt.

 VORGEHEN

Das visuelle Café ist eine Methode für große Gruppen, Sie brauchen daher auch viel Platz. Klären Sie ganz zu Beginn folgende Punkte:
- Zielsetzung
- Raum
- Ablauf und Moderation
- Abschluss
- Dokumentation

Als Moderator sorgen Sie erst einmal dafür, dass Ihr Raum optimal vorbereitet wurde. Als Ort empfiehlt sich ein heller Raum mit viel Tageslicht. Er sollte so groß sein, dass Sie ihn für Ihre Anzahl Teilnehmer mit Vierertischen einrichten können. Stellen Sie die Tische so auf, dass sich die Teilnehmenden gegenseitig nicht in die Quere kommen und stören, wenn sie an Ihren Tischen Platz nehmen und miteinander reden.

Sobald Ihre Vorbereitungen abgeschlossen sind, können Ihre Teilnehmenden kommen. Laden Sie diese ein, an den Tischen Platz zu nehmen. Achten Sie dabei darauf, dass Sie Ihre Teilnehmenden mischen, also nicht alle Mitarbeiter derselben Abteilung am gleichen Tisch sitzen oder alle, die sich bereits kennen, in derselben Ecke Platz nehmen. Das erreichen Sie am besten, wenn Sie die Gruppen vorher einteilen, z. B. alphabetisch sortiert. Bitten Sie anschließend jeden Tisch, einen ‚Gastgeber‘ oder ‚Tischmoderator‘ zu

wählen. Es wird seine Aufgabe sein, das Geschehen am Tisch anzuleiten. Seine Funktion bringt bereits so viel Struktur in den Ablauf, dass Sie auf jegliche weitere Regeln verzichten können und stellt sicher, dass Sie als Organisator das Geschehen an den Tischen nicht mitbestimmen. Die konkrete Aufgabe des ‚Tischmoderators' ist es, darauf zu achten, dass

1. jeder am Tisch zu Wort kommt,
2. die Arbeitsfragen abgearbeitet werden,
3. die Tischdecken aus Papier als Visualisierungsmedium genutzt werden und Gedanken, Ideen und Kommentare einfach auf diese geschrieben oder gemalt werden,
4. Ideen, mit denen später weitergearbeitet werden soll, auf die bereitgelegten Kärtchen geschrieben werden.

Diese Grundregeln können Sie auch für alle Gäste gut sichtbar auf einem Flipchartpapier im Raum aufhängen.

Bei unserer Variante des World Cafés, die wir *Visual Café* nennen, sollte der Moderator die entstandenen Tischdecken nach jeder Runde abfotografieren, sodass er oder sie in der Abschlussrunde eine Art Entwicklungsfilm der visuellen Dokumentation zeigen kann. Zusätzlich können die Tischtücher auch zum Schluss an Stellwänden fest gemacht werden und im Rahmen einer kurzen Vernissage von allen beteiligten erkundet werden.

Wir haben dabei auch gute Erfahrungen mit leicht vorstrukturierten Tischtüchern gemacht, die vordefinierte Zonen vorschlagen (ähnlich wie bei der Methode der *Ideenwand* oder dem *Dynamic-Facilitation*-Ansatz), so z. B. eine Ideenzone, eine Fragenzone, eine Problemzone und eine verrückte Zone, in der alles Grafische (solang es nicht profan ist) erlaubt ist.

Die Fragen, die Sie der Gruppe während des *Visual Cafés* stellen, müssen inspirierend und spannend sein. Ihre Teilnehmenden müssen begierig sein zu erfahren, was die anderen an ihrem Tisch und an den andern Tischen dazu sagen und auch selbst Lust verspüren, sich einzubringen und dazu zu äußern.

Dann beginnt schon gleich die erste Gesprächsrunde, indem Sie den Startschuss dazu geben. Angeleitet durch den Tischmoderator wenden sich die Teilnehmenden der ersten Frage zu. Ihre Aufgabe während der nun einsetzenden Gesprächsrunde ist es, das Geschehen an den Tischen zu beobachten. Sollte es Probleme oder Unklarheiten geben, beispielsweise zu wenige Teilnehmende an einem Tisch, bitten Sie Teilnehmende von andern Tischen sich neu zu gruppieren. Auch greifen Sie dezent ein, wenn Sie an einem Tisch den Eindruck erhalten, es würden lediglich immer dieselben Teilnehmenden sprechen und andere kaum zu Wort kommen.

Nach ungefähr 30 Minuten (oder auch weniger, niemals aber weniger als 20 Minuten) kommt die erste Runde zu ihrem Ende. Bitten Sie alle Teilnehmenden, sich einen anderen Tisch im Café zu suchen. Lediglich der Tischmoderator bleibt an seinem angestammten Platz sitzen und empfängt dort die neue Tischrunde.

Achten Sie als Moderator darauf, dass die Zeit eingehalten wird und alle Gruppen gleichzeitig weitergehen. Sie können hierfür Ihre Stimme, eine Glocke oder auch einen Gong nutzen, um das Ende der Zeit anzuzeigen.

Sobald die Tischrunde wieder komplett ist, informiert der Tischmoderator die neuen Gruppenmitglieder darüber, was an seinem Tisch anlässlich der letzten Runde diskutiert wurde. Er macht dies anhand der visuellen Darstellungen auf der Tischdecke und fordert die neuen Teilnehmenden alsdann auf, die Arbeitsfragen an seinem Tisch ebenfalls zu diskutieren und auf der Tischdecke bzw. den Moderationskarten zu visualisieren. Nach weiteren 30 Minuten leiten Sie erneut einen Tischwechsel ein und der Diskussionsprozess kommt, wie eben beschrieben, von Neuem in Gang. Nach drei oder vier Runden findet das *Visual Café* vorerst sein Ende, denn nun geht es nicht mit einem Tischwechsel weiter, sondern mit der sogenannten Vernissage.

Die Tischmoderatoren nehmen nun in diesem letzten Schritt ihre Tischdecken von den Tischen und hängen sie nebeneinander an die Wand, wo sie nun von allen Teilnehmenden bestaunt werden können. Zusätzlich geben sie die an ihrem Tisch während der Gesprächsrunden beschrifteten Moderationskarten dem Moderator. Diese Vernissage brauchen Sie nicht zu moderieren. Bitten Sie lediglich alle Teilnehmenden, sich mit einem Partner zusammenzuschließen und die Ergebnisse an der Wand zu sichten. Nach dieser Ausstellung beginnen Sie mit Ihrer Gruppe, mit den Moderationskarten und den Eindrücken aus den Visualisierungen weiterzuarbeiten.

 BEISPIEL

Einer von uns drei Autoren hat vor kurzem an einer fast schon öffentlichen *Visual-Café*-Sitzung teilgenommen, und zwar im Rahmen einer Konferenz zum Thema ‚Wissensmanagement'. Dabei gab es insgesamt sechs verschiedene Tische zu sechs verschiedenen Unterthemen im Themenkreis Wissensmanagement. Gemeinsame Hauptfrage war dabei: Wie können Organisationen ihr Wissen besser sichtbar und damit nutzbar machen? Ein Tisch hatte dazu das Thema Wissensbilanzierung, ein anderer die Thematik Wissenskarten und ein weiterer Tisch fokussierte auf das sogenannte Skill-Management. Zum Start setzte sich jeder Teilnehmer an den Tisch, dessen Thema ihn spontan am meisten interessierte. Die Organisatoren mussten dabei kurz ausgleichend wirken und einige Teilnehmer umsetzen, sodass alle Tische gleichmäßig besetzt waren. Nach zehn Minuten Diskutieren und Visualisieren wurde gewechselt. Am neuen Tisch angekommen, resümierte der Moderator zunächst die Ideen und Gedanken der Vorgruppe mit Hilfe der Tischzeichnungen und lud uns dann dazu ein, diese Ideen weiter zu spinnen. Mit Filzstiften ausgestattet begannen wir erst zögerlich und dann immer mutiger, weitere Ideen an die bereits dokumentierten anzufügen. Einige Teilnehmer brachten dabei auch Impulse aus ihrer vorgängigen Tischdiskussion ein. Es zeigte sich, dass vor allem die als Metaphern oder mit Strichmännchen

visualisierten Ideen viel Resonanz bei der neuen Gruppe auslösten und engagierte Dialoge bewirkten. Viel zu früh erklang nach weiteren zehn Minuten erneut eine Glocke und wir begaben uns – individuell je nach Gusto – zu einem dritten Tisch, an dem dann die Café-Reise nach weiteren zehn Minuten bereits zu Ende war. In diesem Fall durchschritten die Teilnehmer also nicht das gesamte Café mit allen sechs Tischen, sondern wechselten nur zweimal. Doch bereits diese ‚Minianwendung‘ des Café-Prinzips führte zu hohem Engagement, intensivem Wissensaustausch und vielen schrägen Ideen bei allen Beteiligten – und dies trotz eines äußerst schwierigen Zeitrahmens kurz vor der Mittagspause. Zum Schluss präsentierte jeder der sechs Tischmoderatoren mit Hilfe der aufgehängten Tischtuchvisualisierungen die Quintessenz der drei Gruppengespräche an seinem Tisch. Dabei nahmen zwei der sechs Moderatoren auch gleich Gedanken des Vorredners auf und verknüpften so Ideen von verschiedenen Tischen. In 40 Minuten lernte man so erstaunlich viel über das Thema Wissensmanagement und hatte sogar noch selbst eine Methode kennengelernt, die Wissensentwicklung und Transfer elegant kombiniert – das *Visual Café*.

EINSATZRISIKEN UND ERFOLGSFAKTOREN

Wie Sie bereits lesen und anhand obiger Beschreibung erahnen konnten, bringt das *Visual Café* einen relativ großen Aufwand mit sich. Dass sich dieser aber lohnt, werden Sie sicherlich beim Durchlesen festgestellt haben. Der Clou an der Methode ist die Durchmischung der Gruppen bei gleichbleibendem Moderator. So können Ideen einfach verknüpft, übertragen und vertieft werden. Stellen Sie dafür sicher, dass die ‚richtigen‘ Menschen zusammen treffen, d. h. das durch das Café unterschiedliche Sichtweisen integriert werden können.

Wenn Sie ein solches *Visual Café* in Angriff nehmen wollen, dann achten Sie unbedingt darauf, zwei bis drei gute Helfer zu haben. Diese können Sie dabei unterstützen, Tischdecken auszubreiten, Material bereitzustellen, Teilnehmende zu begrüßen, den Überblick zu behalten, und Fragen zu beantworten. Vor, während und nach dem *Visual Café* gibt es viel zu tun. Teilen Sie sich diese Arbeit auf. Denken Sie auch daran, den Durchführungsort vorgängig zu erkunden.

EINSATZVARIANTEN

Diese Methode haben wir bewusst in einer Art und Weise beschrieben, dass sie durch einen Gastgeber am Tisch moderiert wird. Probieren Sie doch alternativ ein Visual Café ohne Moderatoren aus. Geht denn das? Ja, auch das funktioniert, denn das *Visual Café* lebt von der Neigung der Menschen zu intensiven und lebhaften Gesprächen. Die Ergebnisse zu den Fragestellungen kommen von ganz allein, wenn die Fragen für die Teilnehmer relevant genug und klug gestellt sind. Dabei verkürzen Sie jedoch am besten die Gesprächsdauer von 30 auf vielleicht nur 10 Minuten.

Eine immer wieder praktizierte Variante des *Visual Cafés* besteht daraus, dass an den Tischen unterschiedliche Fragen diskutiert werden. Auf der Ergebnisseite wird dann anstatt ‚Tiefe' vor allem mehr ‚Breite' produziert.

Eine gewagte Variante zum Schluss: Kreieren Sie bewusst keine typische Atmosphäre eines Kaffeehauses, sondern ein Ambiente, wie Sie es in einer lebhaften Bar oder angesagten Lounge antreffen. Dazu verwenden Sie am besten Stehtische, denn Gespräche im Stehen entwickeln eine höhere Dynamik als im Sitzen. Zum ‚Ausruhen' hat sich aber auch eine Mischung aus Steh- und Sitztischen bewährt, so dass wir schon fast beim Konzept einer tollen Bar oder Lounge gelandet wären. Sollten Sie übrigens keine Tischtücher aus Papier zur Hand haben, so geht es zur Not auch mit einer Reihe Flipchartblättern, die abgerissen und auf den Tisch gelegt werden.

FAZIT

Die besten Gespräche ergeben sich doch meistens dann, wenn man zufällig jemanden trifft. So ist es auch beim *Visual Café* – man muss nicht auf die passende Gelegenheit warten, um mit jemandem in Kontakt zu treten, denn das Café bietet bereits die Gelegenheit dazu. Zudem ist die Hürde, auf jemanden zuzugehen stark reduziert. Gerade für Menschen, die sich nicht zu den Vielrednern zählen, bietet diese Methode ein gutes Format, denn Gedanken können am Tisch – sozusagen ‚unter uns' – leichter vorgetragen werden als in einer großen Runde.

WEITERFÜHRENDE LITERATUR

Brown, J., Isaacs, D. (2007): Das World Café. Kreative Zukunftsgestaltung in Organisationen und Gesellschaft, Heidelberg: Carl-Auer Verlag.

Scholz, H., Vesper, R., Haußmann, M. (2007): Lernlandkarte Nr. 2 – World Café, Eichenzell: Neuland.

635-METHODE
IDEENMUTATION UNTER DRUCK

CREABILITY-PRINZIPIEN:	Verflüssigen, verändern, verbinden
KREATIVPHASE:	Entwickeln, ausarbeiten
REDUZIERTE BARRIERE:	Gegenseitige Beeinflussung und Behinderung, vorschnelles Beenden, Trittbrettfahren
ZEIT:	30–45 Minuten
TEILNEHMERZAHL:	Optimal 6, mindestens 4, maximal 8 Personen
INFRASTRUKTUR:	DIN-A4-Blatt mit jeweils 3 Spalten und 6 Zeilen pro Teilnehmer

HINTERGRUND UND VERWENDUNGSKONTEXT

Zeit ist der Ideenkiller Nummer eins. Würden Sie das so unterschreiben? Oder ist es bei Ihnen eher so, dass nicht zu wenig Zeit, sondern zu viel Zeit Ihre Kreativität reduziert? Lassen Sie es uns ausprobieren. Gewöhnlich ist es doch so, dass wir uns vornehmen, kreative Aufgaben dann zu erledigen, wenn wir ausgiebig Zeit dafür haben. Für den lange aufgeschobenen Projektbericht und die Aufarbeitung der 365 E-Mails in Ihrem Postfach mag das gelten. Die Art von Kreativität, die wir im Geschäftsalltag benötigen, funktioniert jedoch nach anderen Regeln. Kreative Arbeit unter Zeitdruck ist dabei nicht mit unangenehmem Stress gleichzusetzen. Er bedeutet vielmehr hohe Konzentration auf die Entwicklung von Ideen und Einplanung eines fixen Zeitkontingents. Unter Stress gäbe es Blockaden und nur eine geringe Ideenausbeute.

Die *635-Methode* setzt uns unter Zeitdruck und dem Wettbewerb aus. Sie erzeugt so etwas, das man ‚positiven Stress' nennen könnte. Anders als beispielsweise bei anderen Kreativitätstechniken wie Brainstorming oder dem *Kreativitätsschieber (siehe Seite 128)*, werden bei dieser Methode extrem konkrete Lösungsvorschläge niedergeschrieben. Obwohl man eigentlich im Team arbeitet, denkt jeder Teilnehmer dennoch für sich. Der Name der Methode kommt daher, dass (im Optimalfall) 6 Teilnehmer je 3 Ideen aufschreiben und diese 5-mal in der Runde weitergeben.

Anstelle des 5-mal Weitergebens kann man die 5 auch mit der Zeitspanne von 5 Minuten pro Runde erklären.

 ## VORGEHEN

Nach einer kurzen Vorbereitung geht es los. Vor einer erfolgreichen Durchführung der Methode ist es wichtig, dass Sie eine konkrete und leicht verständliche Fragestellung erarbeiten. Diese Frage sollten Sie möglichst kurz und aussagekräftig formulieren, um die Gedanken der Teilnehmenden nicht in eine vorgegebene Richtung zu lenken. Im Folgenden sollten Sie einen Leiter der Kreativsitzung bestimmen, der die Sitzung begleitet und dafür besorgt ist, dass sie korrekt durchgeführt wird. Vermeiden Sie nun unbedingt alle Störungen, die durch Mobiltelefone oder Zwischengespräche hervorgerufen werden könnten.

Die Durchführung der 635-Methode ist auf den ersten Blick einfach, erfordert aber dennoch etwas Erfahrung. Zunächst wird jedem Teilnehmenden (außer dem Sitzungsleiter) ein DIN-A4-Blatt mit jeweils 3 Spalten und 6 Zeilen überreicht *(siehe Tabelle 4)*. Als Nächstes gibt der Sitzungsleiter den Startschuss und stellt allenfalls einen Wecker auf fünf Minuten ein.

Gibt der Gruppenleiter das Signal zum Ende der ersten Runde, legen alle Teilnehmer ihren Stift beiseite, drehen das Blatt um und reichen es an ihren Nachbarn weiter. Das Blatt bleibt bis zum Start der nächsten Runde umgedreht.

Nach jedem Durchgang empfiehlt es sich, die entstandene Anspannung abzubauen. Atemtechniken oder Kurzmeditationen können schon nach wenigen Momenten einen positiven Effekt erzielen.

Erneut gibt der Sitzungsleiter den Startschuss zur nächsten Runde. Die Teilnehmer drehen das Blatt um, lesen die bereits aufgeschriebenen Ideen durch und versuchen diese entweder zu ergänzen, abzuändern oder etwas gänzlich Neues zu schreiben.

Am Ende hält jeder der Teilnehmer wieder das Blatt in den Händen, mit dem er begonnen hatte. Er sieht also die Ergänzungen seiner fünf Kollegen zu seinen ursprünglichen drei Ideen. Nun beginnt die Auswertungsphase der entstandenen Ideen.

Nach einer erfolgreichen Sitzung mit sechs Teilnehmern stehen im besten Fall 108 Ideen zur Analyse bereit. Diese Auswertung kann entweder alleine, innerhalb der Gruppe oder von einem separaten Team durchgeführt werden. Ein separates Team, welches zwar mit der Problematik vertraut ist, jedoch nicht an der Sitzung teilgenommen hat, ist dabei eine interessante Variante, sofern dies die finanziellen sowie zeitlichen Ressourcen erlauben. Dies ist schon aus dem einfachen Grund vorteilhaft, dass eine unvoreingenommene Gruppe keine emotionale Bindung an eine der Ideen hat, sondern diese objektiv bewerten kann.

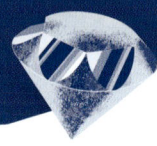
Zur Auswertung der Ideen wird jeder Vorschlag betrachtet, bewertet und in eine der drei folgenden Kategorien eingeteilt:

■ Kategorie 1: Ideen mit direktem Bezug zur Problemlösung.
■ Kategorie 2: Ideen ohne direkten Bezug zur Lösung, aber mit Potenzial.

■ Kategorie 3: Nicht verwertbare Ideen.

Ideen der Kategorie 3 werden nicht weiter behandelt und fliegen direkt aus dem Ideen-Pool. Da Ideen der Kategorie 1 meistens wenig innovative Lösungen hervorbringen, widmet man sich zunächst der Kategorie 2 und versucht, eine zunächst nicht umsetzbare Lösung in einen reellen Lö-

Fragestellung			
	Idee 1	Idee 2	Idee 3
Erfinder der Idee			
Kommentator 1			
Kommentator 2			
Kommentator 3			
Kommentator 4			
Kommentator 5			

Tabelle 4: Die leere Vorlage für die 635-Methode

sungsvorschlag zu wandeln – Chancendenken ist also angebracht.

Sollte sich keine der Ideen in Kategorie 2 als umsetzbar erweisen, kann man immer noch auf eine Lösungsvariante aus Kategorie 1 zurückgreifen oder die Fragestellung verändern und eine neue Sitzung abhalten.

 BEISPIEL

Ein typisches Einsatzbeispiel für die *635-Methode* ist, gemeinsam Ideen zur Gewinnung von Neukunden zu entwickeln. In einem Beratungsteam, das zur Zeit nicht vollständig ausgelastet ist, wird deshalb mit der *635-Methode* folgender Fragestellung nachgegangen:

„Wie gewinnen wir neue Kunden für unsere Beratungsdienstleistungen rund ums Thema Projektmanagement?"

In *Abbildung 47* finden Sie das Ideenblatt einer Person, und wie dies durch die weiteren fünf Teammitglieder im Rahmen einer 635-Sitzung ergänzt wurde. Bereits aus nur einem Blatt sind so zahlreiche gute Ideen entstanden, die anschließend im Plenum weiter diskutiert, kombiniert und bewertet werden können.

EINSATZRISIKEN UND ERFOLGSFAKTOREN

Ein Vorteil der *635-Methode* ist, dass mit 108 Ideen eine sehr große Anzahl Ideen in einer Sitzung entstehen. Zudem ist die Methode stets ohne besondere Vorkenntnisse und dies während einer Zeitspanne von lediglich 30 bis 40 Minuten durchführbar. Dadurch, dass die Ideen nicht öffentlich genannt werden, werden auch die Ideen schüchterner Mitarbeiter aufgenommen, denn ihre Ideen werden nicht zerredet. Trotzdem – im Gegensatz zum Brainwriting – müssen die Teilnehmer auf die Ideen der anderen eingehen. Es wird eine hohe Detailtiefe erreicht, da jede Grundidee 5-mal weiterentwickelt wurde.

Der größte Nachteil der Methode liegt darin, dass mit der ersten Runde der Ideenfindung auf jedem Bearbeitungsbogen eine gewisse Richtung vorgegeben ist und die weitere Sitzung keine grundlegend neuen Vorschläge produziert. Dazu muss die Methode gegebenenfalls mehrfach durchlaufen werden. Nachteilig kann sich außerdem erweisen, dass die aufgenommenen Ideen und Vorschläge subjektiv und vielleicht sogar schwer verständlich sind. Dies kann besonders bei komplexen Problemstellungen der Fall sein. Mit etwas Übung sollte Ihr Team diese Herausforderung aber gut meistern.

Ein letzter Nachteil besteht darin, dass die Methode vom Erlebniswert relativ trocken ist, folgt sie doch einem starren Sitzungsablauf und dem Ausfüllen von Formularen. Dies

Fragestellung: **Wie gewinnen wir neue Kunden?**			
	Idee 1	Idee 2	Idee 3
Erfinder der Idee	Wir schreiben einen Fachbeitrag in einer Zeitschrift.	Wir veranstalten einen Probeworkshop.	Wir bitten bestehende Kunden uns weiterzuempfehlen.
Kommentator 1	Warum nicht eine Fach-App statt einen Artikel?	Könnten wir auch ein Mittags-Webinar anbieten?	Wir sollten einen Anreiz dazu liefern: bspw. 5 Gratisstunden Beratung.
Kommentator 2	Wir könnten unsere Projektrisiko-Methode als App aufbereiten („Projektrisikoradar").	Wie wäre es mit einem Seminar im Pausenraum des Kunden?	Lasst uns gute Kundenzitate sammeln und diese auf unserer Webseite aufführen.
Kommentator 3	Lasst uns das kombinieren: zum Launch einer kleinen App publizieren wir gleichzeitig einen Artikel!	Oder einem Wettbewerb: wenn Sie 5 Ihrer Kollegen dafür begeistern können, erhalten sie ein Gratisseminar?	Neben Zitaten könnten wir auch kleine Minifallstudien zu unseren Projekten veröffentlichen.
Kommentator 4	Wir sollten das im „PM Magazin" publizieren und eine Version fürs iPad programmieren lassen.	Sollen alle 5 Kollegen von einer Firma sein oder aus verschiedenen?	Schauen wir uns doch die Kontakte unserer Kunden auf Xing an, um so neue Leads zu generieren.
Kommentator 5	Ich kenne Studenten, die günstig eine App entwickeln können.	Als Thema eines Webinars schlage ich folgendes Thema vor: Projektfallen früh vermeiden.	Wir könnten auch eine Umfrage zu den größten Projektrisiken lancieren (und dann von unseren Kunden kommentieren lassen).

Abbildung 47: Beispiel eines Ideenblattes einer Person, und wie dies durch die weiteren fünf Teammitglieder im Rahmen einer 635-Sitzung ergänzt wurde

kann jedoch ein wenig aufgelockert werden, indem man die Formulare durch Piktogramme oder Skizzen ergänzt. Ebenfalls recht starr ist die Gruppengröße. Zu zweit oder in großen Gruppen hat sich diese Methode nicht bewährt.

EINSATZVARIANTEN

Der Flexibilität halber kann die Gruppe von sechs auch um zwei zusätzliche Teilnehmende erweitert oder auch verkleinert werden. Sobald die Gruppengröße aber unter vier Teilnehmer sinkt, sollte man sich eine andere Methode zur Hand nehmen, da kein optimales Ergebnis mehr erreicht werden kann. Eine spielerische Variante der *635-Methode* ist die Skizzen-635er: Sie können es den Teilnehmern nämlich auch erlauben, statt nur Ideensätze in die Felder einzutragen, auch einfache Skizzen anzufertigen oder die Ideensätze durch kleine Bilder zu ergänzen. Dies lockert die Formulare auf und schafft Raum für zusätzliche Assoziationen.

FAZIT

Die *635-Methode* hat einen besonders starken Zielbezug, denn alle Ideen werden garantiert von jedem Teilnehmer (mit)bearbeitet. Dadurch ist jeder Teilnehmer involviert, kann sein Wissen einbringen und somit einen eigenen Beitrag leisten. Sie werden sehen, dass Ihnen dies bei der Umsetzung der Ideen sehr helfen wird. Zudem werden aufgrund der Schriftlichkeit und der Rotation voreilige Bewertungen oder Diskussionen einzelner Ideen vermieden. Die Methode des Brainstormings muss sich ja immer wieder die Kritik gefallen lassen, dass genau das passiert, also dass Teilnehmer vorschnell Ideen bewerten oder diskutieren und damit den einen oder anderen Teilnehmer dazu veranlassen, gewisse Ideen gar nicht aufzubringen. Mittels der *635-Methode* kann diesem Kritikpunkt sehr gut entgegengetreten werden. Und wie ist das nun mit dem Zeitdruck? Haben Sie bemerkt, wie unter Stress dennoch viele gute Ideen zusammenkommen? Der Sitzungsleiter hat durch die straffe Führung und des Einhaltens der Zeiten dafür gesorgt, dass jeweils innerhalb kurzer Zeit sehr viele Ideen zusammengekommen sind. Der künstlich aufgebaute Stress war also nicht kreativitätshemmend, im Gegenteil – Zeitdruck ist Teil der Methode.

WEITERFÜHRENDE LITERATUR

Rohrbach, B. (1969): Kreativ nach Regeln – Methode 635, eine neue Technik zum Lösen von Problemen. Absatzwirtschaft 12 Nr. 19, S. 73–76.

ZWEIER MIND-MAP
ERGÄNZEN SIE SICH

HINTERGRUND UND VERWENDUNGSKONTEXT

Vier Augen sehen bekanntlich mehr als zwei. Und wenn sich die Blicke dieser vier Augen auf gemeinsame Ideen richten, kann dadurch auch etwas Innovatives, Neues entstehen. Für eine gemeinsame Ideenvisualisierung braucht es dabei nur eine einfache Vorlage: eine leicht vorstrukturierte Mind-Map für zwei Personen, wie Sie es hier finden.

Mind-Mapping wurde ursprünglich von Tony Buzan als einfache Lern-, Notiz- und Kreativitätstechnik entwickelt. Eine Mind-Map ist eine vom Zentrum ausgehende Visualisierungsmethode, bei der Informationen hierarchisch mittels Texten auf Ästen strukturiert werden. Durch die Verwendung von Farben, Symbolen und Stichwörtern soll sowohl konvergentes, analytisches wie auch divergentes kreatives Denken gefördert werden. Zu Grunde liegt der Methode die Annahme, dass das menschliche Gedächtnis assoziative Strukturen bildet, um Informationen zu verarbeiten und zu speichern (Buzan & Buzan, 2002). Diese Art des assoziativen Denkens können wir durch die einfache, ‚radiale‘ (vom Zentrum ausgehende) Form der Mind-Map gut unterstützen und für die Ideenentwicklung nutzen. Daraus resultieren verschiedene Vorteile, etwa besseres Verständnis eines Themas, einfacheres Behalten von Inhalten oder auch eine bessere Integration bestehenden und neuen Wissens.

In unserer Variante dieser Methode wird eine Mind-Map von zwei Personen gleichzeitig ausgefüllt. Diese Methode

CREABILITY-PRINZIPIEN:	Verflüssigen, verbinden, veredeln
KREATIVPHASE:	Entwickeln, ausarbeiten
REDUZIERTE BARRIERE:	Gegenseitige Beeinflussung und Behinderung
ZEIT:	5–15 Minuten
TEILNEHMERZAHL:	2 Personen
INFRASTRUKTUR:	Papier und Stift sowie dieses Buch

der *Zweier Mind-Map* kann man also immer dann einsetzen, wenn man mit jemand anderem gemeinsam Ideen entwickeln möchte. Dies bietet sich vor allem dann an, wenn man unterschiedliche Sichtweisen auf oder Zugänge zu einem Thema oder Problem hat. Die *Zweier Mind-Map* kann bei Ad-hoc-Sitzungen genauso gut zum Einsatz gelangen wie bei geplanten Gesprächen unter vier Augen. Alles, was es dazu braucht, ist ein wenig Stille, einen gemeinsamen Tisch und die leere Papiervorlage (am besten auf einem DIN- A3-Blatt aufgemalt).

 VORGEHEN

Das Vorgehen zur Nutzung der *Zweier Mind-Map* entspricht dem sogenannten Nominalgruppenprinzip, d. h. man ersinnt und dokumentiert Ideen zuerst individuell für sich und bespricht und kombiniert sie erst nachher zu zweit oder in größeren Gruppen; dies, um sich nicht gegenseitig dabei zu stören oder zu früh zu beeinflussen.

Im Zentrum der *Zweier Mind-Map* steht das Thema, zu dem gemeinsam Ideen entwickelt werden sollen. Dazu trägt man die Fragestellung oder ein Stichwort in den Kreis in der Mitte ein. Achten Sie dabei bewusst darauf, die Fragestellung nicht zu eng zu fassen. So lassen Sie mehr Spielraum für neuartige Lösungen des Problems.

Im zweiten Schritt überlegt sich nun Person A auf der linken und Person B auf der rechten Seite je vier Ideen zur Thematik und trägt diese (still und für sich) stichwortartig auf die vier Mind-Map-Hauptäste auf der jeweiligen Seite ein. Bei Bedarf dürfen auch ein bis zwei weitere Äste auf der eigenen Seite ergänzt werden. Die Begriffe bzw. Ideen stehen dabei direkt auf den Ästen (mit etwas Abstand zur Linie). Achten Sie dabei auch auf eine gute Lesbarkeit ihrer Idee.

Nachdem beide Personen ungefähr drei bis fünf Minuten so eigene Ideen auf den Hauptästen eingetragen haben, wird die Vorlage gedreht. Nun sollen beide die Ideen ihres Kollegen auf den Unterästen mit eigenen Gedanken ergänzen. Es ist dabei erlaubt, Rückfragen zu den Ideenbezeichnungen der anderen Person zu stellen. Zuerst sollten jedoch spontane Ergänzungen oder eigene Ideen zum schriftlichen Gedanken des Kollegen auf den entsprechenden Unterästen festgehalten werden. Neben der Ergänzung der Ideen des anderen können die Unteräste auch dazu verwendet werden, ganz neue Ideen, die durch die jeweilige Idee entstanden sind, festzuhalten.

In einem weiteren Schritt dürfen beide Seiten Ideen ihres Kollegen, die sich kombinieren lassen, mit einer entsprechenden Linie verbinden und die Kombinationsidee darauf stichwortartig festhalten.

Zum Schluss setzen sich beide Personen nebeneinander, so dass beide die Kommentare oder Ergänzungen und Verknüpfungen des anderen sehen können. In diesem letzten Schritt erklären sich beide Personen ihre Kommentare und

erörtern gemeinsam, inwiefern die eingetragenen Verbindungen in der Umsetzung sinnvoll sein könnten. Falls möglich, einigt man sich abschließend auf die zwei viel verschendtsten Ideen, die aus dem *Zweier Mind-Map* entstanden sind.

 BEISPIEL

In einem kurzen Workshopsegment von 20 Minuten haben wir (im Rahmen einer größeren Sitzung) die *Zweier Mind-Map* auf folgende Fragestellung angewandt: Wie lassen sich unrentable Kunden bei einem Finanzdienstleister vermeiden oder reduzieren, ohne dass dies negative Auswirkungen auf andere Geschäftsbeziehungen hat? Nachdem wir sichergestellt hatten, dass alle Teilnehmer die Fragestellung als wichtig empfanden, haben wir alle Sitzungsteilnehmer in Zweiergruppen aufgeteilt und ihnen die Mind-Map-Vorlage ausgeteilt.

Danach bekam jeder Teilnehmer fünf Minuten Zeit, mögliche Maßnahmen auf seiner Mind-Map-Hälfte zu notieren. Diese Ideen wurden danach in weiteren fünf Minuten vom Gegenüber schriftlich in der Mind-Map mit eigenen Gedanken ergänzt. Bei einigen Zweiergruppen gab es dabei jeweils kurze Klärungsdiskussionen, in anderen blieb es relativ still. Danach haben wir die Teilnehmer gebeten, die entstandene Mind-Map gemeinsam zu besprechen und sie dann, während der letzten fünf Minuten des 20-Minutenblockes, im Plenum kurz vorzustellen. Dadurch kam eine gute, recht umfassende Mischung aus stimmigen Ideen zustande. Das Bild auf der gegenüberliegenden Seite zeigt die Mind-Map einer Zweiergruppe aus dem Workshopsegment.

Die Teilnehmer schätzen an dieser Methode die Möglichkeit, „in den Kategorien des anderen denken" zu müssen, aber auch, eigene Ideen in anderer Form wiederzufinden und ergänzen zu können.

Überraschenderweise ergänzten einige Teams ihre Map auch in der allerletzten Phase der Arbeit als Zweiergruppe (der Besprechung der resultierenden Map). Sie ergänzten weitere, spontan entstandene, gemeinsame Ideen und entwickelten weitere Varianten ihrer ursprünglichen Ideen. Als Moderatoren fiel es uns dabei z. T. schwer, die Dynamik der Zweiergruppen nach zwanzig Minuten wieder zu stoppen.

 EINSATZRISIKEN UND ERFOLGSFAKTOREN

Obwohl Mind-Maps dank digitaler Programme und Projektoren heute oft auch in Gruppensituationen und Sitzungen genutzt werden, sind sie doch eine sehr individuelle Darstellungsform. Eine Mind-Map, welche durch eine Gruppe oder Einzelperson erstellt wurde, ist oft nur schwer von anderen nachvollziehbar. Die stark verdichtende Darstellungsweise macht eine Mind-Map manchmal zu einem mehrdeutigen und schwer interpretierbaren Dokument. Dies gilt es zu berücksichtigen, wenn man Mind-Maps nicht nur für den persönlichen Gebrauch, sondern auch als weiteres Kommunikationsmittel eigener Ideen nutzt. Eine Mind-Map sollte anderen deshalb, wenn immer möglich, mündlich präsentiert und erklärt werden. Sehen Sie von daher die *Zweier Mind-Map* einzig als Arbeitsinstrument für die Ideenentwicklung und nicht als Kommunikationsmittel.

Ein weiteres Problem von Mind-Maps betrifft deren hierarchische Struktur. Oft können komplexe

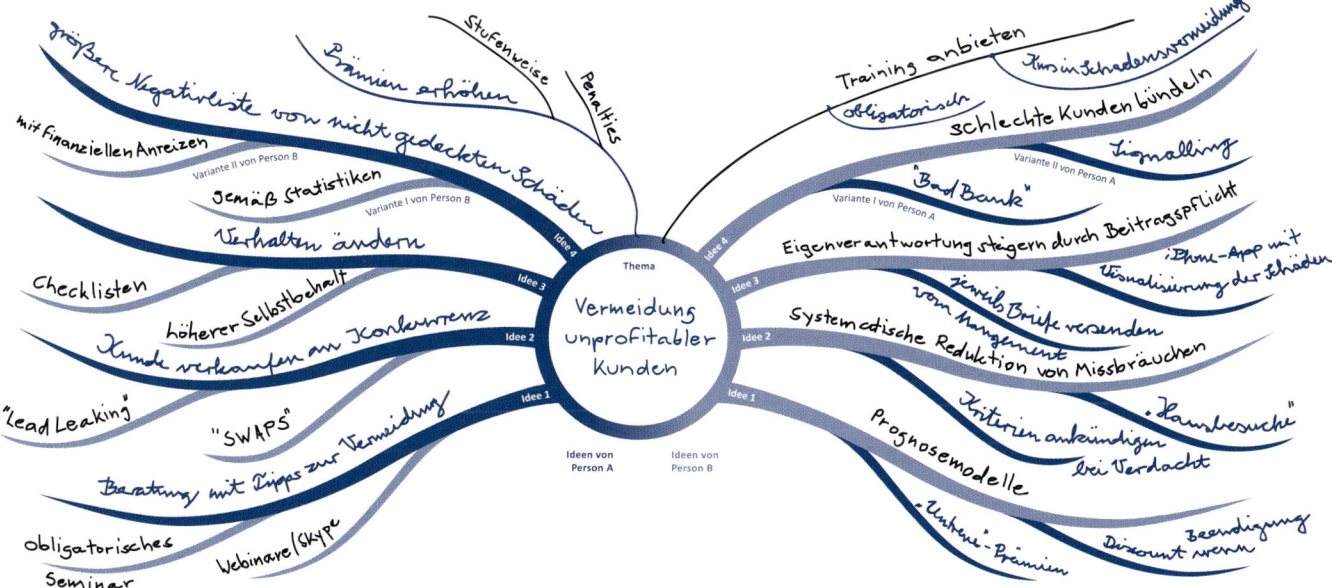

Abbildung 48: Eine Zweier Mind-Map aus dem Workshop

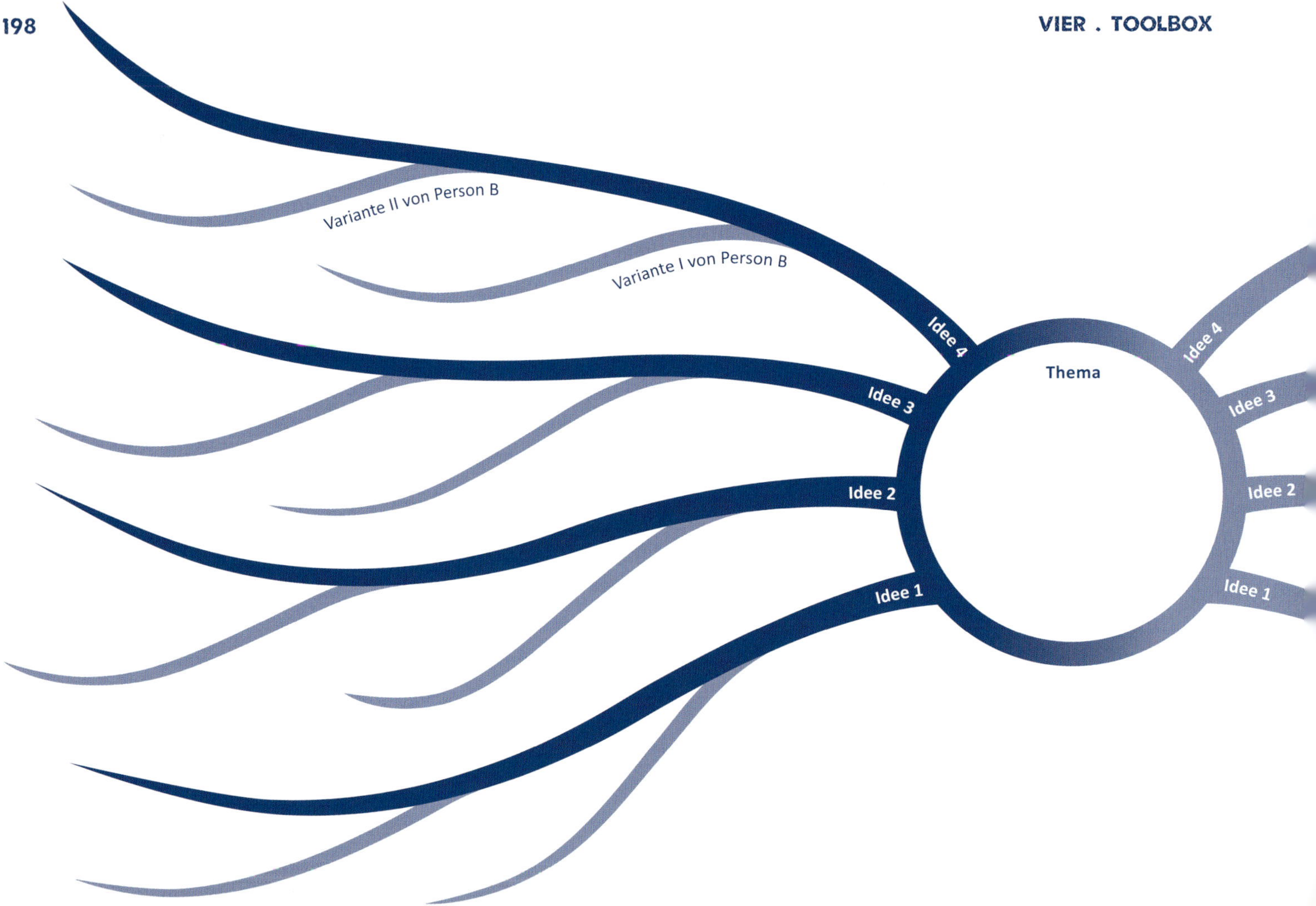

Variante II von Person B

Variante I von Person B

Idee 4

Idee 3

Idee 2

Idee 1

Thema

Idee 4

Idee 3

Idee 2

Idee 1

Variante II von Person A

Variante I von Person A

Beziehungen zwischen Informationen nicht einfach als Über- und Unterpunkte abgebildet werden. Deshalb empfiehlt es sich, zusätzlich zu den Ästen auch Verbindungslinien zwischen Einträgen zu zeichnen und diese zu beschriften. Durch derartige Verbindungen können auch weitere (Kombinations-) Ideen entstehen.

Ein letztes Risiko kann daraus bestehen, dass auf der Mind-Map-Hälfte zu wenig Platz für die Ausformulierung der eigenen Idee besteht. Wir nutzen deshalb meistens vorgedruckte DIN-A3-Blätter für diese Methode. Das große Papier führt, so finden wir, auch zu größeren und anderen Ideen, als wenn man mit kleineren Papierformaten hantiert.

EINSATZVARIANTEN

Die hier vorgestellte Ideen-Mapping-Methode kann auch in größeren Gruppen als Zweierteams verwendet werden. So haben wir sie bereits in Dreier- und in Vierergruppen getestet – und dies mit guten Resultaten. Dabei empfiehlt es sich jedoch, nicht mehr auf einem einzigen Blatt zu arbeiten, sondern mit drei bzw. vier individuellen A4- oder A3-Blätter eigene Ideen zu dokumentieren und diese dann jeweils nach Komplettierung auszutauschen. Das gemeinsame Endprodukt ist dabei weniger prägnant als in der Zweierversion. Durch die verschiedenen Kommentare kommen so jedoch viel Integration und Neukombination von Ideen zustande.

 **FAZIT**

Zweiergruppen sind unter Druck oft flexibler und hartnäckiger in der Ideenentwicklung als Einzelpersonen oder Großgruppen. Sie sind flexibler, weil man sich im Zweiergespräch auf das Gegenüber einstellen muss. Sie sind hartnäckiger, weil man durch den anderen Gesprächspartner immer wieder neu motiviert wird, sich mit bestehenden Ideen weiter auseinanderzusetzen. Wird dieser Prozess visuell unterstützt, so kann man leichter auf den Ideen des anderen aufbauen und diese weiterentwickeln, ohne direkt Kritik üben zu müssen. Dadurch entsteht eine äußerst intensive und kreative Dynamik.

WEITERFÜHRENDE LITERATUR

Buzan, A.P., Buzan, B. (2002): Das Mind-Map-Buch, Landsberg/Lech: Moderne Verlagsgesellschaft.

Eppler, M.J. (2006): A Comparison Between Concept Maps, Mind-Maps, Conceptual Diagrams, and Visual Metaphors as Complementary Tools for Knowledge Construction and Sharing– Information Visualization. Nr. 5, S. 202–210.

Reinmann, G., Eppler, M.J. (2008): Wissenswege: Methoden für das persönliche Wissensmanagement, Bern: Huber.

SPAZIEREN STRAPAZIEREN
KREATIVITÄT AUF DEN WEG BRINGEN

CREABILITY-PRINZIPIEN:	Verflüssigen, veredeln
KREATIVPHASE:	Entwickeln, ausarbeiten
REDUZIERTE BARRIERE:	Vorschnelles Beenden
ZEIT:	10 Minuten bis 2 Stunden
TEILNEHMERZAHL:	1–3 Personen
INFRASTRUKTUR:	Ein (relativ flacher) Gehweg (idealerweise mit Ausblick), Notizblock und Bleistift

HINTERGRUND UND VERWENDUNGSKONTEXT

Was haben die epochalen Philosophen Sokrates, Aristoteles, Kant und Kierkegaard gemeinsam? Sie alle nutzten ausgiebige Spaziergänge, um ihre Ideen zu entwickeln. Bei Aristoteles war diese Praxis eine bewusst gemeinschaftliche, denn er pflegte mit den Studenten seines Lyzeums durch die Wandelhallen zu schreiten und dabei wichtige Gedanken zu erörtern. Diese philosophischen Spaziergänge trugen ihm den Namen Peripatetiker ein, „der mit den Gängen tanzt", wenn man so will.

Auch beim dänischen Begründer des Existenzialismus Sören Kierkegaard waren Spaziergänge ein wichtiges Medium für die individuelle und gemeinsame Ideenentwicklung. Dass er seine „besten Gedanken anlief" ist keine lyrische ex-post Übertreibung, sondern entsprach seiner kreativen Arbeitsweise. Bei derartigen Spaziergängen durch Kopenhagen soll er mit „etwa 50 Menschen jedes Alters" gesprochen haben. Manchmal jedoch verbrachte er einen ganzen Spaziergang mit nur einer einzigen inspirierenden Person. Dabei konnte es passieren, dass er das gemeinsame Gehen und Parlieren abrupt abbrach, um die entwickelten Ideen so rasch wie möglich zu Papier zu bringen. Kierkegaard schätzte Spaziergänge unter anderem deshalb, weil er dabei Angedachtes zu Ausgereiftem weiterdenken konnte. Für ihn war ein richtig dosierter Spaziergang ein Mittel, „das gehend alles fertig macht." Für ihn war ein Spaziergang

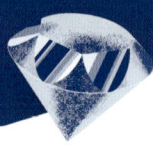

also eine Art Experimentierfeld, „auf dem ich mir meine Gedanken hole". Übrigens hat dies auch Friedrich der Große so gehandhabt: Er spazierte oft zu zweit durch Sanssouci, um seine Strategien zu entwickeln.

Diese altmodische ‚low-tech' Art der Ideenfindung entdecken wir heute gerade wieder neu, so scheint es zumindest, denn sie wird mit einigen neuen, bisweilen erheiternden Begriffen wie ‚Nordic Talking' (in Anlehnung an das nordische Walking mit Stöcken, so im Einsatz bei einem großen deutschen Automobilhersteller), ‚Innovation Walks' oder ‚Ideengenerierierung' [sic] propagiert. Jenseits dieser Hype-Begriffe sollte jedoch eine wichtige Erkenntnis nicht vergessen werden: Wir denken anders, wenn wir uns bewegen und unseren Horizont stetig verändern, als wenn wir nur sitzen und in einen Computerbildschirm gucken. Das hat übrigens auch der Doyen der modernen Managementforschung Karl Weick vor einiger Zeit festgestellt: Es fällt uns viel schwieriger umzudenken, wenn wir in einen Computermonitor starren. Auch haben wir mehr Mühe, Szenarien zu entwickeln und die Konsequenzen gewisser Ideen abzuschätzen, wenn wir ständig in den Bildschirm schauen.

Deshalb wollen wir Sie mit dieser Methode dazu einladen, Ihr Spazieren zu strapazieren (d. h. es öfter zu tun und anders zu nutzen). Typische Verwendungssituationen, um spazieren zu strapazieren, sind Pausen in Seminaren oder Workshops, die Zeit direkt nach dem Mittagessen (z. B. als Vorlauf eines Kreativworkshops) oder vor dem Abendessen bei einem mehrtägigen Firmenanlass.

 VORGEHEN

Kann es unser Ernst sein, Ihnen Vorschriften für das Spazierengehen zu machen? Ja, denn wenn Sie solche ‚Gedankengänge' bewusst für Kreativität nutzen möchten, dann empfiehlt es sich in der Tat, gewissen einfachen Richtlinien zu folgen, besonders wenn Sie Kreativrouten zu zweit oder dritt planen.

Alles beginnt dabei recht harmlos: Einigen Sie sich mit Ihren Kollegen auf das zu besprechende Thema oder Problem, zu dem Sie auf dem Spaziergang Ideen oder Lösungen entwickeln möchten. Definieren Sie dabei eine grobe Zeitspanne für den Spaziergang. 20 Minuten ist eine bewährte Dauer.

Vergessen Sie vor dem Losmarschieren nicht, einen kleinen Block und einen Bleistift einzupacken, um gewisse wichtige Begriffe oder Stichwörter kurz schriftlich festzuhalten.

Wie sieht nun der ideale Kreativweg aus? Es empfiehlt sich für den Spaziergang eine Route zu wählen, die
- nicht sehr strapaziös ist,
- eine wechselnde Umgebung bietet (z. B. Aussichtspunkte, Schattenwege, offene Wiesen usw.),
- einige „denkwürdige" Orte oder Sehenswürdigkeiten aufweist (sozusagen als mentale Marker),
- Abschnitte mit und ohne Weitblick enthält.

Neben der Auswahl der richtigen Route (und natürlich der ‚richtigen‘ Weggefährten) ist es auch wichtig, kurz ein paar Grundregeln produktiver Kreativspaziergänge zu klären. Folgende Gehregeln haben sich für Innovation Walks bewährt:

1. Gehen Sie zusammen und achten Sie dabei auf eine für alle angenehme Gehgeschwindigkeit.
2. Man darf dabei gerne auch einmal (gemeinsam) stehen bleiben, v.a. wenn es um einen besonders spannenden Gedanken geht. Wenn also jemand stehen bleibt, dann halten auch die anderen an. Stellen Sie als ‚Übungsleiter‘ gleich zu Beginn für alle Beteiligten klar, dass es sich beim ‚Spazieren strapazieren‘ nicht um einen Wettlauf handelt, und dass man nicht als erste Gruppe zurück sein muss.
3. Es ist in Ordnung, sich beim Sprechen nicht immer anzusehen; das reduziert sogar die Selbstzensur bei gewagten Ideen. Es ist also nicht unhöflich (und bei mehr als zwei Teilnehmern sogar notwendig), wenn man den Augenkontakt nicht immer aufrecht erhält.
4. Sprechpausen sind in Ordnung und sogar erwünscht. Lassen Sie gewisse Ideen, Gedanken und Impulse bewusst einmal eine Minute ruhen und wirken, bevor der nächste das Wort ergreift.
5. Seien sie konstruktiv, positiv, humorvoll und bleiben Sie locker. Denn bei einem Kreativitätsspaziergang sollte man keine sitzungsähnliche Stimmung schaffen, sondern bewusst auf informelle Kommunikation setzen. Man muss dabei auch nicht sofort eine Lösungsidee bereit haben; es

reicht über das gemeinsame Thema zu sprechen, denn: Ideen entstehen oft aus dem Dialog.
6. Lassen Sie zum Schluss des Spaziergangs jeden Weggefährten kurz resümieren, was ihm oder ihr von den Beiträgen der anderen besonders wichtig erscheint.

 BEISPIEL

Stellen Sie sich folgende Situation vor: In vier Dreiergruppen haben Sie in einem Kreativworkshop neue Produktideen für eine Beratungsfirma entwickelt. Ihre eigene Dreiergruppe hat dabei eine interessante Beratungsidee entwickelt, nämlich ein Skype-basiertes Präsentations-Coaching für Manager. An dieser Idee möchten Sie nun ebenfalls zu dritt weiterarbeiten.

Dazu werden die Gruppen neu eingeteilt und gebeten, zu dritt einen Kreativspaziergang zu unternehmen, an dem die Beteiligten sich gegenseitig von ihren Ideen erzählen und versuchen, darauf aufbauend die Ideen weiterzudenken.

Sie machen sich also mit zwei neuen Kollegen aus zwei anderen Gruppen auf den Weg und erzählen ihnen von Ihrer Idee für ein internetbasiertes Präsentationscoaching. Einer Ihrer zwei ‚Wanderkollegen‘ erzählt Ihnen darauf von einer neuen Prozessoptimierungsmethode, bei der innerhalb eines Halbtages ein Prozess völlig neu konzipiert

wird. Der Dritte im Bunde erzählt, dass seine Gruppe an einem neuen Fakturierungsmodell herumgebastelt hat, in dem der Kunde einen Fixpreis für ein Beratungsprodukt bezahlt, egal wie viele Beratungsstunden dafür notwendig sind. Jeder von Ihnen gibt dem anderen dabei spontan und konstruktiv Rückmeldung zur jeweiligen Idee. So meint einer Ihrer Kollegen etwa, dass für das Präsentationscoaching ein klares Erwartungsmanagement wichtig sei, da man ja keine Grafikagentur sei und dem Kunden nicht alles neu zeichnen könne. Die Zeit vergeht wie im Fluge und bald sind Sie nach einer kleine Reise zu einem benachbarten Teich wieder zurück beim Seminarhotel.

Nach dem ca. halbstündigen Spaziergang wird dann wieder in den ursprünglichen Gruppen an den ersten Ideen weitergearbeitet, nun jedoch unter Berücksichtigung der Impulse aus dem Kreativitätsspaziergang. Alle drei Mitglieder der ursprünglichen Gruppe erzählen von ihren Spaziergängen. Es wird entschieden, dass ihr ,analytisches Präsentationscoaching' mit einem Fixpreis versehen werden soll und dass der Kunde dabei innerhalb eines Halbtages Rückmeldung bekommen kann. So haben Sie die Ideen Ihrer Kollegen für die eigene Gruppe nutzbar gemacht und deren Kritikpunkte berücksichtigt. Ähnliches passiert auch in den anderen Dreiergruppen. Zum Schluss präsentieren sich alle vier Gruppen ihre Kernideen und nehmen Feedbacks ihrer Kollegen entgegen. Da alle dabei die Ideen schon vom Spaziergang her ein wenig kannten, läuft dieser Teil wesentlich effizienter als gewöhnlich ab. Es besteht be-

reits ein Grundverständnis, auf dem man in der Diskussion der Ideen aufbauen kann. Zudem konnte man im persönlichen Gespräch die Kollegen ein wenig besser kennen und schätzen lernen und sich beim gemütlichen Gehen im Wald sogar ein bisschen entspannen.

 EINSATZRISIKEN UND ERFOLGSFAKTOREN

Ein mögliches Risiko eines Kreativspazierganges ist es, den Rundgang zur falschen Zeit („Im Frühtau...") am falschen Ort („zu Berge wir ziehn...") und mit den falschen Leuten zu verordnen. Wird ein allzu strenger und langer Weg zu einem unpassenden Moment in Angriff genommen, so kann der Spaziergang leicht zum Leidensweg werden und vor allem die Nerven der Beteiligten strapazieren – und gereizt oder erschöpft ist man nicht unbedingt kreativ.

Drei entsprechende Erfolgsfaktoren gilt es beim Strapazieren des Spazierens zu berücksichtigen: den richtigen Zeitpunkt, den richtigen Ort und die richtigen Weggefährten.

Es ist also erstens wichtig, den Einsatz eines Kreativspazierganges zeitlich stimmig einzuplanen. Gute Zeitpunkte für einen derartigen Rundgang sind, wie eingangs erwähnt, wenn bereits eine Stunde gearbeitet wurde und man frische Impulse braucht, oder nach dem Mittagessen bzw. vor dem Abendessen. Schlechte Zeitpunkte sind zu Beginn eines Workshops oder wenn es im Plenum etwas Wichtiges, Analytisches auszudiskutieren gilt.

Zweitens ist es wichtig, einen Ort bzw. eine Route zu wählen, die von allen Beteiligten einfach bewältigt werden kann. Die Route sollte Weitblick und Ausblick ins Grüne ermöglichen, da dies kreativitätsfördernd wirkt. Ideal sind Rundgänge, bei denen man am Schluss wieder beim Ausgangspunkt ankommt, jedoch nicht auf demselben Wege, auf dem man losmarschiert ist. Einige Seminarhotels bieten übrigens als Teil ihrer Infrastruktur bereits spezielle Wege genau zu diesem Zweck an.

Drittens ist es wichtig, die richtigen Menschen miteinander spazieren zu lassen. Bringen Sie für den Spaziergang Kollegen zusammen, die normalerweise keine Gelegenheit haben oder suchen, miteinander zu reden. Achten Sie aber auch darauf, den Sportlichsten nicht zusammen mit dem Unsportlichsten in derselben Gruppe gehen zu lassen, da dies unter Umständen Irritation beim Gehen verursacht.

Zu guter Letzt sollten Sie in gewissen Situationen bewusst darauf achten, die Erwartungen an derartige Spaziergänge nicht zu hoch zu schrauben. Laden Sie Ihre Kollegen ein, einfach loszuspazieren und sich ohne Erwartungsdruck ihren Gedanken hinzugeben.

 **EINSATZVARIANTEN**

Kreativspaziergänge können spontan und ohne große Vorbereitung und Regeln stattfinden. Sie können alleine losziehen oder sich in Kleingruppen auf den Weg machen. Falls Sie jedoch einer relativ skeptischen Gruppe gegenüberstehen, kann es sinnvoll sein, den Spaziergang ein wenig zu formalisieren; dies auch, um der Gruppe die Sicherheit zu geben, dass es sich hierbei um eine seriöse Methode handelt.

In einem solchen Fall können Sie zum Beispiel den „Dreisprungspaziergang" einsetzen. Bei diesem 21-minuten Ideen-Spaziergang (die Dauer rührt von der optimalen Konzentrationszeit her), werden die ersten 7 Minuten für die Diskussion des gemeinsamen Problemverständnisses verwendet. Die zweiten 7 Minuten dienen dann der gemeinsamen Ideenentwicklung. Die letzten 7 Minuten des Rundgangs verwendet man für die Kombination der besten Ideen und eine Einigung auf die viel versprechendsten zwei Ideen. Bei dieser Variante des *Spazieren strapazierens* sollte man jedoch die Zeitlimits sehr tolerant handhaben und wichtige kreative Gespräche nicht vorschnell abwürgen.

 **FAZIT**

Es ist so naheliegend und doch tun wir es viel zu wenig: Kreative Gespräche beim Gehen zu führen, bringt mehr als nur Auflockerung und eine informelle Atmosphäre (was nachweislich wichtige Erfolgsfaktoren für Kreativität sind). Es kann auch dazu führen, dass wir zu ganz neuen Sichtweisen kommen und kreative Ideen länger weiter entwickeln, als wir dies an einem Sitzungstisch tun würden. Zudem wird dadurch, dass es in Ordnung ist, auch einmal still weiter zu gehen, eine vertiefte Auseinandersetzung mit Ideen anderer möglich. Geben Sie deshalb dieser natürlichen Kreativitätsmethode eine Chance, indem Sie z. B. beim nächsten Workshop oder Seminar eine Spazierpause einbauen.

WEITERFÜHRENDE LITERATUR

Garff, J. (2000): Sören Kierkegaard, München: Carl Hanser Verlag.

Weick, K.E. (1985): Cosmos vs. Chaos: Sense and Nonsense in Electronic Contexts. Organizational Dynamics, Nr. 14(2), S. 51–64.

WRITER'S ROOM
KREATIVITÄT IN SERIE ODER WAS WIR VON TV-SERIENAUTOREN ÜBER KREATIVITÄT LERNEN KÖNNEN

CREABILITY-PRINZIPIEN:	Verstehen, verflüssigen, verändern, verbinden, veredeln
KREATIVPHASE:	Entwickeln, ausarbeiten
REDUZIERTE BARRIERE:	Trittbrettfahren, Selbstzensur
ZEIT:	30 Minuten bis zu mehreren Stunden
TEILNEHMERZAHL:	5–16 Personen
INFRASTRUKTUR:	Ein permanent verfügbares Zimmer

HINTERGRUND UND VERWENDUNGSKONTEXT

Haben Sie sich beim abendlichen Genuss einer besonders spannenden oder extrem lustigen Fernsehserie auch schon gefragt, wie die Autoren einer derartigen Sendung auf ihre Einfälle kommen? Wie schaffen es diese ‚Kreativen‘, uns jede Woche mit genialen Einfällen und aberwitzigen Szenen zu überraschen?

Denn: Bei den Serienschreibern handelt es sich praktisch nie um Einzeltäter, die ihre Szenen im stillen Kämmerlein ausbrüten. Interessanterweise sind es – vor allem in den Vereinigten Staaten – meist Autorenteams, die erfolgreiche Fernsehserien gemeinsam entwickeln. Für eine typische US-Fernsehserie treffen sich ein Dutzend Autoren regelmäßig in einem sogenannten *Writer's Room*, um zusammen eine Fernsehserie fortzuschreiben. Sie tun dies in einer interessanten Art und Weise, die uns viel über das Ad-hoc-Funktionieren kollektiver Kreativität lehren kann.

Wie schaffen es diese Teams ganz konkret, gemeinsam und unter erheblichem Zeitdruck, quasi auf Abruf, kreativ zu sein? Wie stellen es die Fernsehautoren an, im Team und in ein- bis fünfstündigen Sitzungen tolle Ideen für Szenen zu entwickeln und dabei keine faulen oder voreiligen Kompromisse zu schließen? Und was können wir vom *Writer's Room* und seinen Regeln für unsere täglichen Sitzungen lernen?

Lassen Sie sich kurz auf diesen spannenden, wenn auch fremden Kontext ein, und sehen Sie selbst, dass Sie von den Machern von Serien wie ‚Lost‘, ‚Raumschiff Enterprise‘, ‚Buffy, der Vampirkiller‘, ‚Gestorben wird immer‘ oder ‚West Wing‘ so einiges über Kreativität in Sitzungen lernen können. Im Folgenden haben wir dazu Interviews mit Hollywood-Serienschreibern, eigene Gespräche mit Spezialisten und *Writer's-Room*-Dokumentationen ausgewertet sowie Hinweise aus entsprechenden US-Lehrbüchern für Sie verdichtet.

 VORGEHEN UND BEISPIEL

Ein typisches Autorenteam einer US-amerikanischen Fernsehserie muss wöchentlich umfangreiches neues kreatives Material (also Drehbuchseiten) für eine Sendung entwickeln. Das ist ein enormer Leistungsdruck und dieser bleibt über einen Zeitraum von bis zu zehn Monaten konstant hoch. Die Autoren derartiger Serien können es sich also schlicht nicht leisten, einmal einen Tag lang nicht kreativ zu sein.

Um konstant kreativ zu sein, haben die Fernsehstudios in den USA ein einfaches System entwickelt, um Serieninhalte im Team zu erfinden. Es spielt dabei keine große Rolle, ob es sich bei der Serie um eine Komödie (sogenannte Sitcom) oder um ein Drama oder um die Mischform Dramedy

handelt: Basierend auf der Grundidee eines Autorenduos oder eines einzelnen Autors trifft sich ein Autorenteam regelmäßig, um in einer Gruppe bestehend aus fünf bis fünfzehn Personen Episoden in recht heftigen, stark visualisierten Debatten zu entwickeln. Der sogenannte Showrunner oder Sendungsleiter stellt dazu ein Team zusammen, das sowohl aus ‚Baby Writers‘ (d.h. jungen, unerfahrenen Autoren) wie auch aus erfahrenen Serienschreibern besteht. Er oder sie ist in der Regel auch der Moderator der Teamsitzungen. Herzstück der Serienproduktion ist dabei der *Writer's Room*, ein oft großzügig ausgestattetes Sitzungszimmer, das exklusiv für ein Kreativteam reserviert ist und gleichzeitig als visuelles Gedächtnis

Abbildung 49: Die Jokerkarte gibt die Lizenz zum Querdenken (Foto: iStock Photo)

der Gruppe dient. So hängen beispielsweise die Fotos aller Akteure einer Serie an der Wand, ebenso die visualisierten Handlungsstränge der vergangenen Sendungen.

Der *Writer's Room* selbst ist in der Regel ein heller, großer Raum mit bequemen Stühlen und einem großen runden Tisch, um den zahlreiche Tafeln und Flipcharts stehen. Einige erfahrene Hollywodschreiberlinge betonen auch, dass ein Kühlschrank und eine Kaffeemaschine im Raum von Vorteil sind. In diesem Raum präsentieren und diskutieren die Autoren ihre Ideen. Sie liefern sich konstruktives Feedback und Verbesserungsvorschläge und entwickeln Ideen rasch gemeinsam weiter. Der *Writer's Room* wird auch genutzt, um die ausformulierten Szenen später gemeinsam zu redigieren. Das eigentliche Ausformulieren eines Dialogs geschieht nach wie vor am Arbeitsplatz und individuell, also nicht im *Writer's Room* selbst. Der *Writer's Room* ist ein Ort, an dem man gemeinsam kreativ sein soll und sich gegenseitig inspiriert. Jeder soll sich darin sicher und respektiert fühlen, unabhängig von Status oder Erfahrung. Doch wenn man den *Writer's Room* betritt, dann ist von jedem ein hohes Engagement und viel Energie gefragt. Einige Serienschreiber geben an, nach derartigen Kreativsitzungen wirklich fix und fertig zu sein.

EINSATZRISIKEN UND ERFOLGSFAKTOREN

Die *Writer's Room* Sitzungen illustrieren das paradoxe Wesen von Gruppenkreativität, denn sie erfordern gleichzeitig hohe Konzentration und gelassene Lockerheit, ein engagiertes Verteidigen eigener Ideen und das spontane Loslassen eigener bzw. das Aufgreifen Ideen anderer. Sie erfordern zudem einen starken Fokus auf die nächste Sendung und deren Plot, wie auch gleichzeitig die Offenheit, einmal vom Hauptthema abzuweichen, um ganz neue Ideen zu ermöglichen.

Wenn Hollywoods Fernsehautoren danach gefragt werden, was unbedingt in einen *Writer's Room* gehört, bekommt man ungewöhnliche Dinge zu hören; so etwa Stofftiere, Puzzles und Spielzeuge, um eine lockere, freundliche und doch aktive Atmosphäre zu schaffen. Im *Writer's Room* der Serie ‚Lost' stand zum Beispiel ein Flipperkasten für die Pausen und Hugh Laurie nahm ab und zu den Spielball von Dr. House mit in den *Writer's Room* der gleichnamigen Serie. Das scheint übrigens nicht nur eine Fernsehmacke zu sein: In der Schweiz kennen wir einige Beratungs-, IT- und Telekomunternehmen, die einen Kicker bzw. Fußballkasten vor dem oder sogar im Sitzungszimmer installiert haben. In unserem eigenen Institut stehen Stofftiere aus vergangenen Projekten genau wie in einer Strategieberatungsfirma in New York, die wir kennen. Forschungsresultate an den Universitäten Harvard und North Carolina zeigen übrigens, dass allein schon die Präsenz von Stofftieren wie Teddybären zu einem bes-

seren (prosozialeren) Umgang der Teammitglieder untereinander führen.

Ein weiteres Element eines *Writer's Room* kann eine Jokerkarte sein oder ein kleiner ‚Stupid Stick' (Dummerchenstab) bzw. irgendein anderes Objekt oder Symbol, das es einem offiziell in der Sitzung erlaubt, (vermeintlich) blöde, hirnrissige Ideen vorzuschlagen. Ein Autor der Hitserie ‚Lost' meint sogar, dass ein ‚Stupid Stick' das wichtigste Requisit für wirklich kreative Sitzungen ist. Der Narrenstab reduziert nämlich die unbewusste Selbstzensur (auch Evaluationsangst genannt) der Teammitglieder und führt so zu originelleren Ideen.

Laut eines anderen Hollywoodautors, Zack Stentz (Mitautor der Serie ‚Fringe – Grenzfälle des FBI') ist eines der wichtigsten Elemente von Kreativsitzungen im *Writer's Room* ein guter Moderator, der weiß, wann er Nebendiskussionen abklemmen muss und wann man diese weiterlaufen lassen sollte. Der Moderator sollte auch in der Lage sein, Ideen rasch für alle zu visualisieren und so Verknüpfungen zwischen Ideen sichtbar zu machen. Er sollte sich dabei auch wichtige (aber vielleicht noch nicht ganz ausgereifte) Ansätze für neue Ideen merken, die er später in Gesprächen mit einzelnen Teammitgliedern vertiefen möchte.

Neben der Moderatorenrolle ist auch diejenige eines flinken Protokollanten äußerst wichtig für die Entwicklung von Serieninhalten. Er oder sie stellt sicher, dass keine Idee verloren geht und später klar für die Ausarbeitungsphase vorliegt. Neben der Moderatoren- und der Protokollanden-rolle kann es weitere Rollen im *Writer's Room* geben: Bei einigen Serien werden einzelnen Autoren gewisse Protagonisten oder Handlungsstränge zugeordnet, sodass diese gezielt Expertise im entsprechenden Feld aufbauen und nutzen können.

EINSATZVARIANTEN

Falls Sie für Ihr Projektteam keinen permanenten Raum zur Verfügung haben, so können Sie dennoch einige der Empfehlungen des *Writer's Room* für sich nutzen. Denken Sie etwa an die Jokerkarte, die Tipps zur Moderatoren- und Protokollantenrolle oder die positive Feedbackkultur. Achten Sie in diesem Zusammenhang auch auf die Gestaltungshinweise bei der Methode *Raum für Kreativität* (siehe Seite 61).

 **FAZIT**

Um die wichtigsten Punkte für mehr kollektive Kreativität unter Zeitdruck aus diesem Kontext herauszufiltern, resümieren wir diese nun anhand unserer fünf Creability-Prinzipien:

- **Verstehen:** Das bestehende Wissen des Teams wird in einem gemeinsamen Raum permanent großflächig visualisiert, um jederzeit darauf zugreifen zu können. Gewisse Teammitglieder übernehmen Spezialistenfunktionen und fokussieren sich auf ausgewählte Personen, Themen oder Handlungsstränge.
- **Verflüssigen:** Eine lockere positive Stimmung ist eine Grundvoraussetzung für neue Sichtweisen und Ideen. Das kann durch die Ausstattung des Sitzungszimmers bzw. den Sitzungsort unterstützt werden. Auch die Mischung aus alten Hasen und Neulingen ist für die Kreativität im Team wichtig.
- **Verändern:** Seitendiskussionen werden zugelassen, wenn sie neue Sichtweisen eröffnen und nicht einfach nur alte Argumente aufwärmen. Es wird besonders auf die Meinung von Baby Writers geachtet, sodass diese ihre alternative Sichtweise einbringen können.
- **Verbinden:** Ideen werden durch Visualisierung an Wänden kombiniert und so weitergesponnen und entwickelt. Der Moderator führt die Teilnehmer bewusst an Verbindungspunkte ihrer Ideen heran.
- **Veredeln:** Die Hollywoodautoren arbeiten in vier Kreativphasen und wechseln dabei jeweils von der Einzel- zur Gruppenarbeit: zuerst wird individuell an eigenen Ideen gearbeitet. Diese werden dann in der Gruppe präsentiert, kritisch diskutiert und kombiniert. In einer dritten Phase werden die Ideen individuell ausgearbeitet. In einer vierten Phase wird das Skriptsegment gemeinsam weiter verbessert. Eine Kernregel dabei ist: Nur kritisieren, was man auch verbessern kann.

Auch die Stars aus Hollywood haben also kein Geheimrezept für Kreativität. Doch sie können uns auf wichtige Erfolgsfaktoren kreativen Arbeitens aus einer anderen Perspektive hinweisen: Sie lassen viele Ideen und Perspektiven zu und feilen dann gemeinsam an ihnen. Ganz zentral ist dabei der letzte Schliff: Das heißt, man darf seine Ideen auch als erfolgreiches Team nicht zu leicht durchgehen lassen. Auch John Cleese, der legendäre Chef der Komikertruppe ‚Monty Python' sieht das als sein Geheimrezept für Kreativität: „Warum war ich lustiger als viele andere? Weil ich mich nicht gleich in meine Witze verliebt habe, sondern länger an ihnen gefeilt habe, als die meisten dies tun würden".

IDEENWAND

WARUM ES SICH LOHNT, IDEEN GEGEN DIE WAND ZU FAHREN

CREABILITY-PRINZIPIEN:	Verstehen, verbinden
KREATIVPHASE:	Entwickeln, ausarbeiten
REDUZIERTE BARRIERE:	Status-quo-Falle, vorschnelles Beenden
ZEIT:	Fortlaufend (alternativ: im Workshop, über eine Woche)
TEILNEHMERZAHL:	3–20 Personen
INFRASTRUKTUR:	Eine gemeinsame Pinnwand

HINTERGRUND UND VERWENDUNGSKONTEXT

Was haben Ermittler, TV-Detektive, Militäroffiziere, Designer und Werbefachleute gemeinsam? Und was können wir von ihnen für die Kreativität von Gruppen lernen?

Nein, wir meinen nicht ihre teilweise manische Überidentifikation mit ihrem Beruf. Was dann? Viele von ihnen haben, wenn Sie so wollen, ein Brett vor dem Kopf; und zwar ein Brett, das ihnen hilft, auf neue Ideen für das weitere Vorgehen zu kommen. Dieses ‚Brett' (das auch mal eine Wand sein kann) nennt man in der Polizeisprache Evidence Board (Faktenbrett). Im Militär ist ein ähnliches Werkzeug als Führungswand bekannt. In der Werbebranche arbeitet man mit sogenannten Moodboards (Stimmungswänden). Auf der Social-Media-Webseite www.pinterest.com kann jeder Inhalte sammeln und auf ein virtuelles Brett pinnen und mit anderen teilen.

Die Grundidee hinter diesen verschiedenen ‚Brettern' ist dabei sehr ähnlich: Durch die Zusammenstellung von unterschiedlichen visuellen Materialien (wie Fotos, Diagrammen, Ideenzetteln, Inspirationszitaten und Kommentaren) auf einer überschaubaren Fläche soll ein besserer Überblick über Relevantes oder Interessantes ermöglicht werden, sodass neue Ideen und Erkenntnisse – z. B. im Gespräch vor der Wand – entstehen können. Bei allen Varianten derartiger Wände werden visuelle Materialien gemischt und nebeneinander gestellt, d. h. Fotografien,

Skizzen, Metaphern, Karten und Textteile (z. B. Fragen, Anregungen, Artikelausschnitte und Zitate). So entsteht, z. B. während eines Workshops, innerhalb einer intensiven Arbeitswoche oder sogar über einen längeren Zeitraum hinweg ein buntes Sammelsurium an Fakten, Impulsen, Ideen, Rückmeldungen und Verknüpfungen.

Gerade in Zeiten zunehmender Virtualisierung und Individualisierung kann es inspirierend sein, etwas gemeinsames Physisches vor Ort zu schaffen, das man spontan und stetig weiterentwickelt und das zu informellen Gesprächen einlädt. Eine derartige Ideeninfrastruktur funktioniert dabei natürlich nur, wenn ein entsprechender gemeinsamer Platz vorhanden ist. Gut geeignete Plätze für Ihre *Ideenwand* finden Sie etwa neben der Kaffeemaschine oder dem Lift, in einem häufig besuchten Projektraum oder vor dem Büro des Chefs – immer da, wo Ihre Mitarbeiter häufig vorbeikommen.

Ideenwände können dabei themenfokussiert sein oder themenoffen sein. Ein Beispiel für eine themenfokussierte *Ideenwand* wäre eine Pinnwand mit der Überschrift: „Wie können wir unsere Sitzungskultur verbessern?" In dieser Form lädt die Wand dazu ein, Ideen oder Beispiele für bessere Sitzungen an die Wand zu heften und diese mit Post-it®-Haftnotizen zu kommentieren oder zu ergänzen. Eine themenoffene *Ideenwand* trägt dagegen einen entsprechend neutralen Titel wie: „Team-Ideenwand: Was findet ihr diesen Monat spannend?"

 VORGEHEN

In einem ersten Schritt gilt es zu entscheiden, ob eine *Ideenwand* für Ihren Kontext das richtige Kreativinstrument ist. Wenn Sie die folgenden fünf Fragen mit Ja beantworten können, dann ist die *Ideenwand* ein denkbares Kreativwerkzeug für Ihre Arbeit:

1. Möchte ich meine Kollegen/-innen an der Ideenentwicklung beteiligen?
2. Ist die Frage- bzw. Problemstellung für meine Kollegen verständlich, relevant und auch ausreichend interessant?
3. Bin ich sicher, dass das Thema in dieser Form nicht zu heikel oder zu vertraulich ist?
4. Haben wir zurzeit eine Kultur und Atmosphäre in der Abteilung, in der sich viele in dieser unkomplizierten Art und Weise einbringen möchten?
5. Bin ich willens, mit gutem Beispiel voran zu gehen und mich mit meinen Ideen zu exponieren?

Wenn Sie alle fünf Fragen mit Ja beantwortet haben – lesen Sie weiter:

Entscheiden Sie jetzt, für welchen Zeitraum Ihre *Ideenwand* zur Verfügung stehen sollte bzw. sinnvoll ist und ob sie eher themenfokussiert oder relativ offen genutzt werden soll. Involvieren Sie Ihren Chef und Ihre Kollegen in diese Diskussion.

Stellen Sie dann an einem gut frequentierten Ort in ihrem Büro eine große Pinnwand auf. Beschriften Sie diese groß mit *Ideenwand* oder mit einer ähnlich klaren Bezeichnung. Sie haben nun zwei alternative Möglichkeiten, um die Wand zu gestalten: Sie können die *Ideenwand* unstrukturiert nutzen und einzig einige erste Ideen und Bilder frei darauf verteilen (dies ist wichtig, da sonst niemand der erste sein möchte, der eine eigene Idee anbringt). Eine zweite Möglichkeit besteht darin, die Wand in Zonen vorzustrukturieren: Teilen Sie die Wand dazu in vier einfache Zonen mit entsprechenden Titeln ein, zum Beispiel diese vier Überschriften: Bilder, Zitate, Fakten und eine weitere freie Fläche für Ideen, Impulse oder stimulierende Fragen. Sie können die einzelnen Zonen durch einen Faden trennen oder durch ein dünnes Klebband; auf einem Poster reicht dazu ein dicker Filzstiftstrich. Legen Sie Post-it®-Zettel neben die Wand auf den Boden oder pinnen Sie diese in zwei Ecken der Wand. Rechts auf dieser Seite sehen Sie, wie dies aussehen könnte.

Informieren Sie dann Ihre Kollegen über das Vorhaben und laden Sie diese zu einer kleinen, informellen Eröffnung der Wand ein. Sie können die *Ideenwand* im Rahmen einer kurzen gemeinsamen Kaffeepause oder eines Kurzworkshops erklären und so quasi freigeben. Eine derartige Eröffnung ist wichtig, weil sonst vielleicht die optimale Verwendungsweise der *Ideenwand* nicht allen Kollegen klar ist. Geben Sie dabei zuerst Hinweise zum Sinn und Zweck der Wand (bzw. zur Themenstellung und deren Relevanz) und

dann zu den einfachen Regeln einer *Ideenwand*. Nützliche Regeln für die Nutzung einer *Ideenwand* sind nach unserer Erfahrung die folgenden vier:

1. Niemand bringt Material an, das andere beleidigt oder emotional verletzen könnte.
2. Niemand entfernt Beiträge von anderen, außer sie verletzen Regel 1; umhängen oder ergänzen (gemäß Regel 3) ist jedoch erlaubt.
3. Feedback- und Kommentar-Zettel zu Ideen sind konstruktiv und respektvoll zu formulieren.
4. Der Initiator der Wand wirkt als Moderator und kann die Wand sporadisch aufräumen. Es ist wichtig, alles möglichst aktuell zu halten. Spätestens, wenn die ersten Bilder vergilben oder Staub sammeln, ist es Zeit aufzuräumen!

Im Rahmen des vierten Punktes achten Sie ab der Eröffnung darauf, mindestens einmal pro Tag auf die *Ideenwand* zu schauen und sie sozusagen zu ‚warten'. Das kann bedeuten, dass Sie Ideen oder Beiträge gruppieren, veraltete Zettel auf die Seite hängen oder Abgefallenes wieder anbringen. Es beinhaltet auch die Dokumentation der Wand, z. B. in Form digitaler Fotografien.

Analog zur Eröffnung der *Ideenwand* kann diese nach einer gewissen Zeitperiode (z. B. zwei Wochen) zu einem weiteren informellen Anlass geschlossen werden. Dabei resümieren Sie interessante Beiträge, schildern wichtige

Abbildung 50 (gegenüberliegende Seite): Beispiel einer offenen Ideenwand

Ideenwand

Bilder

Zitate

"Make things as simple as possible, but not simpler."

Albert Einstein

„MACH ES SO EINFACH WIE MÖGLICH, ABER NICHT EINFACHER."

A. EINSTEIN

"You hear and you forget, you see and you remember, you do and you understand."

Confucius

"Man muss systematisch Verwirrung st das sieht Kreativität fö.

„Einfachheit ist die höchste Stufe der Vollendung." da Vinci

„GEHEN WIR DORTHIN WO DER PUCK SEIN WIRD?"

W. GRETZKY

„WIE FÜHRT MAN EINEN TOR ZUM BANKROTT? GIB IHM INFORMATION."

N.N. TALEB

Fakten

30% unseres Kunden kaufen unser Produkt nur ein mal einziges

75% unseres Teammitgliedes sind mehr als 5 Jahre in der Firma

Sicht das im Jahr 2014 gleich aus?

Ideen/Impulse/Fragen

Projekt-börse?

Admin Reduktion durch Streich-ung des Wochenrapports

Brown Bag Präsentation zu neuen Kreativ-methoden am 12.10. um 12.15 Uhr im Z-Zimmer

Wer kennt ein Buch zu Innov. Mgmt?

Diskussionen vor der Wand und ziehen ein Fazit in Bezug auf die Fragestellung. Zudem holen Sie (inhaltliches wie auch methodisches) Feedback von den Teilnehmenden ein. Nach dieser Sitzung empfiehlt es sich, allen Beteiligten eine kompakte Dokumentation der *Ideenwand* zur Verfügung zu stellen.

Es gibt übrigens auch Teams, die ihre *Ideenwand* permanent nutzen und regelmäßige kurze Sitzungen vor der *Ideenwand* abhalten. Durch das Stehen und die Impulse der Wand entsteht so ein lebhaftes Gruppengespräch.

 BEISPIEL

Das Beispiel auf der vorangehenden Seite gibt einen optischen Eindruck einer *Ideenwand* mit den Kategorien Bilder, Zitate, Fakten und Ideen/Impulse/Fragen. In diesem Beispiel haben wir dem Team die Möglichkeit gegeben, Ideen mit kleinen Daumenklebern zu bewerten. Dieses Vorgehen empfiehlt sich jedoch nur dann, wenn ein großes Vertrauen unter den Teammitgliedern besteht und die Wand nur vom Team selbst eingesehen werden kann.

EINSATZRISIKEN UND ERFOLGSFAKTOREN

Ein Grund, die *Ideenwand* gemeinsam zu eröffnen oder bereits einige Ideen darauf zu platzieren, ist die mögliche Zurückhaltung Ihrer Kollegen. Am Anfang hat vielleicht so mancher noch Hemmungen, der oder die Erste mit eigenen Beiträgen zu sein. In einer gemeinsamen „Eröffnung" kann diese Hemmung rasch reduziert werden, v.a. wenn erste Karten gemeinsam geschrieben oder gezeichnet werden. In den ersten Tagen der *Ideenwand* kann es auch notwendig sein, die Kollegen an die Wand zu erinnern und zu Beiträgen zu ermuntern. Zudem empfiehlt es sich, gute eigene Ideen beizusteuern, um so einen guten Referenzpunkt für weitere Beiträge zu schaffen.

Es hat sich auch gezeigt, dass eine zeitlich beschränkte Wand (z. B. während zweier Wochen) mehr hochwertige Ideen generiert, als eine *Ideenwand*, die über viele Wochen hinweg bestehen bleibt. Dies ist jedoch stark von der jeweiligen Abteilungskultur (und dem Thema) abhängig. Tendenziell kann es bei der längeren Verwendungsweise zu Abnützungserscheinungen kommen, bei der die Wand nach einiger Zeit nicht mehr richtig wahrgenommen wird. Ein wichtiger Erfolgsfaktor ist es von daher, die Dramaturgie rund um die Wand gut zu planen und die Kollegen immer wieder dafür zu remotivieren.

Wie auch bei anderen Formen der kollektiven Kreativität ist bei der Bewertung der Ideen Vorsicht geboten. So ist es z. B. recht heikel, direkt Punktekleber neben der Wand zur Verfügung zu stellen, mit denen für eine oder mehrere Ideen gestimmt werden kann. Das Bewerten von Ideen mit Punkteklebern kann dazu führen, dass die Benutzer zurückhaltender werden, da sie negative bzw. mangelnde Bewertungen fürchten. Es öffnet auch Tür und Tor zu Manipulation (beispielsweise mehrmaliges Stimmen für die eigene Idee) und sollte von daher eher bei der Schlussveranstaltung oder elektronisch ablaufen.

Noch ein letztes Risiko: Achten sie darauf, die *Ideenwand* nicht stark zu reglementieren, sondern es für Ihre Kollegen möglichst einfach zu machen, neue Beiträge hinzuzufügen. Doch natürlich braucht eine derartige Wand einen ‚Kurator‘. Achten Sie als solcher darauf, dass potenziell beleidigende oder zu aggressive oder gewagte Bildmaterialien nicht lange an der Wand hängen bleiben. Und probieren Sie aus, was für Ihr Unternehmen und Team am besten funktioniert.

EINSATZVARIANTEN

Die einfachste Art, eine *Ideenwand* zu nutzen, ist durch eine Pinnwand. Diese kann, wie erwähnt, zusätzlich in Zonen unterteilt werden. Eine Variante dieser einfachen Form ist die Venn-Wand, bei der die vier Bereiche überlappend dargestellt werden. Dies kann die Kreativität der Teilnehmenden fördern, indem Sie Kombiformate erfinden.

Eine interessante Variante, die den Namen *Ideenwand* wirklich verdient, ist diese: Streichen Sie eine gut zugängliche Wand in der Nähe der Kaffeemaschine mit Whiteboardfarbe und/oder Magnetfarbe und nutzen Sie diese als *Ideenwand*. So kann die Wand auch während Pausengesprächen unkompliziert ergänzt werden. Je bequemer und einfacher die Wand zu nutzen ist, desto erfolgreicher ist sie in der Regel nämlich auch.

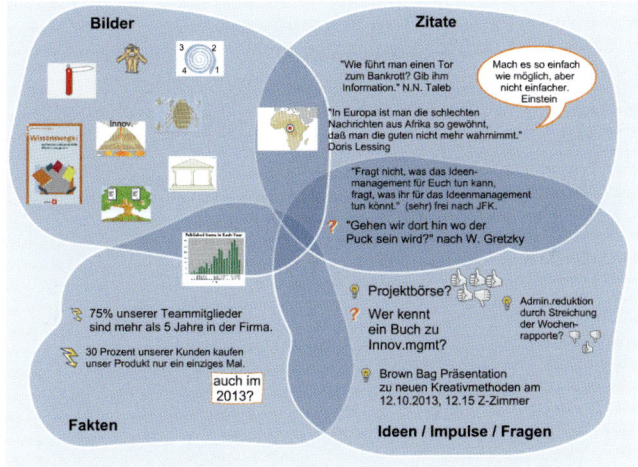

Abbildung 51: Eine sogenannte Venn-Wand mit vier Zonen

Neben physischen Ideenwänden sind auch elektronische Formen von Ideenwänden denkbar, wie die eingangs erwähnte Webseite Pinterest. Dabei handelt es sich im Grunde genommen auch um eine *Ideenwand*, dies jedoch mit dem wichtigen Unterschied, dass Sie Einträge von anderen Pinboards einfach übernehmen bzw. re-pinnen können. Im Gegensatz zu physischen Ideenwänden pflegt also jedes Gruppenmitglied seine eigene, individuelle *Ideenwand* und übernimmt dabei Ideen von Wänden anderer.

Eine Variante bezüglich des Einsatzkontextes stellt die Eventwand dar. Diese wird während eines Firmenkongresses oder größeren Seminars eingesetzt. Die Wand wird zum entsprechenden Thema vorbereitet und während des Anlasses von den Teilnehmern ergänzt und als physische Ideenplattform genutzt.

 **FAZIT**

Ideen brauchen einen Raum, in dem sie gedeihen können. Die *Ideenwand* ist ein solches Gewächshaus für Ideen. Sie bietet einen unkomplizierten Weg, Unausgegorenes zur Diskussion zu stellen oder interessante Impulse sofort fest zu halten und für andere zur Verfügung zu stellen. Die *Ideenwand* macht Ideen, Inspirationen und Impulse sichtbar und schafft damit Referenzpunkte, auf denen man gemeinsam aufbauen kann. Mit ihr erhält Kreativität eine ansprechende Form und einen festen Platz im Tagesgeschäft.

WEITERFÜHRENDE LITERATUR

Eppler, M.J., Pfister, R. (2013): Best of Both Worlds: Hybrid Knowledge Visualization. Proceedings of IKnow 2013. IEEE: Graz.

IDEENBLAUPAUSE
DER BAUPLAN FÜR KLARE IDEEN

CREABILITY-PRINZIPIEN:	Veredeln
KREATIVPHASE:	Ausarbeiten
REDUZIERTE BARRIERE:	Vorschnelles Beenden
ZEIT:	15–20 Minuten
TEILNEHMERZAHL:	1–10 Personen
INFRASTRUKTUR:	Die Vorlage aus dem Buch als Projektion oder Postervorlage

HINTERGRUND UND VERWENDUNGSKONTEXT

Oft bleiben Ideen vage und diffus, bis man sie aufschreibt und weiter verfeinert. Doch nicht immer hat man in der Praxis die Zeit und Muße, eine Idee in einem sorgfältigen Text auszuformulieren – gerade wenn man in Gruppen arbeitet.

Die Sprache ist jedoch unser mächtigstes Werkzeug – auch zur Weiterentwicklung von Ideen. Heinrich von Kleist erfasste diese Tatsache elegant in seinem Aufsatz „Über die allmähliche Verfertigung der Gedanken beim Sprechen." Gemäß Kleist entstehen Ideen beim Ausformulieren, zum Beispiel in Dialogen. Wie können wir einen derartigen kreativen Dialog oder Krealog unterstützen und klarer machen?

Dazu stellen wir Ihnen hier ein einfaches Werkzeug namens *Ideenplaupause* vor. Diese Methode entstand aus der Notwendigkeit heraus, vorerst diffuse Ideen für alle Beteiligten rasch auszuformulieren und zu strukturieren. Die Vorlage hat sich in den letzten vier Jahren in unserer Beratungs- und Lehrpraxis als einfaches Arbeitsinstrument bewährt. Ursprünglich entstand sie aus der Anpassung des sogenannten ‚Concept skeletons' (Eppler, 2006), einer wissenschaftlichen Methode zur (Er-)Klärung von Konzepten, die wir ursprünglich für die Lehre und das betriebliche Wissensmanagement entwickelt hatten.

Die *Ideenblaupause* eignet sich insbesondere für die Nachbereitung eines Kreativitätsworkshops. Sie kann dazu verwendet werden, die vielversprechendsten Ideen kom-

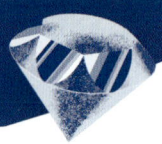

pakt zu dokumentieren und dabei gleich weiter zu verfeinern. Die *Ideenblaupause* kann aber auch dazu verwendet werden, eine neue Idee anderen übersichtlich zu vermitteln. Schließlich ist die *Ideenblaupause* auch ein individuelles Instrument, um sich von einem visionären neuen Begriff (einem sogenannten Neologismus) inspirieren zu lassen, und diesen dann in seine möglichen Komponenten und eine entsprechende Definition zu verwandeln.

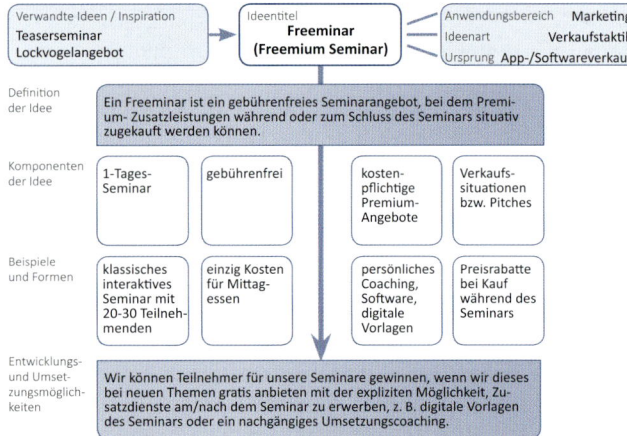

Abbildung 52: Die Ideenblaupause verwendet, um eine vage Idee für ein Freemium-basiertes Seminar auszuarbeiten

 VORGEHEN

Um die *Ideenblaupause* anzuwenden, versucht man zuerst die Idee auf eine begriffliche Marke oder eine einfache Bezeichnung zu verdichten. Diesen Ideentitel schreibt man in die obere Mitte der Vorlage. In einem zweiten Schritt klärt man den Anwendungskontext für die Idee im Kasten rechts: wo genau soll sie zum Einsatz gelangen und um welche Art von Idee (wie z. B. Produktidee, Prozessinnovation, Trick, Problemlösung usw.) handelt es sich dabei? Zudem hält man ihren Entstehungsursprung fest, d. h., wie die Idee ursprünglich zustande kam. In einem dritten Schritt versucht man ähnliche oder verwandte Ideen zu benennen und diese im Kästchen ganz links zu platzieren. Im vierten Schritt versucht man die wichtigsten zwei bis sechs Komponenten oder Elemente der Idee einzeln festzuhalten. Sodann werden direkt darunter Beispiele oder Erscheinungsformen dieser Elemente oder der Idee gesamthaft niedergeschrieben, um zu testen, ob diese Komponenten sinnvoll sind. Erst nach diesem Schritt werden die Komponenten zu einer kompakten Definition der Idee auf 2-4 Zeilen in den blauen Kasten eingetragen. Zu guter Letzt werden die Handlungskonsequenzen der Idee sowie weitere Entwicklungsmöglichkeiten im unteren Balken festgehalten. Darin soll formuliert werden, wie man die Idee umsetzt oder wie man die Idee noch weiterspinnen könnte.

BEISPIEL

Im folgenden Beispiel haben wir die *Ideenblaupause* verwendet, um eine vage Idee für ein Freemium-basiertes Seminar auszuarbeiten. Die Grundidee bestand dabei aus einer Übertragung des Software-Freemium-Geschäftsmodells auf den Bereich Seminarangebote. Im Software- und App-Verkauf bezeichnet ein Fremium-Angebot die Möglichkeit, ein Programm zunächst gratis zu erwerben und dieses dann, sofern man wünscht, gegen spätere Zahlungen aufzurüsten und so mit zusätzlichen Funktionalitäten auszustatten (man zahlt also nur, wenn man etwas zusätzlich zum Standardangebot möchte). Das Freemium-Modell hat sich gerade in Appstores (also Online-Softwaremarktplätzen für iPhones oder Android-Mobiltelefone), aber auch für PC-Software bewährt, da es die Hemmschwelle zur Installation und zum Gebrauch von neuer Software senkt und so Neukunden anzieht. In der folgenden *Ideenblaupause* haben wir diesen Gedanken auf die Beratungs- und Trainingsbranche übertragen und nennen dies Freeminar. Dabei werden die Teilnehmenden durch einen motivierenden Seminarleiter an ein Thema herangeführt und mit einigen wirksamen Methoden vertraut gemacht. Gefallen diese Methoden einem Teilnehmer, so kann er gegen eine Zahlung diese als elektronische Vorlagen erhalten und damit weiterarbeiten. Zudem kann er gegen einen Aufpreis ein telefonisches Umsetzungscoaching für die weitere Nutzung buchen. Der Seminarleiter macht während des Seminars in dezenter, aber klarer Weise auf diese ‚Upgrade'-Möglichkeiten aufmerksam und streut nach besonders gelungenen Übungen solche Verkaufspitches in das Seminar ein.

 EINSATZRISIKEN UND ERFOLGSFAKTOREN

Die *Ideenblaupause* sollte nicht mit einer Kreativitätstechnik verwechselt werden, mit der man auf ganz neue Ideen kommt. Sie bietet einzig eine strukturierte Vorlage, mit der man einen guten Einfall weiter vertiefen und systematisieren kann. Das sollte bei der Anwendung in Gruppen klar kommuniziert werden, um nicht falsche Erwartungen zu wecken. Es lohnt sich auch nicht, für jeden Einfall sofort eine Blaupause auszuformulieren. Sie sollte nur für äußerst vielversprechende Ideen ausgefüllt werden, denn sonst läuft man Gefahr, den Ideenfluss durch die Systematisierung auszubremsen.

Die *Ideenblaupause* sollte auch nicht als rigide Methode zur Anwendung gelangen, sondern kann nach Belieben angepasst, erweitert oder reduziert werden, auch wenn sie sich in der eben dargestellten Fassung bewährt hat. Ein weiterer Erfolgsfaktor bei der Benutzung der Methode ist es, auch auf neu entstehende, abgeleitete Ideen beim Komplettieren des Diagramms zu achten und diese jeweils sofort auf einem separaten Notizblock oder auf einem Flipchart fest-

zuhalten. Es geschieht nämlich ab und zu, dass man beim Komplettieren der Blaupause auf weitere, davon unabhängige Ideen stößt.

Die oben erwähnte flexible Handhabung der Methode gilt auch bezüglich der Reihenfolge der einzelnen Schritte. Diese können auch in einer anderen Reihenfolge als vorher empfohlen durchschritten werden. Was uns zu den Einsatzvarianten der Methode bringt.

 ## EINSATZVARIANTEN

Grundsätzlich kann die Blaupause als Instrument für die Klärung und Ausarbeitung einer Idee in einer Gruppe verwendet werden oder als persönlicher, vorstrukturierter Notizblock, indem man quasi in einem Dialog mit sich selbst eigene Ideen klärt.

Wird die *Ideenblaupause* im Team verwendet, so empfiehlt es sich, mehrere Vorlagenposter vorzudrucken und in einem Workshop bereit zu halten, so dass vielversprechende Ideen sofort für alle sichtbar ausformuliert werden können.

Alternativ kann die Methode auch interaktiv und digital in einer Sitzung genutzt werden, z. B. mit Visualisierungssoftware wie www.lets-focus.com. Dort findet man die Methode als eine Standardvorlage, die von einem Moderator am Laptop durch Zurufe der Beteiligten zügig ausgefüllt und angepasst werden kann. Durch einen Projektor am Laptop sehen die Beteiligten sofort, wie der aktuelle Stand der Ideenausformulierung ist. Der Moderator kann dabei relativ frei zwischen den Feldern hin- und herspringen und z. B. bei neuen Ideenkomponenten die Definition der Idee entsprechend anpassen.

Auch in der individuellen Anwendung kann es dabei sinnvoll sein, anstatt Schritt 1 bis 7 strikt nacheinander durchzugehen, zwischen den Feldern hin und her zu hüpfen und so iterativ die *Ideenblaupause* zu komplettieren und zu erweitern.

FAZIT

Die Ausarbeitung und Weiterentwicklung einer genialen Idee ist nicht immer ein einfaches Unterfangen. Um diesen schwierigen Prozess zu vereinfachen und zu beschleunigen, können Einzelpersonen und Teams die *Ideenblaupause* flexibel nutzen. Damit gelingt es ihnen auch unter Zeitdruck, aus einer vagen Vorstellung eine konkrete, klar kommunizierbare Ideenausformulierung zu machen.

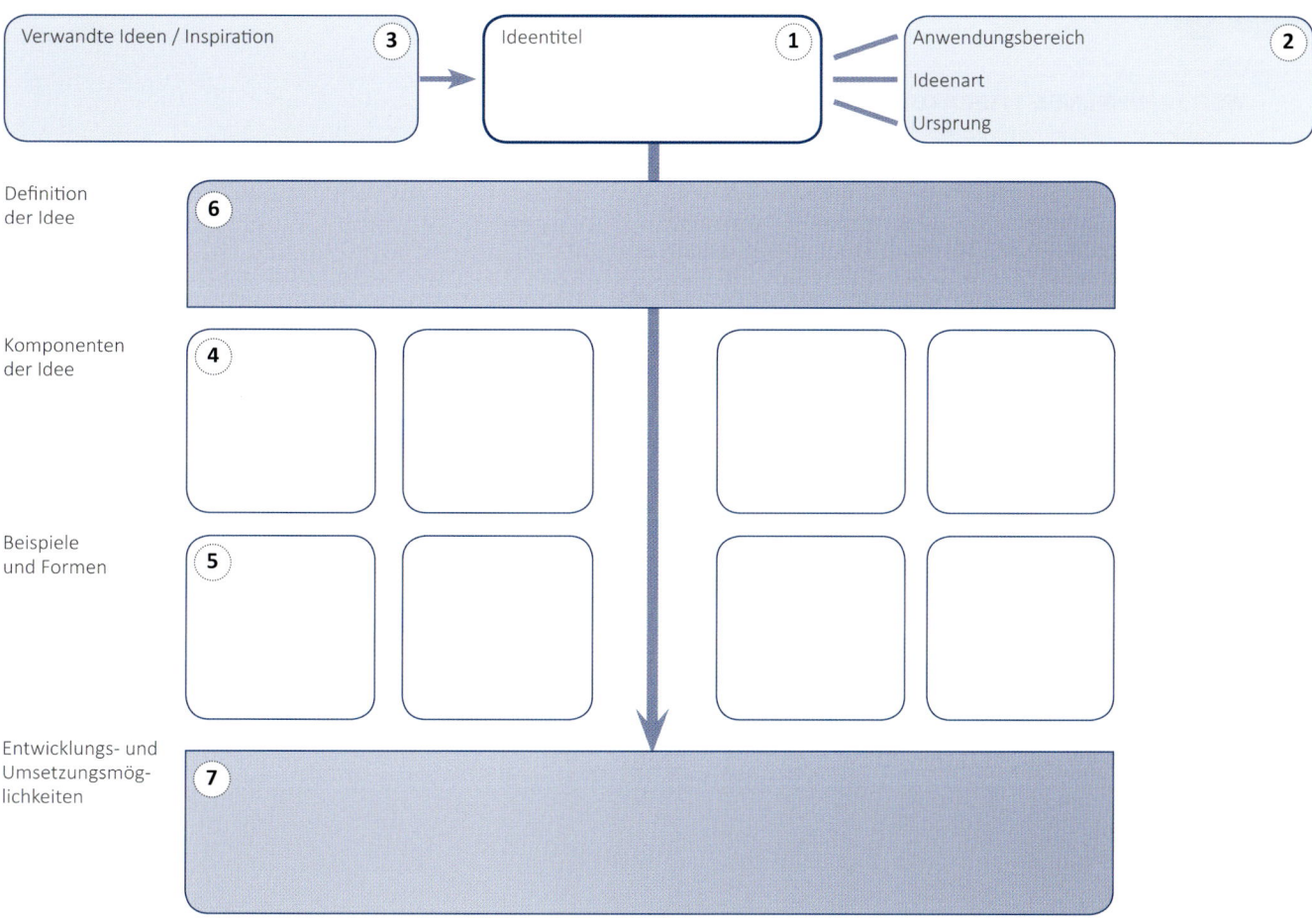

Verwandte Ideen / Inspiration (3)

Ideentitel (1)

Anwendungsbereich (2)
Ideenart
Ursprung

Definition
der Idee (6)

Komponenten
der Idee (4)

Beispiele
und Formen (5)

Entwicklungs- und
Umsetzungsmög-
lichkeiten (7)

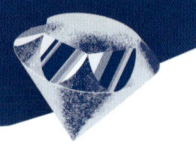

WEITERFÜHRENDE LITERATUR

Eppler, M.J. (2006): A Comparison Between Concept Maps, Mind-Maps, Conceptual Diagrams, and Visual Metaphors as Complementary Tools for Knowledge Construction and Sharing – Information Visualization. An international Journal, Nr. 5, S. 202–210.

ITERATIONSSPIRALE
IM DUO ZUR BESSEREN IDEE

CREABILITY-PRINZIPIEN:	Verbinden, veredeln
KREATIVPHASE:	Ausarbeiten
REDUZIERTE BARRIERE:	Vorschnelles Beenden
ZEIT:	5–15 Minuten
TEILNEHMERZAHL:	1–4 Personen; ideal jedoch für 2 Personen
INFRASTRUKTUR:	Die Vorlagendoppelseite aus diesem Kapitel (legen Sie diese zwischen sich und eine weitere Person)

 HINTERGRUND UND VERWENDUNGSKONTEXT

Bei dem auf Computeranimationen spezialisierten Unternehmen Pixar Animation Studios, einem der wahrscheinlich kreativsten Unternehmen weltweit, gibt es eine zentrale Arbeitsregel bei der Filmentwicklung, die dem Brainstormingprinzip ‚keine Kritik‘ diametral entgegensteht. Sie wird ‚Plus-ing‘ genannt und besagt, dass man die Ideen anderer sofort deutlich und explizit kritisieren soll, dabei aber die Kritik immer mit einem Plus versehen muss. Das bedeutet, dass man nicht nur „ja, aber" sagen darf, sondern immer auch „und ich würde…" ergänzen muss. Also nicht nur „Ja, aber das klappt doch nie" sondern immer auch „ich würde da folgendes versuchen…"

Dieses Prinzip des ‚Plus-ing‘ versteckt sich auch als Grundgedanke hinter der *Iterationsspirale*, die wir Ihnen hier als Methode der Ideen(weiter)entwicklung vorstellen möchten. Wir haben Sie ursprünglich als A3-Papiervorlage konzipiert und damit in Workshops mit interdisziplinären Gruppen gute Erfahrungen für die schnelle Ideengenerierung und Verbesserung gemacht.

Die Methode bzw. Vorlage kann immer dann zum Einsatz gelangen, wenn man größere Gruppen in Zweierteams aufbrechen möchte, um gewisse Fragestellungen vertieft zu behandeln. Die Methode adressiert das Problem, dass wir uns oft mit der erstbesten Idee zufrieden geben und diese nicht wirklich auf alle Schwachstellen hin überprüfen bzw.

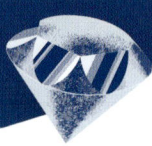

zu Ende denken. Sie eignet sich von daher auch gut im Anschluss an eine individuelle Kreativitätsphase, in der jeder für sich eine Idee ausgebrütet hat, die er oder sie nun präsentieren und weiter verfeinern möchte.

 VORGEHEN

Um die *Iterationsspirale* zu verwenden, müssen Sie sich zunächst einen Partner suchen, mit dem Sie Ihre Fragestellung oder ihr Problem besprechen können. Setzen Sie sich neben ihn und legen Sie das Creability-Buch zwischen Sie beide. Schlagen Sie die Seite mit der *Iterationsspirale* auf und tragen Sie in den Kasten in der Mitte die Fragestellung ein. Nun starten Sie oder die andere Person am einen Ende mit einer möglichen Lösung des Problems bzw. einer Antwort auf die Fragestellung. Tragen Sie diese zuerst in die Box mit der Aufschrift ‚Idee' ein und stellen Sie sie anschließend mündlich der anderen Person vor. Diese überlegt sich nun ein Gegenargument oder einen Kritikpunkt in Bezug auf diese Idee und trägt den Kritikpunkt in den Kasten auf ihrer Seite ein, der mit „Geht nicht, weil…" beginnt.

Nun sind Sie wieder an der Reihe: Sie komplettieren den Satz „Geht doch, weil…" im zweiten Kasten auf Ihrer Seite. Überlegen Sie dazu, wie man den Einwand Ihres Gegenübers mit einer kleinen Modifikation an Ihrer Ursprungsidee überwinden bzw. entkräften kann.

Stellen Sie nun ihre neue Fassung der Idee der anderen Person vor. Diese überlegt sich nun, an was diese Ideenversion scheitern könnte und formuliert dies im dritten Kasten auf ihrer Seite: „Geht aber immer noch nicht, weil…"

Zum Schluss der Methode sind Sie erneut gefordert: Komplettieren Sie den Satz im letzten freien Kasten, indem Sie darlegen, dass die Idee doch funktioniert, wenn man….. was tut?

Sie können diese Iterationen bei Bedarf mündlich noch um zwei drei Zyklen ergänzen und so die Grenzen bzw. Schwachstellen Ihrer Idee weiter ausloten und entsprechend ausmerzen. Zum Schluss versuchen Sie die Ausgangsidee neu zu formulieren, und zwar so, dass sie die Erkenntnisse aus der *Iterationsspirale* prägnant integriert.

Es bietet sich übrigens auch an, die *Iterationsspirale* parallel durchzuführen. Das heißt, Sie können in einer Gruppe von zehn Personen gut fünf Vorlagen gleichzeitig verteilen und so fünf Zweierteams bilden, die alle zur selben Zeit an derselben Fragestellung arbeiten (bedenken Sie jedoch, dass zuvor individuell über neue Ideen nachgedacht werden sollte). Nach ungefähr zehn Minuten sammeln Sie dann die entwickelten Ideen in einer Plenumsdiskussion ein. Genauso verlief auch die Anwendung, die wir Ihnen nun in der Beispielsektion beschreiben.

BEISPIEL

Wir haben die *Iterationsspirale* in einem Kreativworkshop für folgende Fragestellung verwendet:

Wie schaffen wir es als Über-die-Gasse-Kaffeehaus (Sie müssen sich das so vorstellen wie eine Schweizer Version der bekannten US-Kaffeehauskette Starbucks), dass unsere Kunden die Pappbecher nach Gebrauch nicht einfach draußen auf den Boden werfen oder auf einer Sitzbank liegen lassen, sondern immer in einem Mülleimer entsorgen?

Da unser Image als Unternehmen darunter leiden könnte und es schlicht unökologisch ist, möchten wir dieses sogenannte ‚Littering Problem' auf eine kostengünstige Weise lösen oder zumindest reduzieren. Wie könnte man dies angehen?

Mit den jeweils sieben Iterationsschritten der Vorlage haben drei Zweierteams innerhalb von nur zehn Minuten folgende Ideen zu dieser reellen Fragestellung entwickelt:

- Den (vollen) Namen der Person, die den Kaffee bestellt, auf den Becher schreiben (dann ist es einem peinlich, ihn auf der Straße liegen zu lassen).
- Ein kleines (Sudoku) Spiel oder Kreuzworträtsel auf den Becher aufdrucken.
- Die Becher als Sammelstücke vermarkten, z. B. indem darauf berühmte Zitate, lustige Skizzen oder Witze oder inspirierende Sätze aus literarischen Werken abgedruckt werden.
- Ein Depot oder einen Treuebonus (Gratiskaffee bei zehn zurückgebrachten Bechern) für jeden Becher verlangen bzw. offerieren.
- Drei spielautomatenartige Abfalleimer vor dem Restaurant platzieren, die man mit einem Papierbecher-Einwurf aktivieren kann.
- Einen Warnhinweis auf dem Becher anbringen, dass er der Umwelt schaden kann und man ihn unbedingt entsorgen muss – vielleicht in einer humorvollen, visuellen Art und Weise, die an die Zigarettenschachtelhinweise erinnert.
- Becherskulpturzone: Einen kleinen Bereich vor dem Restaurant einrichten, bei dem man seinen Becher auf andere stellen kann und so an einer Kundenskulptur mitwirken kann (Codename: ‚Cupscape').
- Einen kleinen (Persönlichkeits-)Selbsttest auf dem Becher anbringen, den man ankreuzen und dann behalten kann.
- Einen Kaffeebecher aus Stärke benutzten, den man anschließend essen kann bzw. der biologisch abbaubar ist.
- Einen kleinen Basketballkorb über dem Abfalleimer vor der Tür des Kaffeehauses installieren, in den man den Becher (hinter einer Linie auf dem Boden) werfen kann.

In der Abbildung auf der folgenden Seite sehen Sie ein Beispiel einer *Iterationsspirale*, die in dieser Sitzung zu zweit ausgefüllt würde.

EINSATZRISIKEN UND ERFOLGSFAKTOREN

Das größte Einsatzrisiko der *Iterationsspirale* ist wahrscheinlich, dass man mit ihr aus einer schlechten Idee nicht unbedingt eine gute machen kann. Es ist deshalb wichtig, die *Iterationsspirale* nur mit relevanten Ideen zu beginnen, die ihnen prima vista möglich und nützlich erscheinen.

Ein wichtiger Erfolgsfaktor bei der Nutzung dieser Vorlage ist es, den richtigen Tonfall zu finden, wenn man die Idee des anderen kritisiert. Achten Sie darauf, Ihre Bedenken respektvoll und konstruktiv zu formulieren und das Gegenüber anzuspornen, seine Idee gegen derartige Einwände robuster zu machen.

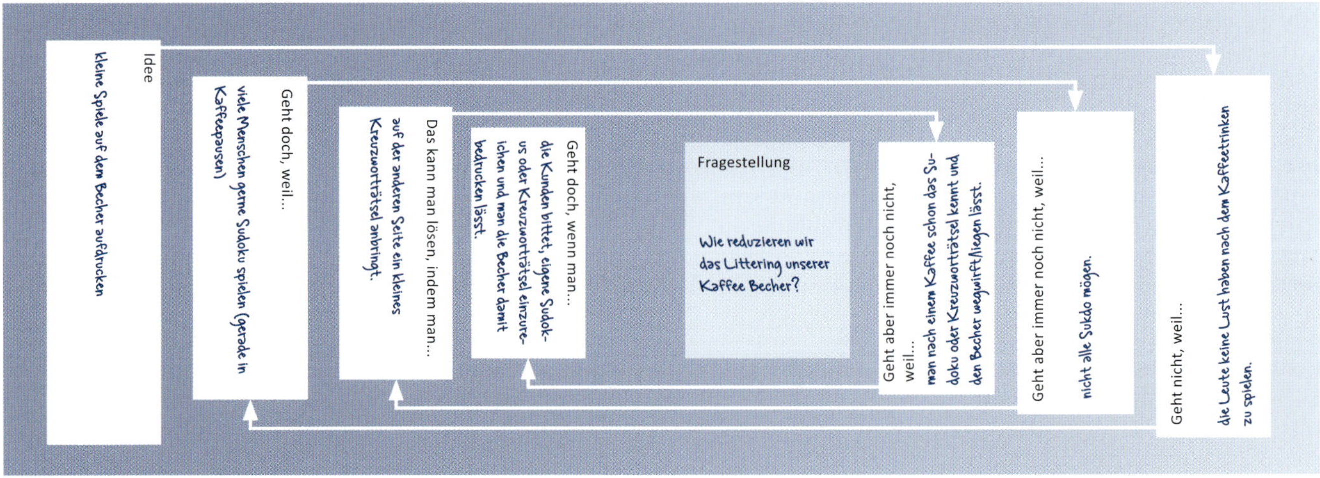

Idee

kleine Spiele auf den Becher aufdrucken

Geht doch, weil...
viele Menschen gerne Sudoku spielen (gerade in Kaffeepausen)

Das kann man lösen, indem man...
auf der anderen Seite ein kleines Kreuzworträtsel anbringt.

Geht doch, wenn man...
die Kunden bittet, eigene Sudokus oder Kreuzworträtsel einzureichen und man die Becher damit bedrucken lässt.

Fragestellung

Wie reduzieren wir das Littering unserer Kaffee Becher?

Geht aber immer noch nicht, weil...
man nach einem Kaffee schon das Sudoku oder Kreuzworträtsel kennt und den Becher wegwirft/liegen lässt.

Geht aber immer noch nicht, weil...
nicht alle Sudoku mögen.

Geht nicht, weil...
die Leute keine Lust haben nach dem Kaffeetrinken zu spielen.

Abbildung 53: Beispiel einer komplettierten Iterationsspirale

EINSATZVARIANTEN

Wir haben mit der schriftlichen bzw. grafischen Version dieser Methode sehr gute Erfahrungen gemacht, da sie zum konzentrierten Arbeiten anregt und die Ideenverbesserung gleich mit dokumentiert. Man kann sozusagen von der allmählichen Verbesserung der Idee beim Iterieren oder Ausfüllen sprechen. Die Methode lässt sich aber auch gut mündlich und ohne Vorlage durchspielen, indem man einfach immer wieder den Advocatus Diaboli spielt und Einwände gegen eine Idee erfindet, die der andere dann durch eine entsprechende Erweiterung überwinden muss.

FAZIT

Im Gegensatz zum Brainstorming ist bei dieser Methode Kritik erlaubt, ja sogar erwünscht, denn so wird aus einer ordentlichen Idee eine sehr gute Idee. Nehmen Sie die Vorlage also zur Hand, wenn Sie das nächste Mal eine eierlegende Wollmilchsau oder das vermeintliche Perpetuum mobile erfunden haben, und laden Sie einen Kollegen ein, die Idee mit Ihnen zu verfeinern.

WEITERFÜHRENDE LITERATUR

Catmull, E. (2008): Kollektive Kreativität bei Pixar. Harvard Business Manager, Nr. 30(12), S. 82–95.
Online verfügbar unter: www.harvardbusinessmanager.de/heft/artikel/a-607820.html

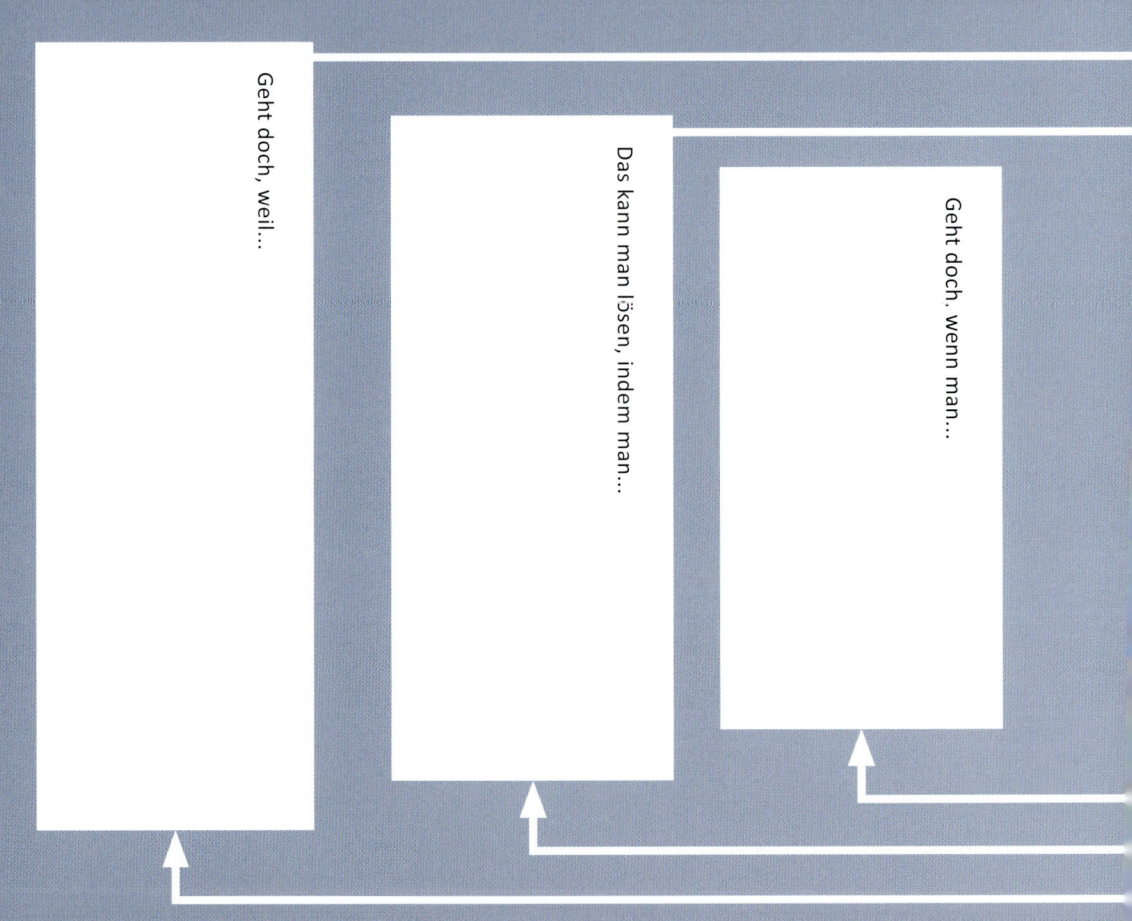

Idee

Geht doch, weil...

Das kann man lösen, indem man...

Geht doch, wenn man...

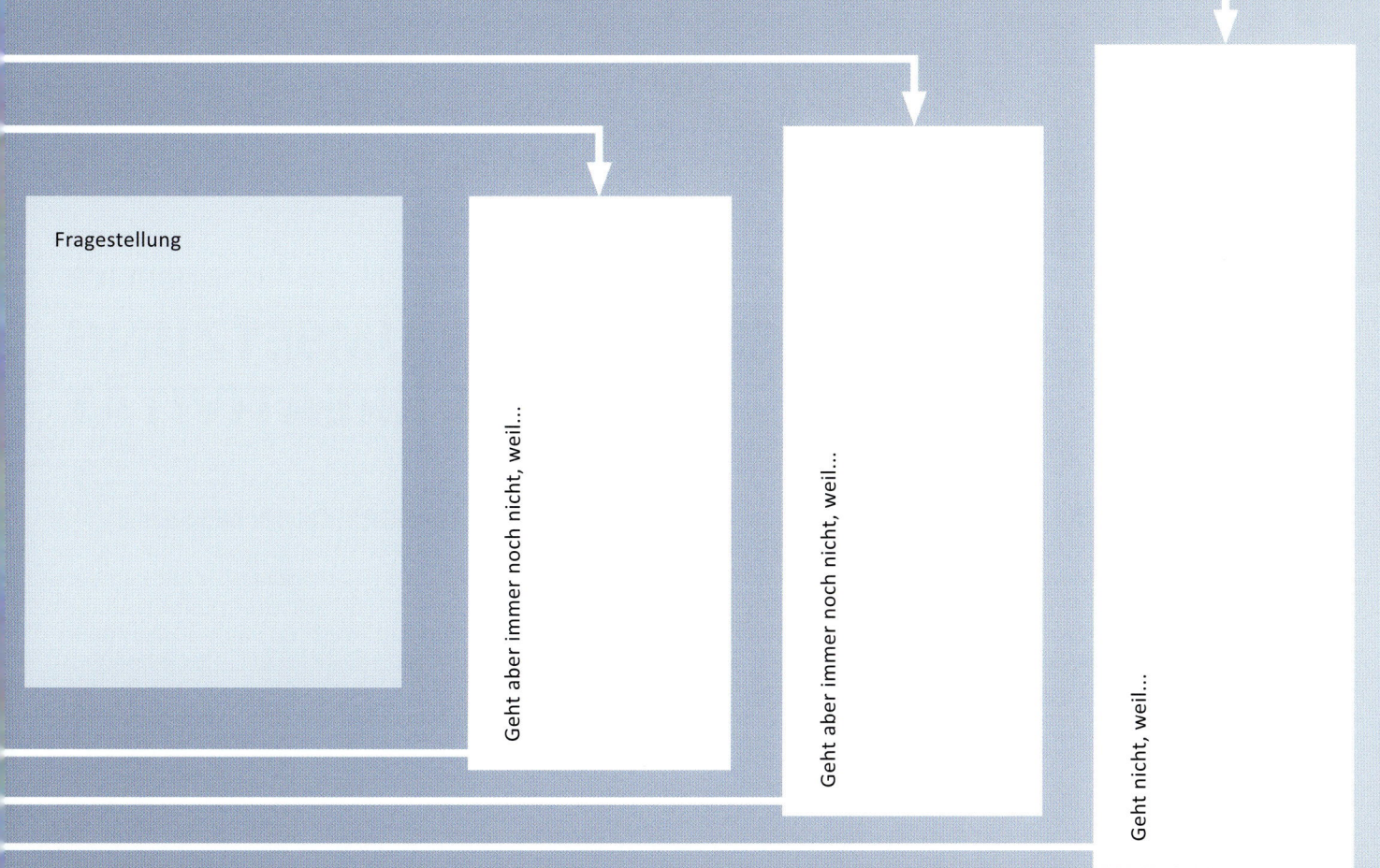

FÜNF

FACETTEN DER UMSETZUNG VON KREATIVITÄT

In diesem Abschlusskapitel möchten wir nochmals kurz Rückschau halten und die wichtigsten Erkenntnisse und Empfehlungen dieses Buchs zusammenfassen. Wir möchten Ihnen einen machbaren Fahrplan vorschlagen, mit dem Sie Kreativität einen festen Platz in Ihrer Arbeit geben können. Und wir wagen einen Ausblick auf die Zukunft des kreativen Arbeitens und gemeinschaftlichen Ideenentwickelns im Internetzeitalter.

IHRE UND UNSERE QUINTESSENZ

Wir wissen natürlich nicht, welche Einblicke, Ansatzpunkte oder Methoden aus diesem Buch bei Ihnen am meisten ausgelöst haben. Vielleicht ist es ein (für Sie) besonders wichtiges Prinzip oder Problem, eine ergiebige Frageform, eine bestimmte Methode oder ein Schritt daraus oder auch nur ein paar eindrückliche Beispiele, die Sie am meisten inspiriert oder weitergebracht haben. Nichtsdestotrotz möchten wir zum Schluss einige prioritäre Punkte aus unserer Sicht resümieren.

Obwohl es wahrscheinlich beliebig viele Ratschläge für bessere Ideenentwicklung in Teams gibt, konzentrieren wir uns auf die drei – für uns – wichtigsten Imperative, welche auch in unserem Diamantenmodell als Phasen eine zentrale Rolle spielen:

1. **Geben Sie Kreativität viele Chancen.** Bleiben Sie offen für kreative Momente in Ihrer Arbeit, und zwar auch dann, wenn Ihnen eine Situation nicht von vornherein als eine kreative Angelegenheit erscheint. Verfallen Sie nicht zu früh in den ‚Autopiloten-Modus' und wärmen Sie nicht automatisch altbekannte Lösungen wieder auf, um neue Herausforderungen zu meistern. Laden Sie Ihre Teamkollegen ein, mit Ihnen in den Kreativmodus zu wechseln und ein Problem zu verfremden, eine Fragestellung zu erweitern oder ein Thema aus Nutzersicht zu betrachten.

2. **Variieren Sie die Art, wie Sie Ideen entwickeln.** Verändern Sie Ihren Blickwinkel und ihre Annahmen, verändern Sie Ihre Methoden und verändern Sie Ihre verbalen, visuellen, und nonverbalen Kommunikationsformen im Team. Sie haben in diesem Buch mehr als 30 Möglichkeiten gesehen, wie man Ideen entwickeln kann. Verharren Sie also nicht beim Brainstorming. Variieren Sie auch Ihre kreativen Sparringpartner und umgeben Sie sich bewusst mit Menschen, die anders denken, fühlen und handeln als Sie.

3. **Bleiben Sie dran.** Feilen Sie an Ihren Ideen und geben Sie sich nicht mit dem ersten, zweiten oder dritten halbwegs passenden Gedanken zufrieden. Durchlaufen Sie Entwicklungszyklen mit Ihren Ideen und setzen Sie sie immer wieder kompetentem und kritischem Feedback aus. Seien Sie hartnäckig (in Bezug auf Ihre Vision), aber auch flexibel und offen (in Bezug auf Ihre Optionen).

EIN FAHRPLAN FÜR MEHR KREATIVITÄT IM TEAM

Die drei Tipps von eben sind noch recht abstrakt und generell gehalten. Was, werden Sie sich nun fragen, kann ich Montagmorgen tun, um Kreativität mehr Gewicht zu geben, variantenreicher zu denken und Ideen wirklich reifen zu lassen? Um diese Frage zu beantworten, geben wir Ihnen hier einen möglichen Fahrplan mit. Er sieht ein Vorgehen in vier Schritten oder Stufen vor: Einer vorsichtigen, einer einsichtigen, einer umsichtigen und einer weitsichtigen Stufe. Je nach Ambition, Bedarf und Ressourcen können Sie diesen Plan gemächlich oder rasant angehen oder sich ein paar Routenabschnitte heraussuchen.

STUFE 1: VORSICHT
Probieren Sie erst einmal vorsichtig und in einer niedrigen Dosis einige der ‚harmlosen' Methoden aus diesem Buch aus – zuerst für sich persönlich, dann zu zweit und anschließend im Team. Besonders geeignet für diese erste Stufe sind z. B. die *Empathiekarte*, die *Sweet-Spot*-Methode

oder auch die *Ideenblaupause*. Diese Methoden umfassen wenige Schritte, sind wenig experimentell oder gar esoterisch und liefern rasch einen Nutzen. Platzieren Sie diese Methoden unauffällig als kreative Momente in größeren Workshops oder Sitzungen und beobachten Sie, wie Ihre Teamkollegen darauf reagieren. Der Appetit kommt bekanntlich beim Essen und so ist es auch bei neuen Kreativmethoden: Sie werden sehen, dass Ihre Ansätze Neugierde wecken und einige Kollegen ‚Nachschlag‘ verlangen.

STUFE 2: EINSICHT

Aufbauend auf den Erlebnissen der ersten Stufe können Sie nun die Einsicht, dass kreative Momente unterschätzt und zu wenig genutzt werden, in Ihr Team hineintragen. Thematisieren Sie, wiederum in einer niedrigen Dosis, einige der typischen Kreativbarrieren aus Kapitel 3. Jedes Teammitglied sollte einmal von der funktionalen Fixiertheit, von der Status-quo-Falle oder vom ‚Production Blocking‘ gehört haben. Diese Einsichten sind auf dieser zweiten Stufe wichtig, denn auch für ein Team gilt: „A fool with a tool is still a fool". Aber Ihr kritischer Input sollte nicht zum Woody-Allen-Film verkommen, in dem eine Stunde lang nur von Problemen geredet wird. Zeigen Sie deshalb auch anhand inspirierender Beispiele, wie Kreativitätsprinzipien konkret umgesetzt werden können.

In dieser zweiten Stufe können Sie – für ein besonders wichtiges anstehendes Problem oder Thema – auch einmal einen Versuch mit einer etwas aufwändigeren Methode wagen, z. B. der Methode der *Erfolgspfade*. Sie können Ihre Teammitglieder für diese Methode motivieren, indem Sie ihnen zuerst kurz von den vielen nachweislichen Problemen des klassischen Brainstormings erzählen, z. B. gegenseitige Blockierung, mangelnde neue Impulse, Selbstzensur, fehlende Kritik und Ideenverbesserung, zu starke Dominanz einzelner usw.

STUFE 3: UMSICHT

Nachdem Sie und Ihr Team nun schon einige Kenntnisse und Erfahrungen im Bereich Ideenentwicklung besitzen, können Sie bei anstehenden Problemen umsichtig aus der großen Palette von Methoden auswählen. Sie können für eine Problemstellung die jeweils passende Methode einsetzen (dabei hilft Ihnen unser Steckbrief zu Beginn jeder Methode) und diese auch nach eigenen Bedarfen anpassen und variieren. Die Einsatzvarianten-Sektionen in unserem Kapitel 4 geben Ihnen dazu viele Hinweise und Hilfestellungen. Nutzen Sie nun also das gesamte Spektrum an Methoden vom Einstieg in eine Kreativsitzung über die Optionenentwicklung bis hin zur Ausarbeitung und Verbesserung von Ideen.

STUFE 4: WEITSICHT

Versuchen Sie nun auch jenseits Ihres Teams Kreativimpulse zu geben und zwar so, dass diese sich leicht skalieren, also in die Breite tragen lassen. Konzipieren Sie beispielsweise ein halbtägiges Seminar zu innovativen Kreativitätsmethoden, zu dem Sie Kollegen aus anderen Teams einladen (man lernt übrigens durch Lehren sehr effektiv). Stellen Sie Ihre Erfahrungen auf dem firmeneigenen Wiki zur Verfügung oder erzählen Sie anderen informell von Methoden, die sich bewährt haben. Kopieren Sie Ihre Lieblingsvorlagen aus diesem Buch für Kollegen, die Bedarf an Kreativsupport äußern. Vielleicht gehen Sie sogar so weit wie einige unserer Partnerfirmen und dokumentieren besonders passende Methoden in Ihrer firmeneigenen Sprache, d. h. in einem Stil und Format, die zu Ihrer Unternehmenskultur und Branche passen. Mit ein bisschen Weitsicht können Sie so Ihre Organisation zu einer Innovationswende ,anschubsen'.

AUSBLICK: DIE VIRTUALISIERUNG DER KREATIVITÄT

Zur letzten Stufe in unserem Fahrplan, der Weitsicht, gehört sicherlich auch eine Auseinandersetzung mit der Zukunft. Für unser Thema bedeutet dies nicht zuletzt, den Einfluss des Internets auf die Ideenentwicklung am Arbeitsplatz zu berücksichtigen.

Zu Beginn haben wir erwähnt, dass viele der Methoden in diesem Buch sowohl vor Ort in einem Sitzungsraum wie auch virtuell via World Wide Web zum Einsatz gelangen können. Wir haben beispielsweise die *Erfolgspfadmetho-* de, das *Perspektivendiagramm* oder *Dynamic Facilitation* schon oft in rein virtuellen Gruppen genutzt, z. B. im Skype Application Sharing Modus oder durch Software wie das kostenpflichtige WebEx oder Adobe Connect oder durch den kostenfreien Dienst www.join.me. Wir haben sogar schon Kreativworkshops in virtuellen 3D-Welten wie Second Life durchgeführt und damit bessere Resultate erzielt als beispielsweise in einem reinen Textchat. Diese virtuelle Art der Ideenentwicklung scheint uns jedoch momentan noch nicht optimal. Oft entstehen wichtige Ideen nämlich auch beim absichtslosen Plaudern vor einer Wandskizze während einer Sitzungspause. Diese Zufallsentdeckungen können online nur schwer stattfinden. Auch ist es schwierig, online die Art von Intensität und konzentrierter Gruppendynamik zu entwickeln, die für radikale Innovationen notwendig ist. Viele Mitarbeiter sind notorische Multitasker, wenn sie online sind, und haben Mühe, sich auf die eine Aufgabenstellung zu konzentrieren und ihren Kollegen wirklich gut zuzuhören – beides wichtige Voraussetzungen für gelingende Teamkreativität.

Trotzdem: Das Internet ist aus unserer heutigen Arbeitswelt schlicht nicht mehr wegzudenken und es kann kreative Prozesse in Organisationen radikal verändern. Dennoch haben sich viele Abläufe am Arbeitsplatz erstaunlich wenig verändert. Nach wie vor beobachten wir viele Teams, die (vermeintlich kreative) Telefonkonferenzen mit ihren Kunden rein verbal durchführen oder in Sitzungen einfach nur reden oder Einweg-Präsentationen halten. Hier

scheint es uns wichtig, diese Sitzungen mit gemeinsamen, dynamischen Visualisierungen zu unterstützen und so besser aufeinander aufbauen zu können und die Konzentration aller zu stärken. Softwarelösungen und Webseiten wie www.inspiration.com, www.mindjet.com, www.letsfocus.com, www.cosketch.com oder www.flockdraw.com bieten hier fluide Formen der Ideenvisualisierung für virtuelle und reale Teams.

Wir müssen uns aber auch Gedanken dazu machen, wie Ideenentwicklung und Kreativität jenseits des einzelnen Teams aussehen kann. Stichworte wie Creative Crowds (kreative Massen), Crowd Sourcing (Auslagerung an die Masse) oder Open Innovation (Forschung und Entwicklung durch Externe) bringen diese Entwicklungslinie auf den Punkt. Hier glauben wir sehr stark an das Vernetzungs- und Austauschpotenzial des Internets. Ideenplattformen wie Atizio ermöglichen es schon heute vielen Organisationen (gegen Bezahlung), große Gruppen von Andersdenkenden in die Ideenentwicklung einzubeziehen. Das Internet er-

möglicht dabei ganz neue digitale kreative Praktiken, etwa das Annotieren bzw. Kommentieren von Ideen, die Ideenkompilation, auch bekannt als ‚content curation' (eine Art kreatives Arrangieren bestehender Ideen) auf Plattformen wie www.flickr.com oder www.pinterest.com. Weitere solche Praktiken sind das spielerische Verändern (‚covern') oder Variieren von Ideen oder das soziale Filtern und Priorisieren guter Ideen, beispielsweise durch die Anzahl der ‚likes'. Auch firmenintern können viele dieser relativ neuen digitalen Praktiken gute Dienste für mehr Innovation leisten. Einige der Methoden dieses Buchs gehen klar in diese Richtung, so etwa die Methode *Bildmappen* oder auch die virtuelle Version der *Ideenwand*. Wir sind davon überzeugt, dass die kreative Internetkultur der digitalen Eingeborenen auch wichtige Impulse für die Demokratisierung von Kreativität innerhalb der Organisationen geben kann.

Einen weiteren wichtigen Trend sollten wir mit Weitsicht bedenken: Die neuen mobilen Endgeräte werden für die Kreativität von Teams relevant (sowohl in positiver als auch in negativer Hinsicht). Erste brauchbare Kreativitäts-Apps für iPhone, iPad, Androidtelefone und Tablets sind nun verfügbar (beim *Reizwortbanditen* haben wir darauf bereits verwiesen). Sie sind zwar noch nicht auf einem sehr reifen Stand, zeigen aber, dass hier einiges möglich ist, um typische Kreativbarrieren wie Statusdenken oder Production Blocking zu reduzieren. Wir glauben, dass sich dieser Bereich von Kreativitätswerkzeugen in den nächsten Jahren rasant entwickeln wird und versuchen selbst,

„KREATIVITÄT ERFORDERT DEN MUT, SICHERHEITEN LOSZULASSEN."

ERICH FROMM

die Mechanismen aus diesem Buch in ergonomische Apps zu gießen. Einfachheit, Benutzerfreundlichkeit, Offenheit (zu anderen Anwendungen hin), Verspieltheit und Flexibilität werden sicherlich wichtige Erfolgsfaktoren solcher Applikationen sein. Mit der App ‚iBrainstorm' können Sie beispielsweise Ideen von Ihrem Telefon direkt an das am Projektor angeschlossene iPad senden und dort die Einzelideen visuell zu Gruppenideen kombinieren. Doch auch diese App bietet keinerlei methodischen Support und stellt einzig eine grafische Oberfläche für das Ideenclustering zur Verfügung. Mit den Methoden und Strukturen aus diesem Buch können Sie die App jedoch zum kreativen Leben erwecken.

Neben diesen positiven Potenzialen hat die Allgegenwärtigkeit von Mobiltelefonen jedoch auch eine Schattenseite, gerade was Kreativität anbelangt. Gute Ideen entstehen oft in Mußezeiten, in denen wir grübeln, nachdenken, inne halten und uns nach innen richten. Es scheint, als ob die Handykultur diese Momente seltener werden lässt. Wenn jede freie Minute für das Kontrollieren der eingegangenen Nachrichten verwendet wird, dann fehlt die Gelegenheit, Neues sinken zu lassen, Dinge anders zu denken und Ideen für sich selbst reifen zu lassen. Zeiten ganz ohne Mobiltelefone können deshalb zu wertvollen (persönlichen und gemeinsamen) Inseln der Kreativität werden. Fördern und schützen Sie diese Zeitinseln und gönnen Sie Ihrem Team Sitzungen im ‚Unplugged'-Modus.

In diesem Buch haben wir die Persönlichkeitsdimension von Kreativität sowie die organisationale Perspektive bewusst ausgeblendet und auf die methodische Unterstützung von Teams fokussiert. Es ist jedoch offensichtlich, dass das Internet nicht nur die Arbeitsweise von Gruppen verändert, sondern auch den persönlichen Arbeitsstil und die Prozesse von Organisationen insgesamt stark beeinflusst. Die fortschreitende Digitalisierung und der einfache Zugang zu Massendaten (Stichwort ‚Big Data') machen es verlockend, zuerst nach bestehenden Lösungen zu suchen, anstatt selbst in den Kreativmodus zu wechseln. In diesem Buch haben wir Ihnen jedoch auch Wege aufgezeigt, wie Sie diese beiden Modi elegant kombinieren können: Im Kapitel zu *Skizzenzeichen* arbeiten Sie beispielsweise kreativ mit (visualisierten) Daten. Wir glauben, dass der bewusste Moduswechsel und die Verknüpfung von sogenannt divergentem (kreativem) und konvergentem (analytischem) Denken eine der großen Zukunftsherausforderungen in diesem Themenkomplex sein wird. Dies erfordert nicht zuletzt neuartige Methoden, innovative Ausbildungsformate und interdisziplinäre Teams.

ZUM SCHLUSS KOMMT'S KNÜPPELDICK

Der US-amerikanische Schriftsteller Jack London hat es auf den Punkt gebracht:

„Sie können nicht darauf warten, dass Sie die Inspiration anspringt. Sie müssen ihr mit einem Knüppel nachjagen."

Wir hoffen, dass unser Buch ein solcher ‚Knüppel' für Ihre Jagd nach Ideen wird, und wir wünschen Ihnen eine spannende und vor allem erfolgreiche Verfolgung Ihrer Ziele und Ideen.

WEITERFÜHRENDE LITERATUR

Gassmann, O., Daiber, M., Muhdi, L. (2010): Der Crowd-sourcing Prozess. In: Gassmann, O. (Hrsg.): Crowdsour-cing - Innovationsmanagement mit Schwarmintelligenz, München: Hanser, S. 21–44.

Schmeil, A., Eppler, M.J. (2012): A Structured Approach for Designing Collaboration Experiences for Virtual Worlds. Journal of the Association for Information Systems, Nr. 10(13), S. 836–860.

Schmeil, A., Eppler, M.J., Gubler, M. (2009): An Experimen-tal Comparison of 3D Virtual Environments and Text Chats as Collaboration Tools. Electronic Journal of Knowledge Management, Nr. 5(7), S. 637–646.

Shneiderman, B. (2007): Creativity Support Tools. Com-munications of the ACM, Nr. 12(50), S. 20–32.

WEITERFÜHRENDE LINKS

Gratisonlinedienst, um virtuelle Sitzungen durchzuführen: www.join.me

Eine Plattform für ausgegliederte Ideenentwicklung durch große Gruppen: www.atizio.com

Eine einfache Anwendung zur Stimulierung neuer Ideen: www.freethegenie.com

Eine Ideenagentur, die große Gruppen von Menschen für die Ideenentwicklung rekrutiert: www.brainstore.com

Eine einfache Großgruppen-Kreativitätsanwendung in Facebook: apps.facebook.com/brainstormer-app/de

Visualisierungssoftware für die grafische Ideenentwick-lung:
www.inspiration.com
www.mindjet.com
www.lets-focus.com

Gemeinsames, gleichzeitiges Zeichnen übers Internet:
www.cosketch.com
www.flockdraw.com

LITERATURVERZEICHNIS

Amabile, B. (1997): Motivating Creativity in Organizations. California Management Review, Nr. 1(40), S. 39–58.

Brown, J., Isaacs, D. (2007): Das World Café. Kreative Zukunftsgestaltung in Organisationen und Gesellschaft, Heidelberg: Carl–Auer Verlag.

Buzan, A.P., Buzan, B. (2002): Das Mind–Map–Buch, Landsberg/Lech: Moderne Verlagsgesellschaft.

Catmull, E. (2008): Kollektive Kreativität bei Pixar. Harvard Business Manager, Nr. 30(12), S. 82–95.

Collis, D.J., Rukstad, M.G. (2008): Can You Say What Your Strategy is? Harvard Business Review Nr. 86(4), S. 82–90.

Cross, N., Christiaans, H., Dorst K. (1996): Analyzing Design Activity, London: Wiley.

de Bono, E. (1996): Serious Creativity: Die Entwicklung neuer Ideen durch die Kraft des lateralen Denkens, Stuttgart: Schäffer-Poeschel.

Doorley, S., Witthoft, S. (2012): Make Space. How to set the stage for creative collaboration, Hoboken: John Wiley & Sons.

Duncker, K. (1945): On Problem Solving. Psychological Monographs, Nr. 58(5), S. i–113.

Eberle, B. (1996): Scamper: Creative Games and Activities for Imagination Development, Waco: Prufrock Press Inc.

Eppler, M.J. (2006): A Comparison Between Concept Maps, Mind-Maps, Conceptual Diagrams, and Visual Metaphors as Complementary Tools for Knowledge Construction and Sharing– Information Visualization. An international Journal, Nr. 5, S. 202–210.

Eppler, M.J. (2013): Systematisch Routinen brechen: Die Methode der Erfolgspfade für die Ideenentwicklung in Teams. OrganisationsEntwicklung – Zeitschrift für Unternehmensentwicklung und Change Management, Nr. 1/2013, S. 82–87.

Eppler, M.J., Pfister, R. (2012): Sketching at Work. 35 starke Visualisierungs–Tools für Manager Berater, Verkäufer, Trainer und Moderatoren, Stuttgart: Schäffer-Poeschel.

Eppler, M.J., Pfister, R. (2013): Best of Both Worlds: Hybrid Knowledge Visualization. Proceedings of IKnow 2013. IEEE: Graz.

Fontin, M. (1997): Das Management von Dilemmata: Erschließung neuer strategischer und organisationaler Potentiale, Wiesbaden: DUV Wirtschaftswissenschaft

Garff, J. (2000): Sören Kierkegaard, München: Carl Hanser Verlag.

Gassmann, O., Daiber, M., Muhdi, L. (2010): Der Crowdsourcing Prozess. In: Gassmann, Oliver (Hrsg.): Crowdsourcing – Innovationsmanagement mit Schwarmintelligenz, München: Hanser, S. 21–44.

German, T.P., Barrett, H.C. (2005): Functional Fixedness in a Technologically Sparse Culture. Psychological Science, Nr. 16, S. 1–5.

Geschka, H. (1990): Visual Confrontation: Ideas through pictures. In: M. Oakley (Ed.) Design Management: A Handbook of Issues and Methods, Oxford: Basil Blackwell.

Gray, D., Brown, S., Macanufo, J., Nitz, E. (Übersetzerin) (2011): Gamestorming: Ein Praxisbuch für Querdenker, Moderatoren und Innovatoren, Köln: O'Reilly.

Higuchi, T. (2001): Ideas in Action: Digital Achievement of Idea Marathon System (IMS), Tokyo: Adarsh Books.

Higuchi, T., Yuizono, T., Miyata, K. (2012): Creativity Improvement by Idea-Marathon Training, Measured by Torrance Tests of Creative Thinking (TTCT) and Its Applications to Laboratories. Conference Paper, KICSS 2012: 7th International Conference on Knowledge, Information and Creativity Support Systems, Melbourne, Australien.

Horn, R. E. (1989): Mapping Hypertext, Lexington: The Lexington Institute.

Kumar, V. (2012): 101 Design Methods: A Structured Approach for Driving Innovation in Your Organization, Hoboken: John Wiley & Sons.

Malaga, R. A. (2000): The Effect of Stimulus Modes and Associative Distance in Individual Creativity Support Systems. Decision Support Systems, Nr. 29(2), S. 125–141.

Michalko, M. (2010): Thinkertoys: A Handbook of Creative-Thinking Techniques, Berkeley: Ten Speed Press.

Morgan, M. (1993): Creating Workforce Innovation: Turning Individual Creativity into Organizational Innovation, Sydney: Business & Professional Pub.

Mumford, M. D., Baughman, W. A., Supinski, E. P., Maher, M. A. (1996): Process-based Measures of Creative Problem-solving Skills: II. Information Encoding. Creativity Research Journal, Nr. 9, S. 77–88.

Paulus, P.B., Nijstad, B. (2003): Group Creativity, Oxford: Oxford University Press.

Pfister, R., Eppler, M.J. (2011): Making the Invisible Visible: Knowledge Visualization at Open Systems Inc. University of St. Gallen Case Study, European Case Clearing House, Case Nr. 912–027–1.

Reinmann, G. & Eppler, M.J. (2008): Wissenswege: Methoden für das persönliche Wissensmanagement, Bern: Huber.

Rohrbach, B. (1969): Kreativ nach Regeln – Methode 635, eine neue Technik zum Lösen von Problemen. Absatzwirtschaft 12 Nr. 19, S. 73–76.

Roy, R. (1993): Case Studies of Creativity in Innovative Product Development. Design Studies, Nr. 14(4), S. 423–443.

Scharmer, O. (2007): Theory U: Learning From the Future as it Emerges, Boston: SOL.

Schilling, R. (2013): Schulungsstrategien zur nachhaltigen Implementierung von Kreativitätstechniken in Organisationen. Masterarbeit an der Universität St. Gallen.

Schlicksupp, H. (1999): 30 Minuten für mehr Kreativität, Offenbach: Gabel.

Schmeil, A., Eppler, M.J. (2012): A Structured Approach for Designing Collaboration Experiences for Virtual Worlds. Journal of the Association for Information Systems, Nr. 10(13), S. 836–860.

Schmeil, A., Eppler, M.J., Gubler, M. (2009): An Experimental Comparison of 3D Virtual Environments and Text Chats as Collaboration Tools. Electronic Journal of Knowledge Management, Nr. 5(7), S. 637–646.

Scholz, H., Vesper, R., Haußmann, M. (2007): Lernlandkarte Nr. 2 – World Café, Eichenzell: Neuland.

Schulz-Hardt, S., Brodbeck, F.C. (2007): Group Performance and Leadership (Kapitel 13), In: M. Hewstone, W. Stroebe & K. Jonas (Hrsg.) Introduction to Social Psychology: A European Perspective, 4th Edition. Hoboken: Wiley-Blackwell, S. 264–289.

Shah, J.J., Vargaz-Hernandez, N., Summers, J.D., Kulkarni, S. (2001): Evaluation of Collaborative Sketching (C-Sketch) as an Idea Generation Technique for Engineering Design. Journal of Creative Behavior Nr. 35(3), S. 168–198.

Shneiderman, B. (2007): Creativity Support Tools. Communications of the ACM, Nr. 12(50), S. 20–32.

Stickdorn, M., Schneider, J. (2012): This Is Service Design Thinking, Amsterdam: Bis Publishers.

Van Dick, R., West, M. A. (2005): Teamwork, Teamdiagnose, Teamentwicklung: Praxis der Personalpsychologie, Göttingen: Hogrefe-Verlag.

VanGundy, A. (1981): Techniques of Structured Problem Solving, New York: Van Nostrand Reinhold Company Inc.

VanGundy, A.B. (1981): Techniques of Structured Problem Solving, Heidelberg: Springer.

VanGundy, A.B. (1994): Brain Boosters for Business Advantage, New York: Pfeiffer Wiley.

Verstijnen, I. M., Van Leeuwen, C., Goldschmidt, G., Hamel, R., and Hennessey, J. M., (1998): Sketching and Creative Discovery. Design Studies, Nr. 19(4), S. 519–546.

Weick, K.E. (1985): Cosmos vs. Chaos: Sense and Nonsense in Electronic Contexts. Organizational Dynamics, Nr. 14(2), S. 51–64.

Zu Bonsen, M. (2012): Dynamic Facilitation. In Roehl, H., Winkler, B., Eppler, M.J., Fröhlich, C. (Hrsg). Werkzeuge des Wandels, Stuttgart: Schäffer-Poeschel.

Zwicky, F. (1966): Entdecken, Erfinden, Forschen im morphologischen Weltbild, Zürich: Droemer/Knaur.

DANKSAGUNG

Raphael Schilling

TEAMKOLLEGEN

Lawrence McGrath

Sebastian Kernbach

LESER UND UMSETZER

Kai Lederle

Malte Belau

Sabrina Bresciani

Martin Bergmann

Markus Aeschimann

Susanne Schär

Claudia Bienentreu

KOOPERATIONSPARTNER

Manuel Etter

Die Menschen auf dieser Seite haben uns mit ihren glänzenden Ideen beim Verfassen dieses Buchs maßgeblich unterstützt und gaben uns wertvollen Support und Inspiration. Deshalb möchten wir uns bei diesen Kollegen herzlich bedanken. Wir freuen uns auch auf die Rückmeldungen und Erfahrungen der Creability-Leser. Sie erreichen uns unter info@creability.ch.

ÜBER DIE AUTOREN

MARTIN J. EPPLER

ist Denkzeugmacher und fertigt Reflexionsprothesen für die Managementpraxis. Er ist Erfinder der Visualisierungssoftware www.lets-focus.com und des CollabCards-Kartensets (zusammen mit Friederike Hoffmann und Roland A. Pfister). Zudem ist er Koautor (zusammen mit Roland A. Pfister) des Visualisierungsbuches ‚Sketching at Work' sowie von zwölf weiteren Büchern zu Wissensvisualisierung und Management und von rund 120 wissenschaftlichen Artikeln.

Seine Lieblingsmethode in diesem Buch ist diejenige der Erfolgspfade.

Seine größte Kreativbarriere ist das vorschnelle Beenden der Ideensuche (darum braucht er auch die Methode der Erfolgspfade). Er ist geschäftsführender Direktor des =mcm institute der Universität St. Gallen und dort Ordinarius für Kommunikationsmanagement. Wenn Sie seinen Nachnamen und ‚Diamant' zusammen googeln, werden Sie überrascht sein.

FRIEDERIKE HOFFMANN

arbeitet als Innovationsbeschleunigerin und das am liebsten, indem sie verschiedene Kreativmethoden kombiniert. Sie ist Design Thinking Coach und Trainerin und hat an der Universität St. Gallen die Entstehung von neuen Geschäftsmodellen in bestehenden Firmen untersucht. Dabei ist sie auf alle Kreativbarrieren gestoßen, meistens kamen sie sogar gleichzeitig in einem Unternehmen vor.

ROLAND A. PFISTER

Ihre liebste Kreativmethode ist das Prototyping und Ihre größte Barriere ist die gegenseitige Beeinflussung und Behinderung. In einem Team kann so viel Gutes entstehen und doch ist es schwer, alle Ideen zu hören und zu beachten, ohne die eigenen Ideen zu vernachlässigen. Sie ist Programmleiterin.

ist Skizzologe, Experte für Managemenvisualistik, und Spezialist für KMU (Kommunikation in Militär und Unternehmen). Er hat sich wissenschaftlich mit handschriftlichen visuellen Darstellungen im Managementkontext auseinandergesetzt und ist Koautor (zusammen mit Martin J. Eppler) des Visualisierungsbuches ‚Sketching at Work'.

Hat er Papier und Stift zur Verfügung, beginnt er mit Skizzieren. Es ist deshalb nicht verwunderlich, dass seine Lieblingsmethode in diesem Buch die Methode Collaborative Sketching ist. Seine größte Kreativbarriere ist die Selbstzensur, denn zu oft lässt er ‚seine Vernunft walten' und lässt sich nur schwer auf wilde Ideen ein. Er ist Unternehmer, Strategieberater und Managementcoach.